U0302956

低渗透油藏微乳液驱油
数值模拟理论研究

殷代印　王东琪　著

科学出版社

北京

内 容 简 介

本书综合运用油层物理、渗流力学、物理化学等多学科理论知识，采用实验分析与理论推导相结合，对低渗透油藏微乳液驱油数值模拟进行了系统研究，建立了低渗透油藏微乳液驱油数值模拟理论与方法。书中分别论述了低渗透油层微观孔隙结构特征、低渗透油藏微乳液驱油体系筛选、微乳液相态模型及物化参数表征、低渗透油藏微乳液驱油渗流特征、低渗透油层微乳液驱油数学模型及求解、微乳液驱油方案数值模拟应用实例等。

本书可作为石油工程技术人员、科学技术工作者及石油院校有关专业师生的参考用书。

图书在版编目（CIP）数据

低渗透油藏微乳液驱油数值模拟理论研究／殷代印，王东琪著.—北京：科学出版社，2023.6
ISBN 978-7-03-075653-4

Ⅰ.①低… Ⅱ.①殷… ②王… Ⅲ.①低渗透油气藏–驱油–数值模拟–研究 Ⅳ.①TE357.4

中国国家版本馆 CIP 数据核字（2023）第 098798 号

责任编辑：王 运 张梦雪／责任校对：杨 然
责任印制：赵 博／封面设计：北京图阅盛世

科学出版社 出版
北京东黄城根北街 16 号
邮政编码：100717
http://www.sciencep.com
涿州市般润文化传播有限公司印刷
科学出版社发行 各地新华书店经销
*
2023 年 6 月第 一 版 开本：787×1092 1/16
2025 年 3 月第二次印刷 印张：10 3/4
字数：260 000
定价：158.00 元
（如有印装质量问题，我社负责调换）

前　　言

随着石油勘探和开发程度的提高，全国低–特低渗透油藏探明储量逐年增加，在探明未动用石油地质储量中，低–特低渗透储量所占比例高达80%。由于低渗透油藏束缚水饱和度较高，孔喉细小，贾敏效应严重，储层中启动压力梯度大，有效驱动系数低，常规注水开发难度大，水驱动用程度低，采收率低，平均只有15%，难以开展三元复合驱提高采收率等常规化学驱技术。在当前我国石油后备储量紧张的形势下，如何高效动用和开发低渗透油田储量，对我国石油工业的持续稳定发展具有十分重要的现实意义。

为了更好地动用低渗透油藏剩余储量，大庆外围朝阳沟油田和榆树林油田部分区块开展了表面活性剂驱试验。试验表明，驱油效果较好的油井大部分在产出液中可以观察到原油乳化的现象，形成的微乳液除了具有降压增注作用外，还具有更好的流度控制作用。因此，开展低渗透油层微乳液驱油研究对于低渗透油藏化学驱提高采收率具有重要的理论意义。

目前国内外对中高渗透油藏三元复合驱乳化过程中形成的微乳液的研究较多，而对于低渗透油层微乳液驱油机理研究得较少，难以满足实际应用的需要；在相态模型及物化参数表征方面，常用的Winsor相图法存在一定的缺陷，不能给出微乳液界面膜的组成和增溶性等物化参数；在微乳液驱油数值模拟方面，目前主要采用美国得克萨斯大学开发的UTCHEM软件，应用该软件进行微乳液驱油数值模拟时具有以下缺点：①不能考虑低渗透油田启动压力梯度变化；②没有考虑微乳液形成条件，向油层中注入表面活性剂后，认为整个油藏均为微乳液驱，与实际不符；③应用Hand模型判断微乳液类型，相态表征精度有待提高；④没有考虑微乳液相态变化引起的微乳液性质、黏度、含量、驱油效率的影响。针对上述问题，本书在分析低渗透油层孔隙结构的基础上，筛选出适合低渗透油层的微乳液驱油体系，保证微乳液液滴能够通过低渗透油层孔隙喉道；发展了微乳液相态模型及物化参数表征方法；深入研究了低渗透油层微乳液驱油非达西渗流特征；建立了低渗透油层微乳液驱油数学模型，给出了数值差分解法，并编制了数值模拟软件；以大庆外围朝阳油田实际区块为例，进行了微乳液驱油方案数值模拟，为矿场方案设计提供了理论依据。

本书共六章，由殷代印和王东琪撰写，其中，第1、2、4、6章由殷代印撰写，第3、5章由王东琪撰写。在本书的撰写过程中，参考了大量国内外相关文献，我们对其作者为低渗透油层提高采收率研究所做出的贡献表示深深的敬意。

由于作者水平有限，书中难免存在不足，恳请读者提出宝贵意见，作者在此表示衷心感谢。

作　者

2022年于东北石油大学

目　　录

前言
第1章　低渗透油层微观孔隙结构特征 ……………………………………… 1
　1.1　低渗透油层微观孔隙结构图像特征 ………………………………… 1
　　1.1.1　扫描电子显微镜图片 ……………………………………………… 1
　　1.1.2　金相显微镜图片 …………………………………………………… 4
　1.2　低渗透油层微观孔隙结构参数分布特征 …………………………… 6
　　1.2.1　孔隙半径 …………………………………………………………… 6
　　1.2.2　喉道半径 …………………………………………………………… 7
　　1.2.3　孔喉比 ……………………………………………………………… 8
　　1.2.4　配位数 ……………………………………………………………… 9
　　1.2.5　迂曲度 ……………………………………………………………… 10
　　1.2.6　形状因子 …………………………………………………………… 11
　1.3　微观孔隙结构对驱油效果的影响 …………………………………… 12
　　1.3.1　微观孔隙结构对驱油效率的影响 ………………………………… 12
　　1.3.2　微观孔隙结构对剩余油的影响 …………………………………… 16
第2章　低渗透油藏微乳液驱油体系筛选 …………………………………… 22
　2.1　筛选原则 ……………………………………………………………… 22
　2.2　表面活性剂筛选 ……………………………………………………… 23
　　2.2.1　临界胶束浓度 ……………………………………………………… 25
　　2.2.2　微乳液含量及吸附 ………………………………………………… 27
　2.3　助剂筛选 ……………………………………………………………… 28
　　2.3.1　界面张力 …………………………………………………………… 28
　　2.3.2　含盐量 ……………………………………………………………… 30
　2.4　微乳液体系制备及筛选 ……………………………………………… 31
　　2.4.1　体系制备 …………………………………………………………… 31
　　2.4.2　体系筛选 …………………………………………………………… 32
第3章　微乳液相态模型及物化参数表征 …………………………………… 38
　3.1　影响微乳液相态的主要因素 ………………………………………… 38
　　3.1.1　表面活性剂 ………………………………………………………… 40
　　3.1.2　助剂 ………………………………………………………………… 41
　　3.1.3　含盐量 ……………………………………………………………… 43
　　3.1.4　水油比 ……………………………………………………………… 44
　　3.1.5　温度 ………………………………………………………………… 45

3.2 微乳液相态模型 ·· 47

　　3.2.1 双结点曲线 ·· 48

　　3.2.2 两相褶点线 ·· 50

　　3.2.3 Ⅲ相结点线 ·· 52

　　3.2.4 各相质量分数 ·· 55

　　3.2.5 相态判别条件 ·· 57

3.3 微乳液相物化参数表征 ·· 64

　　3.3.1 微乳液密度 ·· 64

　　3.3.2 微乳液黏度 ·· 66

　　3.3.3 表面活性剂吸附量 ······································ 67

　　3.3.4 微乳液界面张力 ·· 69

第4章 低渗透油藏微乳液驱油渗流特征 ······························· 72

4.1 低渗透油层单相渗流特征 ······································ 72

　　4.1.1 启动压力梯度测定 ······································ 72

　　4.1.2 单相非达西渗流方程 ···································· 75

4.2 低渗透油层水驱油渗流特征 ···································· 80

　　4.2.1 水驱油渗流实验 ·· 80

　　4.2.2 两相渗流方程 ·· 81

　　4.2.3 渗流机理分析 ·· 82

4.3 水驱油相对渗透率曲线特征 ···································· 89

　　4.3.1 典型相对渗透率曲线 ···································· 89

　　4.3.2 相对渗透率曲线特征 ···································· 90

4.4 微乳液驱油两相渗流特征 ······································ 94

　　4.4.1 微乳液驱启动压力梯度测定 ······························ 94

　　4.4.2 微乳液驱油非达西渗流方程 ······························ 97

4.5 微乳液驱油相对渗透率曲线特征 ································ 99

　　4.5.1 残余相饱和度变化特征 ·································· 99

　　4.5.2 相对渗透率曲线特征 ··································· 102

第5章 低渗透油层微乳液驱油数学模型及求解 ······················· 105

5.1 微乳液驱油数学模型 ··· 105

　　5.1.1 假设条件 ··· 105

　　5.1.2 运动方程 ··· 105

　　5.1.3 质量守恒方程 ··· 106

5.2 边界条件及辅助方程 ··· 108

　　5.2.1 边界条件 ··· 108

　　5.2.2 辅助方程 ··· 110

5.3 差分方程 ··· 111

　　5.3.1 压力差分方程 ··· 112

5.3.2　饱和度差分方程 ·················· 123

5.3.3　浓度差分方程 ···················· 124

5.4　方程组的解法 ·························· 128

5.4.1　带状矩阵 LU 分解法 ············· 128

5.4.2　预处理共轭梯度法 ··············· 130

5.5　软件编制和应用指南 ···················· 132

5.5.1　软件编制流程 ···················· 132

5.5.2　软件应用指南 ···················· 133

5.6　计算稳定性及时间步长选择 ·············· 134

5.7　模型验证 ····························· 134

5.7.1　UTCHEM 软件验证 ·············· 134

5.7.2　岩心实验结果验证 ··············· 137

第6章　微乳液驱油方案数值模拟应用实例 ······· 139

6.1　地质模型建立 ·························· 139

6.1.1　储层特征 ······················· 139

6.1.2　地质模型 ······················· 141

6.2　水驱数值模拟 ·························· 143

6.2.1　历史拟合 ······················· 144

6.2.2　开发指标预测 ···················· 144

6.3　微乳液驱油方案数值模拟 ················ 145

6.3.1　水油比 ························· 145

6.3.2　表面活性剂浓度 ················· 146

6.3.3　助剂浓度 ······················· 147

6.3.4　含盐量 ························· 148

6.3.5　微乳液用量 ····················· 149

6.3.6　注入速度 ······················· 150

6.3.7　驱油方案优选 ···················· 151

参考文献 ································· 154

常用符号表 ······························· 158

第1章 低渗透油层微观孔隙结构特征

油层微观孔隙结构特征是影响地下流体渗流规律的最主要因素。低渗透油层孔隙结构与中高渗透油层存在显著的差别，导致渗流规律明显不同。流体在中高渗透油层中一般符合达西渗流规律，而在低渗透油层中，由于存在启动压力梯度，流体符合非达西渗流规律。因此，明确低渗透油层微观孔隙结构特征是研究地下流体渗流规律的基础。

1.1 低渗透油层微观孔隙结构图像特征

通过岩心截面图像观察分析油层微观孔隙结构是最直观的研究方法。目前，石油工程领域最常用的仪器是扫描电子显微镜（扫描电镜）和金相显微镜（金相电镜）。选取大庆外围朝阳沟油田扶杨油层取心井岩心进行微观孔隙结构实验，测试岩心样品基本参数见表1.1。

表1.1 测试岩心样品基本参数

岩心编号	长度/cm	直径/cm	孔隙度/%	气测渗透率/($10^{-3}\,\mu m^2$)
朝1-1	3.35	2.5	15.27	1.78
朝1-2	4.77	2.5	16.79	3.27
朝1-3	4.58	2.5	17.76	6.58
朝1-4	4.57	2.5	18.66	8.18
朝1-5	4.26	2.5	19.53	14.35
朝1-6	3.83	2.5	21.35	24.67
朝1-7	4.31	2.5	21.49	38.22
朝1-8	4.80	2.5	17.94	45.29

1.1.1 扫描电子显微镜图片

扫描电镜是一种利用电子束扫描样品表面从而获得样品信息的电子显微镜，它不仅可以用于物体形貌的观察，而且可以进行微成分分析。扫描电镜还具有分辨率高（1nm左右）、制样方便、成像立体感强和视场大等优点，因而在科研和工业各个领域得到了广泛的应用（李道品，1997）。

通过扫描电镜可以直接观察多孔介质样品中的孔隙结构，包括孔隙的形状、大小、分布特点、孔隙间的连通状况以及固体颗粒骨架的特点等。不同孔隙的形状、密度、分布特点、孔隙之间的连通特点均不相同，固体颗粒骨架的形状也不相同。通过对显微图片的观察，对于孔隙大小，可以用微孔、中孔、粗孔、孔穴等来描述；对于孔隙的形状，可以用三角形、菱形、椭圆形、蛇形等来形容；对于孔隙的分布，可以用较均匀分布、不均匀分布、密疏相间分布等说明；对于孔隙间的连通特点，可以用单向连通、双向连通、多向连通、链型连通、封闭孔及半封闭孔等形容；对于固体颗粒骨架，大体上可以用颗粒大小、胶结强弱及颗粒的堆积形态等来描述。

为了对比不同渗透率岩石颗粒、孔隙、喉道等参数的分布特征，取大庆外围朝阳沟油田低渗透油层不同渗透率级别岩样进行电镜扫描，得到不同放大倍数下能够清楚观察孔喉特征的图片，如图 1.1 所示，通过统计分析颗粒、孔隙、喉道的大小，分析其分布特点（图中 K 为渗透率）。

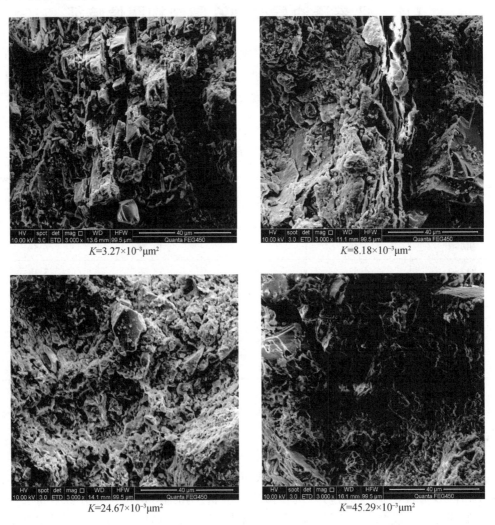

$K=3.27×10^{-3}\mu m^2$ $K=8.18×10^{-3}\mu m^2$

$K=24.67×10^{-3}\mu m^2$ $K=45.29×10^{-3}\mu m^2$

图 1.1　岩心扫描电镜图

根据 25 个不同渗透率岩心的矿物成分和扫描电镜图片,按照渗透率级别进行统计,岩心黏土矿物分布结果见表 1.2,得到扫描电镜岩心分析结果见表 1.3。

表 1.2　岩心黏土矿物分布表

岩心渗透率级别/($10^{-3}\,\mu m^2$)	黏土矿物成分/%						黏土矿物含量/%
	蒙脱石	伊利石	高岭石	绿泥石	伊-蒙混层	蒙-绿混层	
1~5	0.5	39.2	9.1	0	5.6	45.8	19.8
5~10	0.5	48.8	12.8	0	6.8	31.2	15.2
10~30	0.1	43.9	4.0	41.2	8.1	3.2	13.9
30~50	0.1	47.9	4.2	43.2	8.7	2.2	11.3

表 1.3　扫描电镜岩心分析表

岩心渗透率级别/($10^{-3}\,\mu m^2$)	岩石骨架成分	岩石骨架含量	颗粒类型	颗粒半径/mm	颗粒排列紧密程度	胶结物形态	胶结类型	孔隙发育情况
1~5	石英及长石	79.2	细砂	0.084	较紧密-中等紧密	泥质部分呈团块状	孔隙-再生、孔隙	较差
5~10	石英、长石、岩石碎屑	82.3	细砂质粗粉砂	0.088	较紧密-中等紧密	泥质多呈薄膜状围绕颗粒	再生-孔隙、孔隙	较差-中等
10~30	岩石碎屑、石英、长石	84.1	细砂粗粉粒	0.101	中等紧密	泥质见零星的薄膜式胶结	再生-薄膜、孔隙	较发育
30~50	岩石碎屑、石英、长石	86.7	细砂粗粉粒	0.121	中等紧密	泥质见零星的薄膜式胶结	再生-薄膜、孔隙	发育

从表 1.2 和表 1.3 中可以看出,对于渗透率小于 $10\times10^{-3}\,\mu m^2$ 的特低渗透岩心,当渗透率为 $5\times10^{-3}\sim10\times10^{-3}\,\mu m^2$ 时,岩心黏土矿物含量较高,平均为 15.2%,颗粒排列较紧密或中等紧密,孔隙发育较差或中等;当渗透率为 $1\times10^{-3}\sim5\times10^{-3}\,\mu m^2$ 时,黏土矿物含量增加到 19.8%,颗粒排列较紧密或中等紧密,多数岩心孔隙发育较差,连通程度较差,渗流难度较大;当渗透率为 $10\times10^{-3}\sim30\times10^{-3}\,\mu m^2$ 和 $30\times10^{-3}\sim50\times10^{-3}\,\mu m^2$ 时,随渗透率增大,黏土矿物含量降低,分别为 13.9% 和 11.3%,颗粒排列较紧密或中等紧密,孔隙发育,连通程度最好,渗流难度较小。总体上,大庆外围朝阳沟油田低渗透油层岩石多为粉砂状或细砂结构,颗粒排列较紧密,孔隙发育较差,胶结物以泥质为主,泥质具重结晶,呈团块、薄膜状分布。微观孔喉网络通道细小、结构复杂,胶结程度介于中等和致密之间。随着岩心渗透率级别的降低,黏土矿物含量明显增加,变化范围为 11.3%~19.8%;而岩石骨架颗粒半径由 0.121mm 减小到 0.084mm,孔隙发育状况逐渐变差。

1.1.2　金相显微镜图片

金相显微镜可区分岩石颗粒与孔隙，所拍摄的图片清晰，便于测量配位数、迂曲度、形状因子等几何参数。当岩心表面不平时，在金相显微镜下，这种不平整就会被放大，各岩石颗粒之间和颗粒与孔隙之间的高度存在明显差别。当物体处在显微镜的焦点上时才能形成清晰的图像，如果岩心表面不平，那么只有部分位置的图像清晰，因此，很多科研人员都采用磨制薄片的方法解决这一问题。然而，薄片下观察到的岩心结构已经不是岩心的真实情况，本研究采用景深扩展软件解决这个问题。在大倍数下拍摄岩心自然断面的照片，不需要进行岩心薄片的磨制，所测孔喉形态接近原始状况，不会由于磨制薄片影响实验效果和精度。取与扫描电镜实验相同的岩心柱的不同部位制成薄片，进行金相显微实验，实验步骤如下。

（1）将岩心折裂，获取天然岩心的自然断面。获取自然断面的目的是尽量减少实验过程对实验结果的影响，使拍摄到的图片更加接近孔隙的真实情况，减少磨制薄片过程中对孔隙和岩石颗粒的破坏。先用小砂轮将岩心截成数段（砂轮厚度小于 1mm，岩心一般被截为 10 段左右），然后用手轻轻将岩心掰断，形成自然断面。每一段岩心可掰成很多个自然断面。随着实验的进行，当岩心太小，已经无法用手掰开时，可采用小锤轻轻敲击的办法。由于岩心在孔隙处最为脆弱，因此自然断面上的孔隙较为完整。实验时形成的自然断面要尽量多，尽量保持平整，以满足大量数据统计的需要并保持图片的清晰度。

（2）将自然断面上的各点分别在金相模式和荧光模式下拍摄多张照片。将岩心的自然断面置于显微镜下拍摄金相照片，拍摄完毕后，并不移开岩心。将显微镜转换到荧光模式，拍摄同一位置的荧光照片。然后再拍摄此位置另一焦距下的金相照片和荧光照片，直至完成此位置的照片拍摄。由于显微镜的视野很小，因此每一个自然断面可拍摄大量照片。

（3）应用景深扩展软件，分别获得金相模式和荧光模式下的合成照片。将拍摄的同一位置但不同焦距的几张金相照片（或荧光照片）应用景深扩展软件合并成一张清晰的图像。应用景深扩展软件时，参与合成的照片数不宜过多，以免影响实验效率；但又不能太少，以免影响实验结果，一般以 3～5 张为好。

（4）应用测量软件，测量孔隙半径、喉道半径、迂曲度、形状因子、配位数。显微镜附带的测量软件操作十分简单。首先用软件将需要测量的金相图片调出，然后将鼠标单击一下喉道的一侧，然后再用鼠标单击一下喉道的另一侧，单击确定后，屏幕上会自动显示喉道的长度。测量孔隙半径等长度参数时可同样处理。

在测量孔隙面积和周长时，需要在孔隙的边缘上点几个点并连成闭合的多边形，则屏幕上会自动显示孔隙（即该多边形）的面积和周长。显然这是一种近似的测量方法，但只要多点几个点，就可以满足测量的精度。

在测量迂曲度时，需要沿孔隙或喉道延伸的路线点几个点，软件会自动给出曲线的长度。曲线长度除以孔隙或喉道两端的直线距离可以得到迂曲度，孔隙的截面积除以孔隙周长的平方可以得到形状因子，孔隙半径除以对应喉道的平均值则可以得到孔喉比，配位数不需要测量，直接在照片上清点即可。

（5）测量剩余油饱和度，对于含油面积，同样采用上面所述的多边形法。只是孔隙的面积需要在对应的金相照片上测量，因为在荧光照片上看不清孔隙的轮廓。这样就需要同时测量孔喉参数和剩余油饱和度，并将每个孔隙对应的剩余油饱和度记录下来。同时记录每个孔隙半径对应的岩心渗透率、配位数、迂曲度、形状因子及每个对应的喉道的半径。

（6）统计各岩心实验数据，绘制分布频率图。将数据按岩心分类，然后把每种数据在其取值范围内分成几个区间，并统计其在每个区间的数据个数。最后绘制分布频率图和含剩余油孔隙比例图。

从图 1.2 中可以看出，渗透率小于 $10×10^{-3}\ \mu m^2$ 的特低渗透岩心，孔道较扁，为狭长状，喉道窄小，孔喉内壁十分曲折，存在很多毛刺，死孔隙比例较大；渗透率为 $10×10^{-3} \sim 50×10^{-3}\ \mu m^2$ 的低渗透岩心，孔道半径增大，形状接近圆形，喉道普遍较宽，孔喉内壁相对光滑，这是低渗透岩心与特低渗透岩心的显著差别。

图 1.2　岩心金相显微镜图

1.2　低渗透油层微观孔隙结构参数分布特征

储层岩石的孔隙在结构上可以划分为孔道和喉道。储层岩石的微观孔隙结构严重影响流体的渗流特征，尤其对于低-特低渗透油层，由于孔隙喉道小，连通性较差，微观的孔隙结构对储层的有效开发影响很大，直接关系到储层能否有效开发动用。目前，主要采用CT（计算机断层扫描）成像技术测量岩心的微观孔喉参数，研究孔隙半径、喉道半径、孔喉比、配位数、迂曲度及形状因子等微观孔隙结构特征。

1.2.1　孔隙半径

不同渗透率级别的岩心孔隙半径分布频率如图1.3所示，孔隙半径分布特征参数见表1.4。当岩心的渗透率从 $50 \times 10^{-3} \mu m^2$ 降到 $10 \times 10^{-3} \mu m^2$，再降低到 $1 \times 10^{-3} \mu m^2$ 时，孔隙半径峰值略有左移，但差距不大，孔隙半径平均值从 $114.6 \mu m$ 降低到 $98.8 \mu m$。

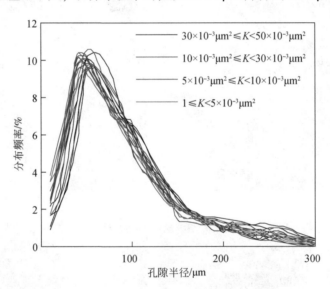

图 1.3　孔隙半径分布频率图

表 1.4　孔隙半径分布特征参数表

渗透率级别	岩心块数/块	孔隙半径/μm	平均值/μm	孔隙度/%
$1 \times 10^{-3} \mu m^2 \leqslant K < 5 \times 10^{-3} \mu m^2$	4	91.3～108.7	98.8	13.9
$5 \times 10^{-3} \mu m^2 \leqslant K < 10 \times 10^{-3} \mu m^2$	4	93.4～112.9	102.6	15.7
$10 \times 10^{-3} \mu m^2 \leqslant K < 30 \times 10^{-3} \mu m^2$	4	95.5～118.3	110.4	18.6
$30 \times 10^{-3} \mu m^2 \leqslant K < 50 \times 10^{-3} \mu m^2$	4	97.6～120.4	114.6	19.7

孔隙半径分布频率符合正态分布，储层孔隙度大小由主要孔隙半径控制，随着渗透率

的增大，孔隙半径略微增加，孔隙度具有相同的变化趋势，但不同渗透率级别的岩心孔隙度差别不大。

1.2.2 喉道半径

不同渗透率级别的岩心喉道半径分布频率如图 1.4 所示，按照李道品对喉道粗细的分类，各类型喉道分布比例如图 1.5 所示，喉道半径分布特征参数见表 1.5。当岩心渗透率从 $50 \times 10^{-3} \mu m^2$ 降低到 $1 \times 10^{-3} \mu m^2$ 时，喉道半径分布频率曲线发生明显变化，分布区间变小，峰值左移且明显增高，平均喉道半径从 $3.98 \mu m$ 降低到 $1.18 \mu m$。

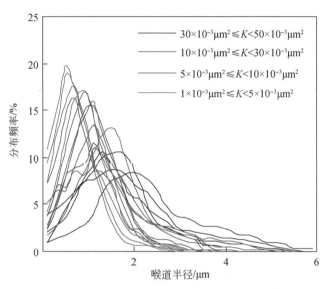

图 1.4 喉道半径分布频率

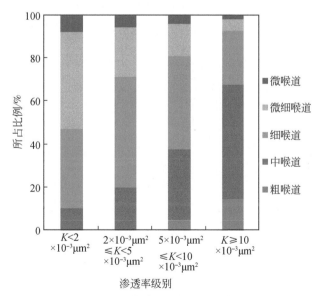

图 1.5 各类型喉道分布比例

表 1.5 喉道半径分布特征参数表

| 渗透率级别 | 岩心块数/块 | 平均喉道半径范围/μm | 主流喉道半径范围/μm | 最大喉道半径/μm | 平均喉道半径均值/μm | 喉道分布百分数/% | | | | | 分选系数/方差 | 相对分选系数 | 均质系数 |
						粗	中	细	微细	微			
$1\times10^{-3}\mu m^2 \leqslant K<5\times10^{-3}\mu m^2$	4	0.86~1.47	1.14~1.94	2.79~4.02	1.18	0.00	19.77	51.91	22.76	5.56	0.61	0.51	0.50
$5\times10^{-3}\mu m^2 \leqslant K<10\times10^{-3}\mu m^2$	4	1.47~1.82	1.98~2.81	3.79~5.42	1.63	4.95	32.79	43.54	15.04	3.68	0.84	0.54	0.46
$10\times10^{-3}\mu m^2 \leqslant K<30\times10^{-3}\mu m^2$	4	1.82~2.68	2.81~3.48	5.40~6.80	2.37	14.49	53.18	25.14	5.50	1.70	1.09	0.59	0.46
$30\times10^{-3}\mu m^2 \leqslant K<50\times10^{-3}\mu m^2$	4	2.68~5.34	3.43~5.62	6.80~8.21	3.98	18.26	56.25	21.49	2.67	1.33	1.12	0.62	0.44

低渗透储层喉道半径呈歪正态曲线分布，分布区间小，主要集中在 0.2~3.6μm，且渗透率越小，区间范围越小、分布频率峰值越高；对于渗透率大于 $10\times10^{-3}\mu m^2$ 的岩心，平均喉道半径在 2.6μm 左右，平均分选系数为 0.8，以细喉道和中喉道为主，注水开发难度不大，随着渗透率的增加，喉道半径均质程度变差；对于渗透率小于 $10\times10^{-3}\mu m^2$ 的低渗透岩心，平均喉道半径在 1μm 左右，平均分选系数为 0.5，以细喉道和微细喉道为主，占 70% 左右，注水开发基本可以动用，但开发效果较差。

1.2.3 孔喉比

不同渗透率级别的岩心孔喉比分布频率如图 1.6 所示，孔喉比分布特征参数见表 1.6。

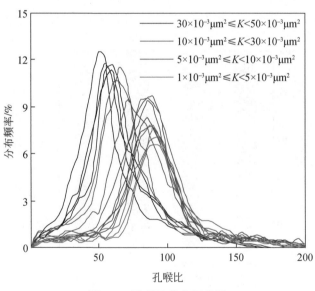

图 1.6 孔喉比分布频率图

当岩心的渗透率从 $10 \times 10^{-3} \, \mu m^2$ 降低到 $1 \times 10^{-3} \, \mu m^2$ 时，孔喉比分布范围变宽且峰值降低，平均值从 64.6 急剧增加到 137.2，贾敏效应逐渐增大。

表 1.6　孔喉比分布特征参数表

渗透率级别	岩心块数/块	平均孔喉比范围	平均值
$1 \times 10^{-3} \, \mu m^2 \leqslant K < 5 \times 10^{-3} \, \mu m^2$	4	121.3 ~ 155.3	137.2
$5 \times 10^{-3} \, \mu m^2 \leqslant K < 10 \times 10^{-3} \, \mu m^2$	4	98.1 ~ 122.0	111.8
$10 \times 10^{-3} \, \mu m^2 \leqslant K < 30 \times 10^{-3} \, \mu m^2$	4	69.8 ~ 91.5	80.4
$30 \times 10^{-3} \, \mu m^2 \leqslant K < 50 \times 10^{-3} \, \mu m^2$	4	55.7 ~ 68.9	64.6

与喉道半径分布曲线相反，孔喉比分布区间大，曲线峰值对应的孔喉比为 55 ~ 155，渗透率越小，孔喉比区间范围越大，分布频率峰值越低。渗透率大于 $10 \times 10^{-3} \, \mu m^2$ 的岩心，平均孔喉比降低到 80 以下，贾敏效应中等；渗透率小于 $10 \times 10^{-3} \, \mu m^2$ 的岩心，平均孔喉比在 110 左右，贾敏效应严重。

1.2.4　配位数

不同渗透率级别的岩心配位数分布频率如图 1.7 所示，配位数分布特征参数见表 1.7。当岩心的渗透率从 $50 \times 10^{-3} \, \mu m^2$ 降低到 $1 \times 10^{-3} \, \mu m^2$ 时，配位数峰值增高，与峰值对应的配位数变小，配位数均值从 3.31 降低到 2.38。

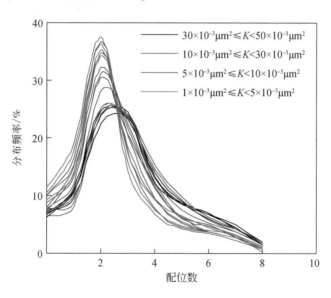

图 1.7　配位数分布频率图

表 1.7　不同渗透率级别岩心配位数分布特征表

渗透率级别	岩心块数/块	配位数	平均值
$1\times10^{-3}\,\mu m^2 \leqslant K < 5\times10^{-3}\,\mu m^2$	4	2.25 ~ 2.49	2.38
$5\times10^{-3}\,\mu m^2 \leqslant K < 10\times10^{-3}\,\mu m^2$	4	2.49 ~ 2.78	2.66
$10\times10^{-3}\,\mu m^2 \leqslant K < 30\times10^{-3}\,\mu m^2$	4	2.73 ~ 3.07	2.93
$30\times10^{-3}\,\mu m^2 \leqslant K < 50\times10^{-3}\,\mu m^2$	4	3.10 ~ 3.77	3.31

　　配位数呈歪正态曲线分布,分布区间主要集中在 2 ~ 4。渗透率大于 $10\times10^{-3}\,\mu m^2$ 的岩心,平均配位数为 3 左右,即使堵塞一个方向,仍有两个方向连通,流体可以流动;渗透率小于 $10\times10^{-3}\,\mu m^2$ 的岩心,平均配位数为 2.6,注水过程中若水中杂质或黏土颗粒运移发生堵塞,配位数将进一步降低,平均配位数仅为 1.6,能够流动的概率只有 60% 左右。

1.2.5　迁曲度

　　不同渗透率级别的岩心迁曲度分布频率如图 1.8 所示,迁曲度分布特征参数见表 1.8。当岩心的渗透率从 $50\times10^{-3}\,\mu m^2$ 降低到 $1\times10^{-3}\,\mu m^2$ 时,孔隙结构更加复杂,流体流经的线路曲折,迁曲度均值从 3.65 增加到 4.88,增加幅度为 34% 左右。

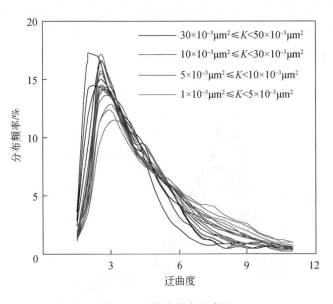

图 1.8　迁曲度分布频率图

　　迁曲度呈歪正态曲线分布,不同渗透率岩心的迁曲度集中分布在 2 ~ 5,且随着岩心渗透率的降低,迁曲度分布频率曲线的峰值向右移动。对于渗透率大于 $10\times10^{-3}\,\mu m^2$ 的岩心,平均迁曲度小于 4.5,流体流经线路较短;对于渗透率小于 $10\times10^{-3}\,\mu m^2$ 的岩心,平均迁曲度大于 4.5,流体流经线路较长。

表 1.8　迁曲度分布特征参数表

渗透率级别	岩心块数/块	迁曲度	平均值
$1\times10^{-3}\ \mu m^2 \leqslant K < 5\times10^{-3}\ \mu m^2$	4	4.73 ~ 5.01	4.88
$5\times10^{-3}\ \mu m^2 \leqslant K < 10\times10^{-3}\ \mu m^2$	4	4.36 ~ 4.74	4.51
$10\times10^{-3}\ \mu m^2 \leqslant K < 30\times10^{-3}\ \mu m^2$	4	4.16 ~ 4.30	4.22
$30\times10^{-3}\ \mu m^2 \leqslant K < 50\times10^{-3}\ \mu m^2$	4	3.11 ~ 3.94	3.65

1.2.6　形状因子

不同渗透率级别的岩心形状因子分布频率如图 1.9 所示，形状因子分布特征参数见表 1.9。当岩心的渗透率级别从 $50\times10^{-3}\ \mu m^2$ 降低到 $1\times10^{-3}\ \mu m^2$ 时，形状因子分布频率峰值左移，且峰值增高，均值从 0.031 降低到 0.018。

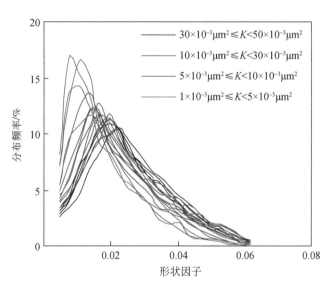

图 1.9　形状因子分布频率图

表 1.9　形状因子分布特征参数表

渗透率级别	岩心块数/块	形状因子	平均值
$1\times10^{-3}\ \mu m^2 \leqslant K < 5\times10^{-3}\ \mu m^2$	4	0.017 ~ 0.019	0.018
$5\times10^{-3}\ \mu m^2 \leqslant K < 10\times10^{-3}\ \mu m^2$	4	0.020 ~ 0.024	0.022
$10\times10^{-3}\ \mu m^2 \leqslant K < 30\times10^{-3}\ \mu m^2$	4	0.023 ~ 0.025	0.024
$30\times10^{-3}\ \mu m^2 \leqslant K < 50\times10^{-3}\ \mu m^2$	4	0.028 ~ 0.037	0.031

形状因子 G 的定义为孔隙截面积与周长平方的比值，孔隙形状越复杂，则形状因子越

小，当孔隙截面为理想圆形时形状因子达到最大值（0.0796）。渗透率大于 $10\times10^{-3}\,\mu m^2$ 的岩心，形状因子较大，截面越趋近于理想圆形；渗透率小于 $10\times10^{-3}\,\mu m^2$ 的岩心，形状因子较小，截面越偏离于理想圆形。

1.3　微观孔隙结构对驱油效果的影响

微观孔隙结构对驱油效果的影响主要体现在两个方面，一是对岩心驱油效率的影响，二是水微观剩余油分布的影响（Wang et al.，2019）。

1.3.1　微观孔隙结构对驱油效率的影响

选取朝阳沟油田低渗透油层 11 块天然岩心进行水驱油效率实验，测得各岩心水驱后的采收率，该值为岩心驱油效率，见表 1.10。分析孔隙半径、喉道半径、孔喉比、配位数、迂曲度和形状因子等参数对驱油效率的影响，见图 1.10 ~ 图 1.15。

表 1.10　水驱油效率实验数据表

岩心编号	渗透率/($10^{-3}\,\mu m^2$)	直径/cm	长度/cm	孔隙度/%	驱油效率/%
朝 2-1	1.48	2.50	7.60	12.74	22.30
朝 2-2	2.88	2.51	7.20	12.09	22.30
朝 2-3	3.73	2.50	7.90	12.89	21.00
朝 2-4	5.16	2.50	6.50	13.05	22.50
朝 2-5	6.63	2.50	6.70	13.94	25.40
朝 2-6	8.14	2.50	8.10	14.80	31.00
朝 2-7	11.99	2.51	7.30	14.88	28.90
朝 2-8	18.14	2.50	6.60	16.15	29.20
朝 2-9	28.04	2.51	8.40	17.46	35.20
朝 2-10	37.60	2.51	8.20	16.76	38.60
朝 2-11	43.40	2.50	7.60	18.34	39.40

从图 1.10 ~ 图 1.15 中可以看出，驱油效率与孔隙半径之间没有明显的相关关系。驱油效率与喉道半径、配位数和形状因子存在正相关关系，而与孔喉比和迂曲度存在负相关关系。

为了研究平均孔隙半径（X_1）、平均喉道半径（X_2）、平均孔喉比（X_3）、平均配位数（X_4）、平均迂曲度（X_5）和平均形状因子（X_6）等对驱油效率的影响，采用回归出各影响因素与驱油效率关系的方法，这样就可以判断各因素对驱油效率的影响。由于不同的变

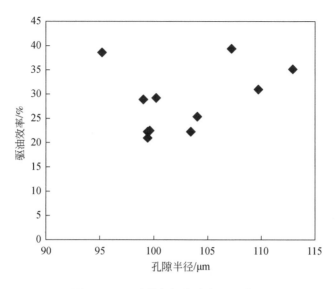

图 1.10　驱油效率与孔隙半径的关系

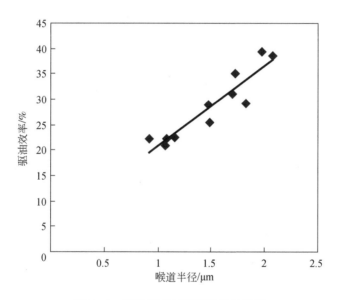

图 1.11　驱油效率与喉道半径的关系

量往往有不同的单位，对同一变量使用不同的单位，会导致过于照顾方差大的变量 X_j，而对方差小的变量却照顾得不够。为了消除单位的不同可能带来的一些不合理的影响，常常将各原始变量作标准化处理。同令

$$X_j = \frac{X_j^* - E(X_j)}{\sqrt{\mathrm{Var}(X_j)}} (j=1,\ 2,\ \cdots,\ p) \tag{1.1}$$

式中，X_j^* 为变量 X_j 的实际数值；$E(X_j)$ 为变量 X_j 的平均值；$\mathrm{Var}(X_j)$ 为变量 X_j 的方差。

得到驱油效率与各孔隙特征参数之间的表达式：

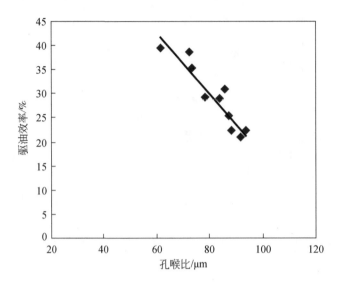

图 1.12　驱油效率与孔喉比的关系

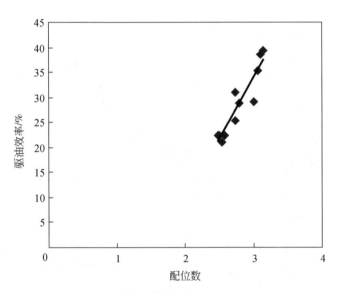

图 1.13　驱油效率与配位数的关系

$$R = b_1X_1 + b_2X_2 + b_3X_3 + b_4X_4 + b_5X_5 + b_6X_6 \qquad (1.2)$$

相关系数大于零时，两者成正相关趋势；相关系数小于零时，两者成负相关趋势。相关系数的绝对值越大，相应参数对驱油效率的影响也就越大。

由表 1.11 可知，驱油效率受孔隙半径、喉道半径、孔喉比、配位数、迂曲度和形状因子等多因素的影响，其中喉道半径的相关系数最大，孔喉比次之，分别为 0.378 和 −0.237，喉道半径与驱油效率成正相关，孔喉比与驱油效率成负相关。

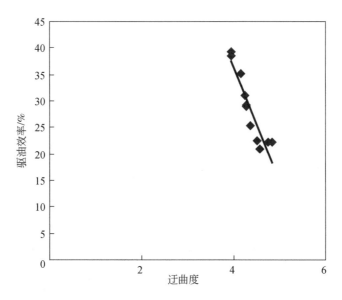

图 1.14　驱油效率与迁曲度的关系

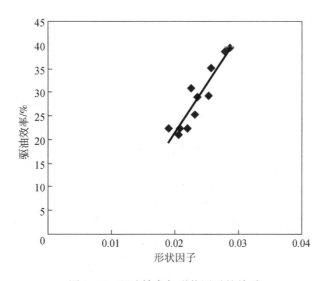

图 1.15　驱油效率与形状因子的关系

表 1.11　线性回归系数表

参数符号	参数名称	相应系数符号	相应系数
X_1	平均孔隙半径	b_1	0.090
X_2	平均喉道半径	b_2	0.378
X_3	平均孔喉比	b_3	−0.237
X_4	平均配位数	b_4	0.236
X_5	平均迁曲度	b_5	−0.018
X_6	平均形状因子	b_6	0.095

1.3.2　微观孔隙结构对剩余油的影响

油田开发初期，油层中的水是以束缚水的形式存在的。水的饱和度低，处于不可流动状态。油田开发后期，尤其是到了特高含水期以后，受界面张力、润湿性、非均质性、毛管力、油水流度比、孔隙结构等的影响，油层中的剩余油的分布会变得十分复杂。

利用有机物在紫外线照射下受激发而发出荧光的原理区分孔喉中的油和水，即使岩心中的水挥发，也不影响实验结果。因为石油始终会残留在孔隙中，在紫外线照射下仍然会发出荧光，而原来充满水的部分孔隙在荧光显微镜下是不可见的或发出颜色较纯的绿光。这样，孔隙中发荧光的部分为剩余油，没有荧光或发绿色光的部分为水。通过面积法可计算孔隙中的剩余油饱和度。油层水淹后，注入水引起油质沥青和胶质沥青浓度发生变化，这种变化可以通过荧光颜色、发光强度、发光面积等荧光图像特征直观地反映出来，而这些特征正是判别油层水淹程度的重要依据之一。

利用荧光显微镜测得的荧光照片和金相照片如图 1.16 和图 1.17 所示。石油是具有荧光性的物质，不同组分石油的荧光特性不同，根据荧光强度可测定石油的含量，根据发光的颜色可确定石油的组成成分。各个孔隙中的剩余油饱和度可以通过面积法求出，把岩心中含油饱和度大于15%的孔隙看作存在剩余油的孔隙。把各岩心中含剩余油的孔隙个数占总孔隙个数的百分比称作含剩余油孔隙比例。

图 1.16　荧光照片

实验步骤如下：将岩心折裂，获取天然岩心的自然断面；将自然断面上的各点分别在金相模式和荧光模式下拍摄多张照片；应用景深扩展软件，分别获得金相模式和荧光模式下的合成照片；应用测量软件，测量孔隙半径、喉道半径、孔喉比、迂曲度、形状因子、配位数；测量剩余油饱和度。

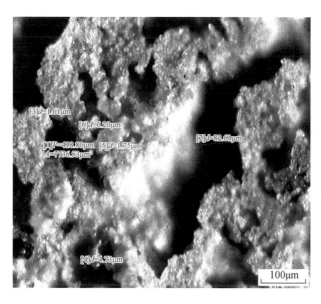

图 1.17　金相照片

选取了 8 块天然岩心，对其进行了水驱后微观剩余油分布规律的研究。通过研究各个孔隙对应的剩余油饱和度，分析了孔隙半径、喉道半径、孔喉比、配位数、迂曲度以及形状因子与剩余油饱和度的关系。

1. 孔隙半径的影响

首先把每个孔隙半径及其对应的剩余油饱和度按岩心编号分类。对于某一块岩心的孔隙半径与剩余油饱和度数据，根据孔隙半径的大小划分为若干区间，统计每个区间内的孔隙个数及剩余油饱和度大于 15% 的孔隙个数，从而绘制出孔隙半径与含剩余油孔隙比例的关系曲线。

不同渗透率的岩心孔隙半径与含剩余油孔隙比例的关系曲线如图 1.18 所示。岩心含剩余油的孔隙比例随孔隙半径减小而减小，在水湿岩心中，毛管力是驱油的动力，而毛管力的大小和孔隙半径成反比，孔隙半径越小，毛管力越大，水驱油动力越大，因此水首先进入半径较小的孔隙，则小孔隙中的原油易被驱出而不易形成剩余油，对于水湿储层，孔隙半径越小，孔隙中存在剩余油的概率也越小。

在水湿岩心的大孔隙中毛管力也是驱油的动力，驱油效果也应该比较好。但由于大孔道中驱替水的流速较低，冲刷能力较弱，当孔道中形成连续水相后，一些附着于孔道壁的原油不易被水驱走，形成油斑或油膜，从而成为剩余油。孔隙半径虽然对驱油效果有一定的影响，但各岩心的孔隙半径分布差别不大，因此它不是造成低渗透岩心驱油效率低的主要原因。

2. 喉道半径的影响

首先把每个喉道半径及其对应孔隙的剩余油饱和度按岩心编号分类。对于某一块岩心

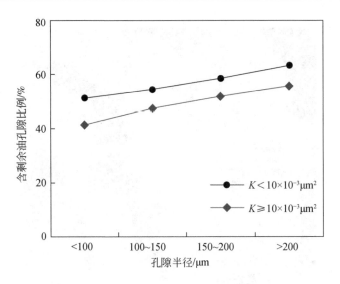

图 1.18　不同渗透率级别的岩心孔隙半径与含剩余油孔隙比例的关系

的喉道半径与剩余油饱和度数据，根据喉道半径的大小划分为若干区间，统计每个区间内的孔隙个数及剩余油饱和度大于 15% 的孔隙的个数，从而绘制出喉道半径与含剩余油孔隙比例的关系曲线。

　　不同渗透率级别的岩心喉道半径与含剩余油孔隙比例的关系曲线如图 1.19 所示。随着喉道半径的增大，含剩余油孔隙比例减少，说明喉道半径越小越容易形成剩余油。

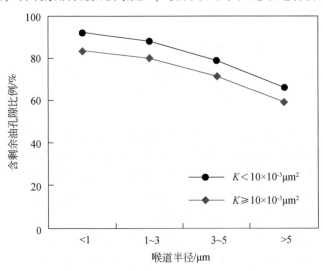

图 1.19　不同渗透率级别的岩心喉道半径与含剩余油孔隙比例的关系

3. 孔喉比的影响

　　首先把每个孔喉比及其对应孔隙的剩余油饱和度按岩心编号分类。对于某一块岩心的孔喉比与剩余油饱和度数据，根据孔喉比的大小划分为若干区间，统计每个区间内的孔隙个数及剩余油饱和度大于15%的孔隙的个数，从而绘制出孔喉比与含剩余油孔隙比例的关系曲线。

　　不同渗透率级别的岩心孔喉比与含剩余油孔隙比例的关系如图1.20所示。随着孔喉比的增大，含剩余油孔隙比例增加，即孔隙中存在剩余油概率变大。孔喉比越大越容易发生卡断效应，形成的油珠残留于较小的喉道中，不能形成连续相，油相渗透率下降，驱油效率降低。对于一定孔隙半径的孔隙来说，孔喉比的增加意味着与之相连的平均喉道半径减小，说明较小喉道作用下更易产生剩余油。

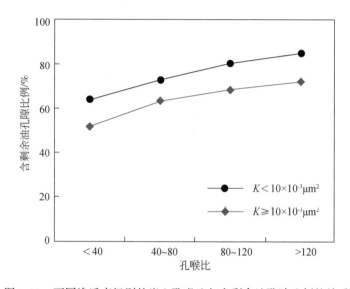

图1.20　不同渗透率级别的岩心孔喉比与含剩余油孔隙比例的关系

　　由前面已经知道，孔喉比大是低渗透岩心区别于中高渗透岩心的重要特征，在低渗透岩心中，大孔喉比孔隙占的比例较大。大孔喉比的孔隙中容易形成剩余油，因此，孔喉比大是造成低渗透岩心驱油效率低的重要原因。

　　穆文志博士对不同孔喉比下流体的流动特征进行了研究，孔喉比越大，孔隙内流过的流体流量越少，流体流速越小，孔隙内相应流入流体的孔隙体积倍数就越小；喉道半径和孔喉比是控制孔隙内流速和切应力值大小的决定因素，平均喉道及主流喉道差异是引起低渗透油藏不同渗流能力的决定性因素，并且渗流能力和驱油效率取决于大级别喉道的含量。

　　由此验证了目前低渗透油层多孔介质的孔喉比和喉道半径是控制驱油效率高低的主要因素，也是决定开发难度和开发效果的主要因素的结论。

4. 配位数的影响

　　首先把每个配位数及其对应孔隙的剩余油饱和度按岩心编号分类。对于某一块岩心的配位数与剩余油饱和度数据，根据配位数的大小划分为若干区间，统计每个区间内的孔隙个数及剩余油饱和度大于15%的孔隙的个数，从而绘制出配位数与含剩余油孔隙比例的关系曲线。

不同渗透率级别的岩心配位数与含剩余油孔隙比例的关系曲线如图 1.21 所示。随着配位数的减小，含剩余油孔隙比例增加，说明低配位数容易形成剩余油，而配位数增加可使形成剩余油的概率下降。

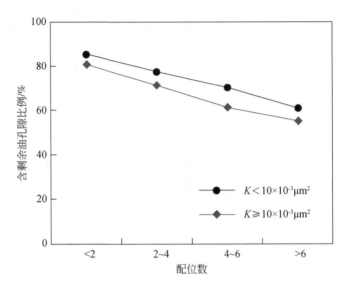

图 1.21　不同渗透率级别的岩心配位数与含剩余油孔隙比例的关系

配位数代表着孔隙与其他孔隙或喉道的连通程度，孔隙配位数越大，说明与之连通的孔隙越多，随着配位数的增加，连通的孔喉数增多，油流通道增加，流体被捕集的机会减少，使形成剩余油的概率下降；在较小的配位数的情况下，注入水驱替该孔隙原油的机会减少，有些孔隙甚至成为盲端，而使剩余油形成的概率增大。

5. 迂曲度的影响

首先把每个迂曲度及其对应的剩余油饱和度按岩心编号分类。对于某一块岩心的迂曲度与剩余油饱和度数据，根据迂曲度的大小划分为若干区间，统计每个区间内的孔隙个数及剩余油饱和度大于 15% 的孔隙的个数，从而绘制出迂曲度与含剩余油孔隙比例的关系曲线。

不同渗透率级别的岩心迂曲度与含剩余油孔隙比例的关系曲线如图 1.22 所示。可以看出，随着迂曲度的增大，含剩余油孔隙比例均增大。这是因为迂曲度越大，孔隙在空间中的展布形状越复杂，容易产生较大的渗流阻力，油滴在被驱替的过程中，更容易被捕集，形成剩余油。

6. 形状因子的影响

首先把每个孔隙的形状因子及其对应的剩余油饱和度按岩心编号分类。对于某一块岩心的形状因子与剩余油饱和度数据，根据形状因子的大小划分为若干区间，统计每个区间内的孔隙个数及剩余油饱和度大于 15% 的孔隙的个数，从而绘制出形状因子与含剩余油孔隙比例的关系曲线。

不同渗透率级别的岩心形状因子与含剩余油孔隙比例的关系曲线如图 1.23 所示。随

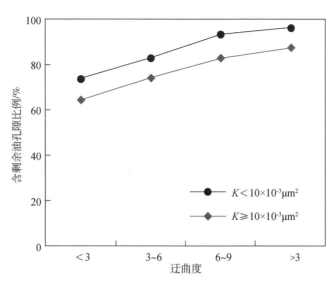

图 1.22　不同渗透率岩心迂曲度与含剩余油孔隙比例的关系

着形状因子的减小，含剩余油孔隙比例增加。形状因子越小，孔隙形状越复杂，形状因子越大，孔隙形状越简单，这说明复杂的孔隙形状容易形成剩余油。这是因为，复杂的孔隙形状使水易于连通，在水湿岩心中由于水在岩石表面的铺展能力更强，这种现象尤其严重，对存在于孔喉中央位置的原油产生一种圈闭作用。同时，存在于角隅内的水与原油也容易形成油水混合状态的剩余油。

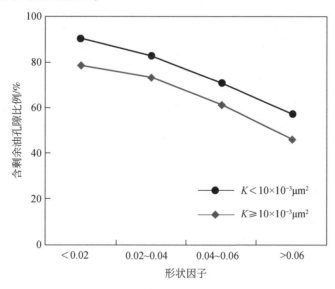

图 1.23　不同渗透率岩心形状因子与含剩余油孔隙比例的关系

　　形状因子小是低渗透岩心的显著特点，同时低渗透岩心的润湿性以水湿和中性润湿为主，即使局部有斑状的油性润湿，比例也不大。因此，形状因子小是低渗透油层驱油效率低的重要原因。

第2章　低渗透油藏微乳液驱油体系筛选

表面活性剂微乳液驱能够降低油水界面张力，但不同类型表面活性剂形成的微乳液性能和驱油效果存在差异，本章将从临界胶束浓度、微乳液含量及吸附、界面张力、含盐量等方面筛选出有利于低渗透油藏形成微乳液的表面活性剂体系，为低渗透油藏微乳液驱油提供技术支持。

2.1　筛　选　原　则

根据要开展微乳液驱的低渗透油藏特点，研究储层原油性质和地层水矿化度，筛选出合适的微乳液体系，主要包括以下几个方面。

1. 分析原油性质

油相性质会影响表面活性剂溶液与油相间的界面性质和相态，随着油相中烷烃链长的增加，表面活性剂在油相中分配减少，在盐水中增加，达到某一链长时，在油/水中的分配相等。当油相链长小于该临界链长时，在油相中形成胶束，出现上相微乳液，反之则在水相中形成胶束，出现下相微乳液。因此针对不同的原油性质，形成最佳微乳液体系的表面活性剂也不同。

大庆油田低渗透油藏原油含烷烃量超过50%，含蜡量高（26%～30%）、凝点高（约30℃）、硫含量低（0.10%）、正庚烷和沥青质含量低（低于2.5%），属于典型的低硫石蜡基原油。王云峰在《表面活性剂及其在油气田中的应用》中指出需要根据原油的等效烷烃碳数（EACN）来选择合适的烷烃作为油相，一般选轻烃，形成的微乳液能够大幅度降低原油黏度、提高原油流动能力。

2. 分析地层水矿化度

地层水矿化度影响表面活性剂溶液与油相间的相态，需要根据矿化度大小选出亲油亲水平衡值（HLB）适宜的表面活性剂。若矿化度较低时，应选用亲油性更强的表面活性剂（HLB低），这种表面活性剂在较低的含盐量下就可能出现中相微乳液；若矿化度较高时，应选用亲水性更强的表面活性剂（HLB高），它在较高的含盐量下才能出现中相微乳液。

大庆油田低渗透油藏原始地层水的矿化度在5758.4mg/L左右，因长期开发注水，目前地层水的矿化度为4000～5000mg/L，见表2.1，需要进一步研究地层水矿化度与形成中相微乳液所需含盐量之间的配伍性。

3. 筛选表面活性剂

表面活性剂的 HLB 在微乳液的配制过程中是十分重要的，能够预见表面活性剂的性能、作用与用途。当 HLB 小于 10 时，易形成上相（W/O 型）微乳液；当 HLB 大于 10 时，易形成下相（O/W 型）微乳液。针对不同性质的表面活性剂，需要进一步筛选出具有低临界胶束浓度、低吸附量、能产生中相微乳液的表面活性剂。

表 2.1　大庆油田低渗透油藏地层水矿化度　　　　（单位：mg/L）

离子	Na$^+$+K$^+$	Ca^{2+}	Mg^{2+}	SO$_4^{2-}$	HCO$_3^-$	Cl$^-$	总矿化度
原始地层水	2013.90	116.20	19.50	14.41	1034.90	2559.50	5758.40
目前地层水	1628.30	64.10	21.90	11.50	750.60	1903.86	4380.20

4. 筛选助剂

根据筛选的表面活性剂类型，确定助剂的分子量和浓度，筛选最佳界面张力尽可能低、含盐量范围尽可能宽的助剂，表面活性剂与助剂的比例一般为 2：1~3：1（韩冬和沈平平，2001）。

5. 筛选微乳液驱油体系

筛选最佳配方的方法除盐度扫描法外，还有正交实验法和方程系数法等，根据筛选的表面活性剂、助剂，确定相应的浓度、比例以及体系的最佳含盐量，处于最佳含盐量时的中相微乳液配方就是最佳中相微乳液驱油体系。

2.2　表面活性剂筛选

表面活性剂能够显著降低体系的表面或界面张力，当浓度超过临界胶束浓度（CMC）时，在溶液内部形成胶束，从而产生增溶、乳化、润湿反转等作用；不同类型表面活性剂具有不同的临界胶束浓度，临界胶束浓度越小，越容易在溶剂中自聚形成微乳液。针对六种常用的不同类型表面活性剂，通过测定临界胶束浓度、微乳液含量和表面活性剂吸附来筛选有利于形成微乳液的表面活性剂。

1. 实验仪器和材料

实验仪器有 HBCD-70 高温高压岩心驱替装置（海安华达石油仪器有限公司）、AL204 天平（梅特勒-托利多有限公司，检定分度值 0.001g）、TX-500C 旋转滴界面张力仪（美国彪维公司），所用实验材料见表 2.2。

2. 临界胶束浓度测定

临界胶束浓度可以度量表面活性剂的表面活性，临界胶束浓度越小，形成胶束所需的表面活性剂浓度越低，达到表面饱和吸附的浓度越低，越容易形成微乳液。采用表面张力法测定临界胶束浓度，当表面活性剂浓度极低时，水和空气直接接触，水的表面张力基本不变，增大表面活性剂浓度，表面活性剂单体很快聚集到水面，降低水与空气的接触面积，表面张力急剧下降，受分子间范德瓦耳斯力影响，憎水基团开始聚集形成小型胶束，如图 2.1（a）所示；继续增大表面活性剂浓度，达到饱和吸附时，形成紧密排列的单分子膜，表面张力降至最低值，如图 2.1（b）所示；当超过临界胶束浓度之后，继续增大浓度，胶束数目和聚集数增大，表面张力几乎不再下降，如图 2.1（c）所示。

表 2.2　实验材料

类型	名称	代号	HLB	厂家
阴离子表面活性剂	1. 石油磺酸盐（烷基、芳基、含脂肪烃和环烷烃的磺酸盐混合物，$R-SO_3M$） 2. 十二烷基硫酸钠（$C_{12}H_{25}OSO_3Na$）	SPS SDS	12.5 40	沈阳市华东试剂厂
非离子型表面活性剂	1. 脂肪醇聚氧乙烯醚〔$C_{12}H_{25}O(C_2H_4O)_n$〕 2. 聚氧乙烯失水山梨醇单月桂酸酯（$C_{58}H_{114}O_{26}$）	AEO-7 Span20	12～13 16	辽宁泉瑞试剂有限公司
两性离子型表面活性剂	1. 椰油酰胺丙基羟磺基甜菜碱〔$RCONH(CH_2)_3N+(CH_3)_2CH_2CH(OH)CH_2SO_3_$〕 2. 十二烷基二甲基甜菜碱（$C_{16}H_{33}NO_2$）	CHSB BS-12	14.5 10～15	上海德俊化工科技有限公司

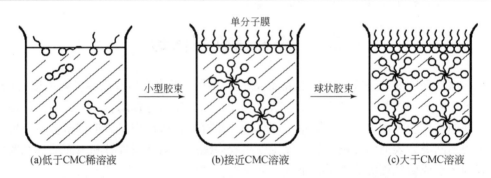

(a)低于CMC稀溶液　　　　　(b)接近CMC溶液　　　　　(c)大于CMC溶液

图 2.1　表面活性剂溶液胶束形成过程

具体实验步骤如下：①配制不同浓度的表面活性剂溶液；②应用界面张力仪测量不同溶液的界面张力 γ；③绘制表面活性剂浓度与界面张力关系曲线（$\lg c$-γ），曲线上转折点对应的浓度为临界胶束浓度，对应的界面张力为 γ_{CMC}。

3. 界面张力测定

当油水界面张力低至 10^{-2} mN/m 为低界面张力，达到 10^{-3} mN/m 甚至更低时为超低界面张力，相同表面活性剂浓度时界面张力越低，形成的微乳液驱油效果越好。采用旋转液滴法测定界面张力，将两种不混合的液体放置于毛细管中，通过电机高速旋转产生离心力，使得悬浮在毛细管中心的球状油滴被拉长，而界面张力作用于拉长的油滴使其恢复形变，相同转速条件下，油水界面张力越小，拉伸长度越长，椭球型油滴长轴越长，油滴在毛细管中形变如图 2.2 所示。

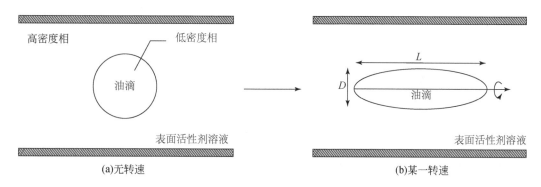

图 2.2 油滴在毛细管中形变示意图

D-某一转速下油滴的短轴长；L-某一转速下油滴的长轴长

具体实验步骤如下：①配制不同浓度的表面活性剂溶液；②在毛细管中注入不同浓度的表面活性剂溶液和实验原油，注入过程中应防止气泡产生；③转速调整至 5000r/min，待油滴形状稳定后，记录此时的油水界面张力。

2.2.1 临界胶束浓度

用蒸馏水配制不同浓度的表面活性剂溶液，静置 24h 待表面活性剂稳定后，利用 TX500C 界面张力测定仪采用旋转滴法测试表面活性剂与原油的表面张力和界面张力，如图 2.3 和图 2.4 所示，实验结果见表 2.3。

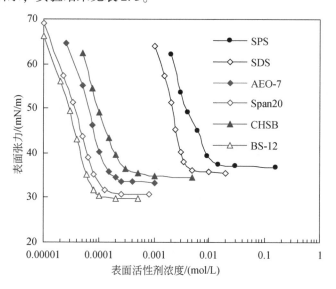

图 2.3 临界胶束浓度和表面张力

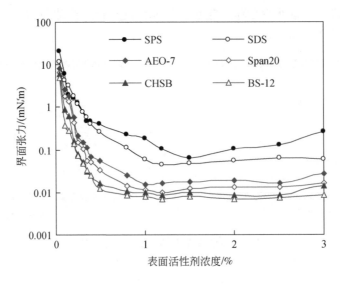

图2.4　临界胶束浓度和界面张力

表2.3　临界胶束浓度和界面张力表

序号	表面活性剂	名称	类型	临界胶束浓度/（mol/L）	界面张力/（mN/m）
1	SPS	石油磺酸盐	阴离子型表面活性剂	1.4×10^{-2}	6.5×10^{-2}
2	SDS	十二烷基硫酸钠		8.6×10^{-3}	4.3×10^{-2}
3	AEO-7	脂肪醇聚氧乙烯醚	非离子型表面活性剂	2.3×10^{-4}	1.6×10^{-2}
4	Span20	聚氧乙烯失水山梨醇单月桂酸酯（吐温20）		1.2×10^{-4}	9.5×10^{-3}
5	CHSB	椰油酰胺丙基羟磺基甜菜碱	两性离子型表面活性剂	2.8×10^{-4}	8.3×10^{-3}
6	BS-12	十二烷基二甲基甜菜碱		1.0×10^{-4}	6.8×10^{-3}

　　不同类型表面活性剂的临界胶束浓度具有明显差异，临界胶束浓度从高到低依次为阴离子型、两性离子型和非离子型表面活性剂，其中十二烷基硫酸钠（SDS）、十二烷基二甲基甜菜碱（BS-12）和吐温20（Span20）具有较低的临界胶束浓度和界面张力，在相同表面活性剂浓度下更容易形成微乳液体系。在这六种表面活性剂中，阴离子表面活性剂SPS临界胶束浓度最大，为1.4×10^{-2}mol/L，界面张力最高，为6.5×10^{-2}mN/m，而非离子型表面活性剂临界胶束浓度较低、界面张力较低，两性离子型表面活性剂BS-12临界胶束浓度最低，为1.0×10^{-4}mol/L，界面张力最低，为6.8×10^{-3}mN/m。在相同表面活性剂浓度下，具有较低临界胶束浓度的非离子表面活性剂溶液更容易形成胶束，主要体现在两个方面，一方面是因为非离子型表面活性剂在水溶液中不发生电离，分子表面不带电，分子间不存在静电斥力，更倾向于聚集在一起；另一方面是离子型表面活性剂形成胶束主要依靠化学键和氢键与水分子作用，而非离子型表面活性剂主要依靠氢键与水分子相互作用，分子间作用力小，更易形成胶束。因此，确定有利于形成微乳液体系的阴离子型、非离子型

和两性离子型表面活性剂分别为十二烷基硫酸钠、吐温 20 和十二烷基二甲基甜菜碱。

2.2.2 微乳液含量及吸附

按照油水比 1∶1 将原油和上述表面活性剂溶液混合，采用 HZ-8812S 水浴往复式恒温振荡器，以 120r/min 的速度震荡 6h，静置 72h 后观察体系的分层情况，测量微乳液含量；按固液密度比 1∶9 将配置好的 2.5% 的表面活性剂溶液和朝阳沟油田的天然油砂（60~100 目）混合并加入到密封瓶中，在 45℃ 的恒温水浴振荡器中以 90r/min 的转速震荡吸附 6h，测试油水界面张力，余下的溶液继续按上述过程用新油砂吸附，如此重复八次，如图 2.5 所示，实验结果见表 2.4。

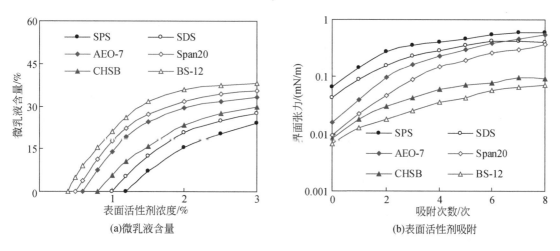

图 2.5 微乳液含量及表面活性剂吸附图

表 2.4 微乳液含量及表面活性剂吸附表

序号	表面活性剂	微乳液含量/%		最低界面张力/（mN/m）	
		表面活性剂浓度 1%	表面活性剂浓度 2.5%	初始	吸附八次后
1	SPS	0	20.52	$6.5×10^{-2}$	$6.0×10^{-1}$
2	SDS	0	25.02	$4.3×10^{-2}$	$3.9×10^{-1}$
3	AEO-7	14.09	31.68	$1.6×10^{-2}$	$5.4×10^{-1}$
4	Span20	17.68	34.20	$9.5×10^{-3}$	$3.6×10^{-1}$
5	CHSB	5.68	27.45	$8.3×10^{-3}$	$9.3×10^{-2}$
6	BS-12	21.19	37.17	$6.8×10^{-3}$	$7.2×10^{-2}$

不同类型表面活性剂形成的微乳液含量与表面活性剂吸附量均有明显差异，随着临界胶束浓度的降低，形成微乳液所需的表面活性剂浓度越低，在相同表面活性剂浓度时形成的微乳液含量越多，其中十二烷基二甲基甜菜碱和吐温 20 临界胶束浓度较低，在相同表

面活性剂浓度下形成的微乳液含量较多；随着表面活性剂吸附次数的增加，表面活性剂多次与黏土等发生物理及化学作用，吸附量增大，体系中表面活性剂浓度降低，界面张力增大，其中十二烷基二甲基甜菜碱和椰油酰胺丙基羟磺基甜菜碱（CHSB）吸附量较低，对界面张力影响较小。在这六种表面活性剂中，两性离子型表面活性剂 BS-12 和非离子型表面活性剂 Span20 的临界胶束浓度较小，当表面活性剂浓度为 1% 时，微乳液含量分别为 21.19%、17.68%，当表面活性剂浓度为 2.5% 时，微乳液含量增大，分别为 37.17%、34.20%；两性离子型表面活性剂 BS-12 和 CHSB 初始最低界面张力较低，分别为 6.8×10^{-3} mN/m、8.3×10^{-3} mN/m，吸附八次后，最低界面张力分别增大至 7.2×10^{-2} mN/m、9.3×10^{-2} mN/m，增幅较小，其次是阴离子型表面活性剂 SPS 和 SDS 界面张力分别为 6.5×10^{-2} mN/m 和 4.3×10^{-2} mN/m，吸附八次后，界面张力分别增大至 6.0×10^{-1} mN/m 和 3.9×10^{-1} mN/m，而非离子型表面活性剂 AEO-7 和 Span20 界面张力分别为 1.6×10^{-2} mN/m、9.5×10^{-3} mN/m，吸附八次后，最低界面张力增幅最大，分别为 5.4×10^{-1} mN/m、3.6×10^{-1} mN/m，说明非离子型表面活性剂吸附量大，对体系界面张力影响较大。

综合上述分析，阴离子型表面活性剂具有界面活性高、吸附量低的优点，但临界胶束浓度高，耐盐性差，非离子型表面活性剂具有抗盐能力强、临界胶束浓度低的优点，但表面活性剂吸附量大、稳定性差、价格高，而两性离子型表面活性剂具有耐高温、耐硬水性好、适用范围广（pH 等）、生物降解性能优良和驱油效率高等特点，因此，确定有利于形成微乳液体系的表面活性剂为两性离子型表面活性剂十二烷基二甲基甜菜碱，其次为阴离子型表面活性剂十二烷基硫酸钠。

2.3　助剂筛选

当表面活性剂浓度达到临界胶束浓度后，其表/界面张力不再降低，若加入一定浓度的助剂，能使界面张力进一步降低，使更多的表面活性剂和助剂在界面上吸附，当液滴的界面张力低于 10^{-5} N/m 时，能自发形成微乳液。针对筛选的两种表面活性剂溶液，分别加入不同醇类的助剂，通过测定不同表面活性剂与助剂配比下的界面张力和形成中相微乳液的含盐量范围来优选有利于形成微乳液的助剂。

2.3.1　界面张力

用蒸馏水配制一定浓度的上述两种表面活性剂溶液（十二烷基二甲基甜菜碱和十二烷基硫酸钠），加入不同质量的助剂 A，静置 24h 待体系稳定后，测得不同表面活性剂与助剂配比 k_m 下体系的界面张力，如图 2.6 所示，实验结果见表 2.5。

随着助剂浓度的增加，微乳液体系界面张力进一步降低，与十二烷基硫酸钠微乳液体系相比，十二烷基二甲基甜菜碱微乳液体系界面张力降低幅度更大；随着助剂碳原子个数的增加，碳链变长，微乳液体系界面张力继续降低，当助剂浓度超过表面活性剂浓度两倍后，下降幅度减缓，此时已达到超低界面张力。加入助剂后，界面张力进一步降低主要体

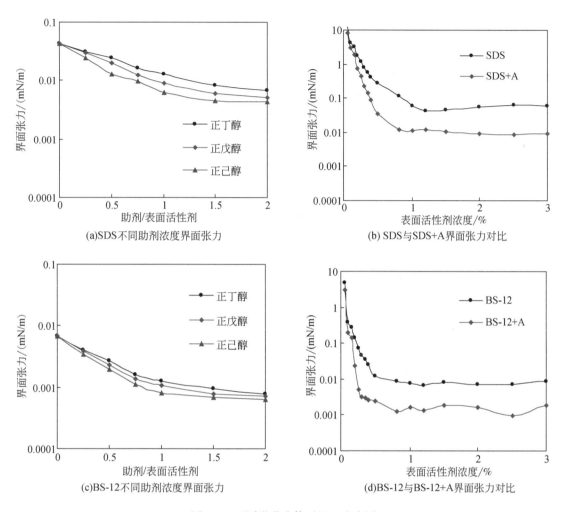

图 2.6　不同微乳液体系界面张力图

表 2.5　不同微乳液体系界面张力表

序号	表面活性剂	类型	界面张力/（mN/m）				
			$k_m = 0$	$k_m = 1$	$k_m = 2$	$k_m = 3$	$k_m = 4$
1	SDS+正丁醇	阴离子表面活性剂+助剂	4.3×10^{-2}	2.5×10^{-2}	1.3×10^{-2}	8.2×10^{-3}	6.8×10^{-3}
2	SDS+正戊醇			2.0×10^{-2}	8.9×10^{-3}	6.0×10^{-3}	5.0×10^{-3}
3	SDS+正己醇			1.3×10^{-2}	6.3×10^{-3}	4.6×10^{-3}	4.3×10^{-3}
4	BS-12+正丁醇	两性离子型表面活性剂+助剂	6.8×10^{-3}	2.6×10^{-3}	1.2×10^{-3}	9.4×10^{-4}	7.7×10^{-4}
5	BS-12+正戊醇			2.3×10^{-3}	1.1×10^{-3}	7.8×10^{-4}	7.3×10^{-4}
6	BS-12+正己醇			1.9×10^{-3}	8.2×10^{-4}	6.8×10^{-4}	6.2×10^{-4}

现在两个方面，一方面，助剂和表面活性剂交错排开形成界面膜，降低了表面活性剂分子之间的电荷排斥作用，使得更多的非极性表面活性剂分子富集在界面膜上，既增大了形成

的胶束体积，又增强了油水界面活性；另一方面，助剂本身即为双亲物质，能够调节表面活性剂的亲油亲水平衡值（HLB）以及油和水的极性，增加界面膜的柔性和流动性，减小界面膜弯曲能，降低界面张力，有利于促进微乳液体系的形成。以阴离子型表面活性剂 SDS 为例，随着助剂碳原子个数的增加，碳链增长，嵌入到油相中越深，与油相结合越紧密，改善界面活性的能力也就越强，同时分子间电荷排斥作用降低，虽然正丁醇的增溶能力较弱于正己醇、正戊醇，但是碳链较短的助剂在水溶液中溶解度较大，高浓度下能够形成较多的胶束。

2.3.2　含盐量

应用盐度扫描方法对十二烷基二甲基甜菜碱+正丁醇微乳液体系和十二烷基硫酸钠+正丁醇微乳液体系进行实验研究，测得不同微乳液体系形成中相微乳液的下限含盐量、上限含盐量，如图 2.7 所示，实验结果见表 2.6。

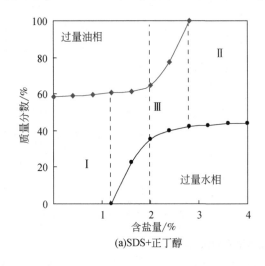
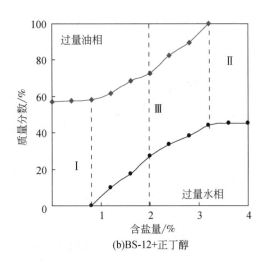

图 2.7　不同微乳液体系含盐量图

表 2.6　不同微乳液体系含盐量表

序号	表面活性剂	类型	含盐量/%			
			下限 C_{SEL}	上限 C_{SEU}	最佳 C_{SEOP}	范围 ΔC
1	SDS+正丁醇	阴离子表面活性剂+助剂	1.2	2.8	2.0	1.6
2	SDS+正戊醇		1.0	2.4	1.7	1.4
3	SDS+正己醇		0.8	2.0	1.4	1.2
4	BS-12+正丁醇	两性离子型表面活性剂+助剂	0.8	3.2	2.0	2.4
5	BS-12+正戊醇		0.7	2.9	1.8	2.2
6	BS-12+正己醇		0.6	2.4	1.5	1.8

地层水中含盐种类繁多，常见的盐类有 $MgSO_4$、KCl、$NaHCO_3$、Na_2SO_4、$CaCl_2$ 等，

不同盐类均能使微乳液体系发生 Ⅰ 型→Ⅲ型→Ⅱ型的转变，但对于不同盐类/离子，微乳液相变所需的含盐量不同，对微乳液相变的影响机理也不同。根据调研可知，若无机盐中的阳离子化合价越高、离子半径越小，那么表面电荷密度越大，活性越大，与表面活性剂分子的作用力更强，调节表面活性剂的 HLB 作用越大，形成中相微乳液所需的含盐量越低、盐度范围越窄；若无机盐中的阴离子化合价越高，对阳离子影响含盐范围的作用越强，形成中相微乳液所需的含盐量越高、盐度范围越宽。

根据低渗透油藏地层水的组成进行盐度扫描，结果表明，随着助剂碳原子个数的增加，碳链变长，最佳含盐量降低，形成中相微乳液时含盐量的范围变窄，加入正丁醇后含盐量范围最大；固定助剂碳原子个数不变，与十二烷基硫酸钠体系相比，十二烷基二甲基甜菜碱体系含盐量范围更宽。随着助剂碳原子个数的增加，碳链变长，正丁醇、正戊醇、正己醇下保持 Ⅰ 型相态的临界含盐量 C_{SEL} 逐渐降低，BS-12 体系下限含盐量分别为 0.8%、0.7%、0.6%，刚开始生成 Ⅱ 型相态的临界含盐量 C_{SEU} 亦逐渐降低，降幅增大，上限含盐量分别为 3.2%、2.9%、2.4%，形成中相微乳液时含盐量范围变窄，分别为 2.4%、2.2%、1.8%。

综合上述分析，与十二烷基硫酸钠+正丁醇微乳液体系相比，十二烷基二甲基甜菜碱+正丁醇微乳液体系界面张力降低幅度更大，形成中相微乳液时含盐量的范围较宽，能够满足制备中相微乳液的要求。因此，确定有利于形成微乳液体系的表面活性剂为十二烷基二甲基甜菜碱，有利于形成微乳液体系的助剂为正丁醇。

2.4 微乳液体系制备及筛选

根据已筛选的表面活性和助剂，制备微乳液体系，应用正交实验法筛选适用于低渗透油藏的微乳液驱油体系，确定最佳中相微乳液驱油体系。

2.4.1 体系制备

根据微乳液相态特征，将微乳液划分为三种类型：Ⅰ 型、Ⅱ 型和Ⅲ型，如图 2.8 所示。当体系中的各组分比例发生变化时，会形成不同类型的微乳液。不同类型微乳液驱油效果不同，当中相微乳液中水相与油相体积相等时，该体系越接近最佳中相微乳液体系，驱油效率最高。

微乳液的制备是一个自发乳化的过程，形成过程中不需要外加功，主要依靠体系中各组分的匹配，但会受油相、温度、含盐量和表面活性剂等因素的影响。微乳液的常规制备方法有两种（李干佐，1995；王军和杨许召，2011）。

(1) Schulman 法：将油、水、表面活性剂和无机盐类混合均匀形成微乳液，向微乳液中滴加一定量的助剂后体系会突然变透明，此时所制备的溶液即为微乳液。当体系中各组分的种类和浓度改变时，微乳液结构和类型也会发生相应变化。

(2) Shah 法：将油、助剂、表面活性剂和无机盐类混合形成微乳液，向微乳液中加入一定量的水后体系在瞬间变透明，此时所制备的溶液即为 W/O 型微乳液，继续加入一

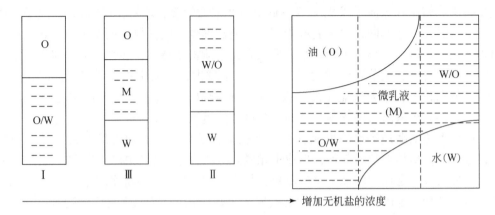

图 2.8　微乳液的三种类型

定量的水，分散相由球状→柱状→层状或双连续结构→柱状→球状变化，微乳液体系由 W/O 型→双连续型→O/W 型转变。

通过大量分析和资料总结，制备出的最佳中相微乳液具有如下特点：

（1）中相微乳液与油的界面张力和与水的界面张力相等；

（2）水增溶参数相等，此时表面活性剂对油和水具有最适宜的平衡关系；

（3）表面活性剂的滞留量最小；

（4）多孔介质中油珠聚并的时间很短，最佳含盐量下，表面活性剂和助剂在油水界面上的吸附量达到最大时，助剂最大的吸附量使界面黏度最小，因而油珠聚并时间最短；

（5）原油采收率最大。

2.4.2　体系筛选

根据微乳液制备方法，针对不同油相类型，应采用正交实验法筛选最佳中相微乳液驱油体系，并进一步研究驱油体系的稳定性以及体系粒径大小与低渗透油藏孔喉大小的匹配关系。

1. 微乳液体系筛选

将不同碳原子个数的正烷烃按照比例进行混合，形成的轻烃类油品用于制备驱油用微乳液体系，三种轻烃类油品组成见表 2.7，其中油品 1、油品 2、油品 3 分别以正己烷、正壬烷、正十一烷为主。

表 2.7　三种轻烃类油品组成　　　　　　　　　　　　　　（单位：%）

类型	油品 1	油品 2	油品 3
正丁烷	6.23	0.00	0.00
正戊烷	16.76	0.00	0.00
正己烷	25.57	3.66	0.00

续表

类型	油品 1	油品 2	油品 3
正庚烷	21.16	10.69	0.00
正辛烷	14.64	20.48	4.62
正壬烷	9.59	27.41	12.51
正癸烷	6.05	21.91	22.36
正十一烷	0.00	15.85	30.89
正十二烷	0.00	0.00	29.62
合计	100	100	100

　　固定油水体积比为 1∶1，应用正交实验方法（李干佐等，1990，1991）确定最佳中相微乳液体系（所采用的表面活性剂、助剂和盐浓度均为质量浓度），对于不同油相类型，根据实验方案共设计了 3×9＝27 组实验，按照正交实验设计方案，将表面活性剂、助剂、盐类和油水混合 12h 后，记录过量水相、中相微乳液、过量油相体积，如图 2.9 所示，实验结果见表 2.8 ~ 表 2.10。

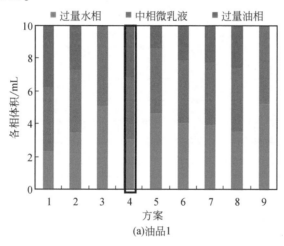

(a)油品1

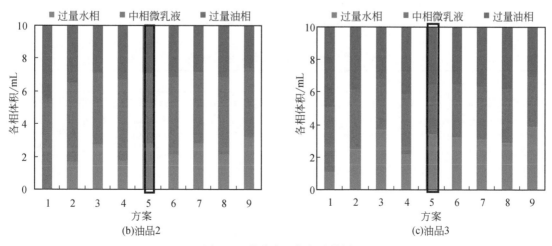

(b)油品2　　　　　　　　　　　　　　　　　(c)油品3

图 2.9　微乳液正交实验结果

表 2.8　微乳液正交实验结果（油品 1）

方案	实验因子及水平						实验结果			
	表面活性剂水平	表面活性剂浓度/%	助剂水平	助剂浓度/%	含盐量水平	含盐量/%	水相 V_W /mL	微乳液相 V_M /mL	油相 V_O /mL	差值 ΔV /mL
1	1	1.5	1	1.5	1	0.5	2.38	3.92	3.70	1.31
2			2	2.0	2	1.0	3.46	3.92	2.62	0.83
3			3	2.5	3	1.5	5.13	4.87	0.00	5.13
4	2	2.0	1	1.5	2	1.0	3.10	3.80	3.10	0.00
5			2	2.0	3	1.5	4.65	4.04	1.31	3.34
6			3	2.5	1	0.5	4.05	3.92	2.03	2.03
7	3	2.5	1	1.5	3	1.5	3.93	3.92	2.15	1.79
8			2	2.0	1	0.5	3.58	3.92	2.50	1.07
9			3	2.5	2	1.0	5.25	4.75	0.00	5.25

表 2.9　微乳液正交实验结果（油品 2）

方案	实验因子及水平						实验结果			
	表面活性剂水平	表面活性剂浓度/%	助剂水平	助剂浓度/%	含盐量水平	含盐量/%	水相 V_W /mL	微乳液相 V_M /mL	油相 V_O /mL	差值 ΔV /mL
1	1	2.0	1	1.5	1	1.0	0.00	5.61	4.39	4.39
2			2	2.0	2	1.5	1.69	4.90	3.41	1.71
3			3	2.5	3	2.0	2.74	4.41	2.85	0.10
4	2	2.5	1	1.5	2	1.5	1.79	4.99	3.22	1.42
5			2	2.0	3	2.0	2.80	4.40	2.80	0.00
6			3	2.5	1	1.0	2.19	4.69	3.12	0.92
7	3	3.0	1	1.5	3	2.0	2.85	4.41	2.74	0.11
8			2	2.0	1	1.0	2.20	4.69	3.11	0.91
9			3	2.5	2	1.5	3.19	4.28	2.53	0.67

表 2.10　微乳液正交实验结果（油品 3）

方案	实验因子及水平						实验结果			
	表面活性剂水平	表面活性剂浓度/%	助剂水平	助剂浓度/%	含盐量水平	含盐量/%	水相 V_W /mL	微乳液相 V_M /mL	油相 V_O /mL	差值 ΔV /mL
1	1	3.0	1	2.0	1	1.5	1.15	4.00	4.85	3.69
2			2	2.5	2	2.0	2.54	3.65	3.81	1.27
3			3	3.0	3	2.5	3.69	3.19	3.12	0.58

续表

方案	实验因子及水平						实验结果			
	表面活性剂水平	表面活性剂浓度/%	助剂水平	助剂浓度/%	含盐量水平	含盐量/%	水相 V_W /mL	微乳液相 V_M /mL	油相 V_O /mL	差值 ΔV /mL
4			1	2.0	2	2.0	2.19	3.77	4.04	1.85
5	2	3.5	2	2.5	3	2.5	3.46	3.08	3.46	0.00
6			3	3.0	1	1.5	3.23	3.31	3.46	0.23
7			1	2.0	3	2.5	3.12	3.31	3.58	0.46
8	3	4.0	2	2.5	1	1.5	2.88	3.42	3.69	0.81
9			3	3.0	2	2.0	3.92	3.08	3.00	0.92

根据不同油相类型，以油水相体积差值接近于 0 为原则，初步确定最佳中相微乳液驱油体系分别为方案 4、方案 5、方案 6，即 2.0% ~3.5% 十二烷基二甲基甜菜碱、1.5% ~2.5% 正丁醇、1.0% ~2.5% 盐。随着正构烷烃碳原子数的增加，形成中相微乳液的含盐量范围逐渐增大，最佳含盐量增大。对于下相微乳液体系，随着含盐量的增加，微乳液滴聚集数增加，液滴疏水能力提高，有利于油相分子的增溶，增溶后的微乳液密度降低，加上盐类对扩散层的压缩作用，使得微乳液富集相从下相中分离出来，形成中相微乳液，相比于油品 2 和油品 3，油品 1 的极性较强，容易穿过微乳液滴界面膜，增溶于液滴内部，形成中相微乳液所需含盐量较低；继续增加含盐量，表面活性剂进入油相中，中相微乳液结构被破坏，形成上相微乳液，随着正构烷烃碳原子数的增加，表面活性剂进入油相的阻力增大，要求表面活性剂进入油相的含盐量增加。

2. 微乳液稳定性

配制不同表面活性剂浓度的微乳液体系，测定体系界面张力和微乳液含量，将实验样品放置 2d 后，继续测定体系界面张力和微乳液含量，如图 2.10 所示。

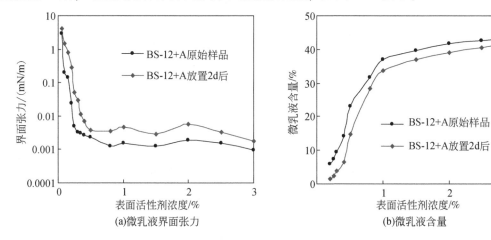

(a)微乳液界面张力　　　　(b)微乳液含量

图 2.10　微乳液稳定性

由 2.5% 十二烷基二甲基甜菜碱+2.0% 正丁醇+2.0% 盐溶液制备的微乳液体系稳定性较好,在放置 2d 后,仍然能够保持超低界面张力（10^{-3} 数量级）,微乳液含量仍能保持较大,处于 40% 以上。

3. 微乳液粒径分布

用 MS 3000 激光粒度仪测定临界胶束浓度下的微乳液体系粒径,临界胶束浓度下微乳液粒径测量与粒径分布结果,如图 2.11 和图 2.12 所示。

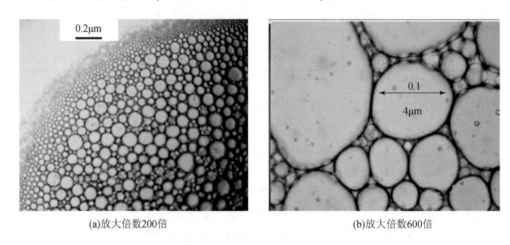

(a)放大倍数200倍　　　　　　　　(b)放大倍数600倍

图 2.11　临界胶束浓度下微乳液粒径测量图

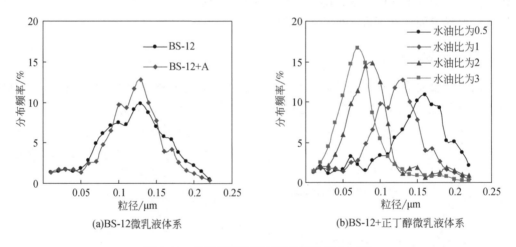

(a)BS-12微乳液体系　　　　　　　(b)BS-12+正丁醇微乳液体系

图 2.12　临界胶束浓度下微乳液粒径分布图

临界胶束浓度下的微乳液粒径大小为 $0 \sim 0.25\mu m$,加入助剂后,形成的微乳液粒径范围变窄,分布频率更高,粒径大小较为均匀,并且随着油组分浓度的增大,微乳液体系中水油比逐渐减小,胶束溶液增溶能力增强,增溶油相后的微乳液粒径逐渐增大,但平均粒径远小于 $1\mu m$,与低渗透油藏孔喉尺寸相匹配,很容易通过岩心喉道,适用于低渗透油藏。

　　结合上述分析，综合考虑低渗透油藏储层条件、表面活性剂性能和含盐范围等因素，筛选出适用于低渗透油藏的"三低"微乳液体系，即临界胶束浓度低、吸附量低、界面张力低的两性离子型表面活性剂微乳液体系，其组成为 2.0%～3.5% 十二烷基二甲基甜菜碱 +1.5%～2.5% 正丁醇 +1.0%～2.5% 盐。

　　需要注意的是，室内研究出的最佳配方还要进行岩心驱油实验加以验证，才能进行矿场实验，矿场实验时必须解决最佳配方含盐量和实际地层水含盐量的匹配问题，通常采用两个方法：①把最佳含盐量定为地层水的含盐量，通过改变其他因素获得最佳配方；②使用预冲液把地层水处理成适合于室内研究体系的最佳含盐量，以充分发挥最佳中相微乳液驱的优势。

第3章　微乳液相态模型及物化参数表征

通过室内实验，本章研究了影响微乳液相态的主要因素，揭示了微乳液相态变化机理，发展了微乳液相态 Hand 模型，能够获得任一含盐量下任一总组成的微乳液体系，并对任一相组成进行物化参数（微乳液密度、黏度、表面活性剂吸附量、界面张力）表征，为进一步开展低渗透油藏微乳液驱油数值模拟提供了基础参数。

3.1　影响微乳液相态的主要因素

在微乳液驱油过程中，由于水、油、表面活性剂、助剂等组分的运移，相、组分、时间和空间都发生了变化，相变化可以采用水、油、表面活性剂三元相图来表示（岳湘安等，2007），相图的三个顶点分别代表盐水、表面活性剂+助剂、油，且相图是含盐量的函数。随着体系含盐量的改变，相图也发生连续的改变，Ⅰ型、Ⅱ型和Ⅲ型相态变化，如图 3.1 所示。

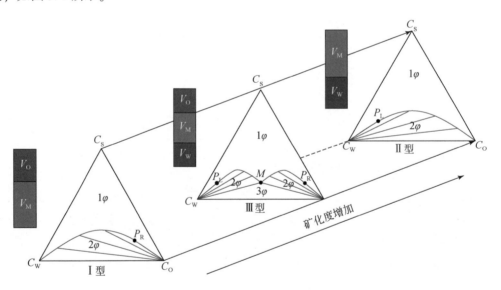

图 3.1　微乳液相态变化图

C_W-水组分浓度；C_O-油组分浓度；C_S-表面活性剂浓度（含助剂）；P_L-左褶点；P_R-右褶点；1φ-存在相的个数为 1；2φ-存在相的个数为 2；3φ-存在相的个数为 3；V_O-油相的体积；V_M-微浮液相的体积；V_W-水相的体积

Ⅰ型：双结曲线斜率为负，共存相为两个，两相区的褶点明显偏向油侧，表征低含盐量体系的下相微乳液，也称Ⅱ（−）型相图。低含盐量下，两相区褶点偏向油侧表明表面活性剂与水的亲和力明显大于其与油的亲和力，表面活性剂大部分存在于水相，当体系含

盐量低于保持 Ⅰ 型相态的临界含盐量 C_{SEL}（有效含盐量下限）时，形成下相微乳液和过量油相的两相共存体系。

Ⅲ 型：共存相为三个，当体系的组成落在连接三角内，表征最佳含盐量体系的中相微乳液。最佳含盐量下，表面活性剂与水的亲和力和其与油的亲和力相近，表面活性剂大部分存在于中相微乳液，当体系含盐量介于 C_{SEL} 和 C_{SEU} 之间时，形成中相微乳液、过量油相和过量水相的三相共存体系。随着含盐量的增加，表面活性剂对油的增溶能力增加、对水的增溶能力减弱，使得过量油相相对体积减小、过量水相相对体积增加，而中相微乳液中油的相对含量增加、水的相对含量减少，不变点组成的中相点将由水相点起始向右上移动，经过最大值后又向右下方移动至油相点。

Ⅱ 型：双结曲线斜率为正，共存相为两个，两相区的褶点明显偏向图中的水侧，表征高含盐量体系的上相微乳液体系，也称 Ⅱ（＋）型相图。高含盐量下，两相区褶点偏向水侧表明表面活性剂与油的亲和力明显大于其与水的亲和力，表面活性剂大部分存在于油相，当体系含盐量高于开始产生 Ⅱ 型相态的临界含盐量 C_{SEU} 时，形成上相微乳液和过量水相的两相共存体系。

三元体系相图是微乳液驱油组成模拟的基础，表面活性剂与水相、油相能以任意比例互溶，为了准确描述微乳液相态变化过程，需要分析表面活性剂、盐类等组分在微乳液相、水相和油相中的运移情况，如图 3.2 所示，系统解释见表 3.1。

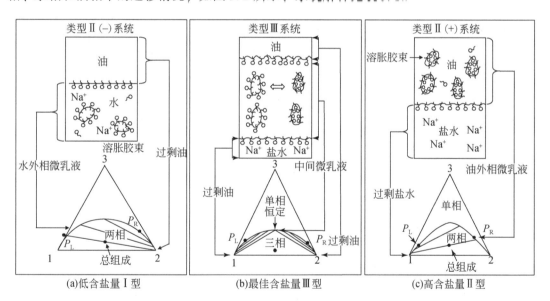

图 3.2　三种微乳液类型系统解释

一种原油-盐水-表面活性剂-助剂体系发生相态变化的主要影响因素有表面活性剂浓度、助剂浓度、含盐量、水油比和温度等。通过以下方式：①增加总的表面活性剂浓度；②增加助剂醇的浓度（C4、C5、C6）；③增加体系含盐量；④增大水/油的比例；⑤降低温度（离子型表面活性剂），可以使表面活性剂体系发生 Ⅰ 型→Ⅲ 型→Ⅱ 型的转变。当微乳液相态由 Ⅰ 型转为 Ⅲ 型，最佳含盐量下增溶油量和水量相等，微乳液相与过量油相和过量水相之间的界面张力相等时，为最佳驱油条件。

表 3.1　三种微乳液类型系统解释表

序号	相类型	拟组分	纯组分
1	油相	C_O	油
2	微乳液相	C_O	油
		C_W	水
			盐
		C_S	表面活性剂
			助剂
3	水相	C_W	水
			盐
		C_S	表面活性剂
			助剂

3.1.1　表面活性剂

为了研究表面活性剂浓度对微乳液驱油体系的影响，在不改变其他组分用量的条件下，逐渐增加表面活性剂用量，观察微乳液相态的变化，记录稳定时各相质量，研究表面活性剂浓度对微乳液相态的影响，如图 3.3 所示。

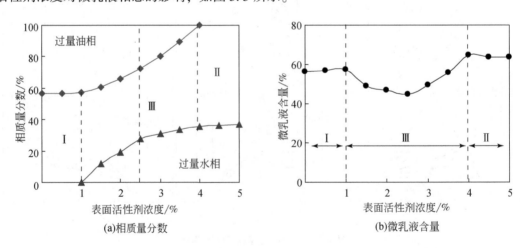

(a)相质量分数　　　　　　　(b)微乳液含量

图 3.3　表面活性剂浓度对微乳液相态的影响

随着总表面活性剂浓度的增加，微乳液体系相态发生 Ⅰ 型→Ⅲ 型→Ⅱ 型的转变。当表面活性剂浓度小于 1.0% 时，表面活性剂主要存在于水中，总体系为 Ⅰ 型，下相微乳液含量在 60% 左右，与过量油相共存；增大表面活性剂浓度，总体系开始向 Ⅲ 型转化，形成中相微乳液，过量油相含量降低，过量水相含量增加，当表面活性剂浓度为 2.5% 时，中相微乳液体系中过量水相与过量油相质量相等，为最佳中相微乳液体系，此时微乳液含量为44.84％；当表面活性剂浓度增大至4％后，过量油相消失，总体系为Ⅱ型，上相微乳液含量在60％左右，与过量水相共存。

从体系组成方面研究表面活性剂浓度影响微乳液相态机理，如图3.4所示，通过促进胶束分子结构的形成和提高对油相的增溶能力，增加总的表面活性剂浓度可以使微乳液体系发生Ⅰ型→Ⅲ型→Ⅱ型的转变。

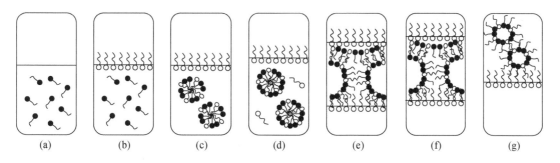

(a)　　　　(b)　　　　(c)　　　　(d)　　　　(e)　　　　(f)　　　　(g)

图3.4　表面活性剂浓度影响微乳液相态机理

当总体系中无表面活性剂时，体系为水、油、助剂和盐类共存，油水界面分明，如图3.4（a）所示；逐渐增加表面活性剂用量，加入的表面活性剂单体聚集在界面上，当表面活性剂浓度达到CMC时，水相中的表面活性剂分子与助剂形成小型胶束，如图3.4（b）和图3.4（c）所示；继续增加表面活性剂用量，形成的小型胶束开始增溶油相，使得胶束分子粒径增大，油相质量分数降低，总体系为Ⅰ型，如图3.4（d）所示；继续增加表面活性剂用量，形成的O/W型微乳液增多、增溶能力增强，造成O/W型微乳液与水相间产生密度差，逐渐从水相中分离出来并在油水界面之间聚集，粒径增大、界面膜不稳定，形成的O/W型微乳液逐渐变成水包油包水型（W/O/W型）或油包水包油型（O/W/O型）微乳液，此时，总体系为Ⅲ型，过量油相含量降低，过量水相含量增加，当过量水相与过量油相质量相等时，为最佳中相微乳液体系，如图3.4（e）和图3.4（f）所示；继续增加表面活性剂用量，剩余的表面活性剂分子形成胶束分子，该胶束具有无限增溶内相流体的能力，即过量油相消失，形成W/O型微乳液，总体系为Ⅱ型，如图3.4（g）所示。

3.1.2　助剂

为了研究助剂浓度对微乳液驱油体系的影响，在不改变其他组分用量的条件下，逐渐增加助剂用量，观察微乳液相态的变化，记录稳定时各相质量，研究助剂浓度对微乳液相态的影响，如图3.5所示。

随着助剂浓度的增加，微乳液体系相态发生Ⅰ型→Ⅲ型→Ⅱ型的转变。当助剂浓度小于0.83％时，总体系为Ⅰ型，下相微乳液含量在55％左右，与过量油相共存；增大助剂浓度，总体系开始向Ⅲ型转化，形成中相微乳液，过量油相含量降低，过量水相含量增

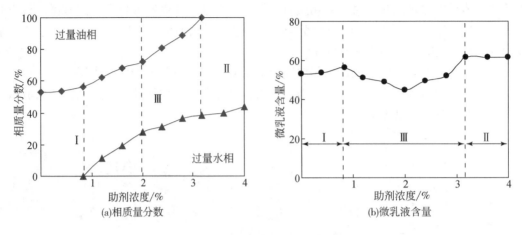

图 3.5　助剂浓度对微乳液相态的影响

加，当助剂浓度为 2.0% 时，中相微乳液体系中过量水相与过量油相质量相等，为最佳中相微乳液体系，此时微乳液含量为 44.84%；当助剂浓度增大至 3.16% 后，过量油相消失，总体系为Ⅱ型，上相微乳液含量在 60% 左右，与过量水相共存。

从体系组成方面研究助剂浓度影响微乳液相态机理，如图 3.6 所示，通过降低表面活性剂分子间的电荷排斥作用和改善界面膜弯曲柔性，增加助剂浓度可以使微乳液体系发生Ⅰ型→Ⅲ型→Ⅱ型的转变。

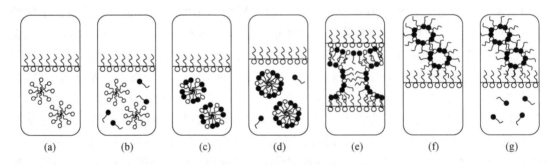

图 3.6　助剂浓度影响微乳液相态机理

当总体系中无助剂时，体系为水、油、表面活性剂和盐类共存，表面活性剂主要存在于水中，以单体形式聚集在油水界面上，以胶束形式存在于水相中，如图 3.6（a）所示；逐渐增加助剂用量，水中助剂浓度增加，由于其分子尺寸较小，能够镶嵌在相邻的两个表面活性剂分子之间，降低了表面活性剂分子间的电荷排斥作用，使得界面膜的曲率变小，表面活性剂分子与助剂分子共同作用形成小型胶束，如图 3.6（b）和图 3.6（c）所示；继续增加助剂用量，形成的小型胶束增多，增溶油相的能力增大，使得胶束分子粒径增大，油相质量分数降低，总体系为Ⅰ型，如图 3.6（d）所示；继续增加助剂用量，形成小曲率界面膜的 O/W 型微乳液增多，微乳液滴间发生聚集，提高对油相的增溶能力和增溶量，造成 O/W 型微乳液与水相间产生密度差，从水相中分离出来并在油水界面之间聚集，微乳液粒径增大，界面膜不稳定，形成的 O/W 型微乳液逐渐变成 W/O/W 型或 O/W/

O 型微乳液，此时，总体系为Ⅲ型；继续增加助剂用量，过量油相含量降低，过量水相含量增加，当过量水相与过量油相质量相等时，为最佳中相微乳液体系，如图 3.6（e）所示；继续增加助剂用量，在膜压的作用下界面膜逐渐凸向油相，形成 W/O 型微乳液，双连续型微乳液消失，总体系为Ⅱ型，如图 3.6（f）所示；继续增加助剂用量，剩余的助剂主要存在于过量水相中，相态类型及微乳液含量基本不变，如图 3.6（g）所示。

3.1.3 含盐量

为了研究含盐量对微乳液驱油体系的影响，在不改变其他组分用量的条件下，逐渐增加含盐量，观察微乳液相态的变化，记录稳定时各相质量，研究含盐量对微乳液相态的影响，如图 3.7 所示。

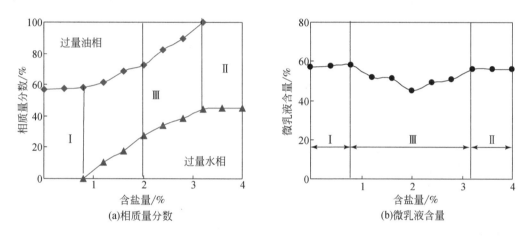

图 3.7 含盐量对微乳液相态的影响

随着含盐量的增加，表面活性剂体系相态发生Ⅰ型→Ⅲ型→Ⅱ型的转变。当含盐量小于 0.8% 时，总体系为Ⅰ型，下相微乳液含量在 60% 左右，与过量油相共存；增大含盐量，总体系开始向Ⅲ型转化，形成中相微乳液，过量油相含量降低，过量水相含量增加，当含盐量为 2.0% 时，中相微乳液体系中过量水相与过量油相质量相等，为最佳中相微乳液体系，此时微乳液含量为 44.84%；当含盐量增大至 3.2% 后，过量油相消失，总体系为Ⅱ型，上相微乳液含量在 60% 左右，与过量水相共存。

从体系组成方面研究含盐量影响微乳液相态机理，如图 3.8 所示，通过压缩水相中带电粒子的扩散双电子层和改变离子型表面活性剂的电离平衡状态，增加含盐量可以使微乳液体系发生Ⅰ型→Ⅲ型→Ⅱ型的转变。

当总体系中含盐量为 0 时，体系为水、油、表面活性剂和助剂共存，形成的微乳液界面膜主要由表面活性剂和助剂组成，亲水性强于亲油性，根据双重膜理论，界面膜凸向水相，形成 O/W 型微乳液，即Ⅰ型微乳液，如图 3.8（a）所示；逐渐增加含盐量，表面活性剂和油受到"盐析"，一方面压缩微乳液滴的双电层、减小液滴间斥力，液滴之间易于接近和聚结，减弱了表面活性剂分子间的电荷排斥作用，这使表面活性剂的活性分子排列

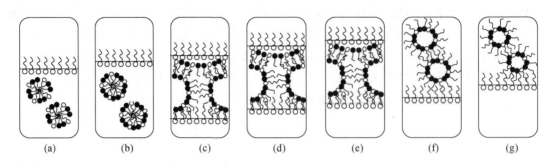

图 3.8　含盐量影响微乳液相态机理

更加紧密；另一方面降低表面活性剂的临界胶束浓度，使胶束聚集数增加，提高对油的增溶量，油相质量分数降低，总体系为Ⅰ型，如图 3.8（b）所示；继续增加含盐量，无机盐进入界面膜中和界面膜中的电荷并调节表面活性剂的 HLB，破坏 O/W 型微乳液稳定性，当含盐量达到一定值后，部分胶束脱离原有的球形变成半球形或者椭球形，界面膜开始伸展变长，逐渐铺展开，亲油性提高使得 O/W 型微乳液油相外露，暴露在外的油滴相互聚集并形成连续油相，表面活性剂亲油亲水值达到相对平衡，膜压不足以使界面弯向任意一相，形成 W/O/W 型或 O/W/O 型微乳液，此时，总体系为Ⅲ型，如图 3.8（c）所示；继续增加含盐量，过量油相含量降低，过量水相含量增加，当过量水相与过量油相质量相等时，为最佳中相微乳液体系，如图 3.8（d）和图 3.8（e）所示；继续增加含盐量，表面活性剂和油进一步受到"盐析"，更多的表面活性剂和助剂进入油相中，此时微乳液亲油性大于亲水性，过量油相全部进入中相微乳液中，W/O/W 型或 O/W/O 型的双连续结构被打破，油变成连续相，水变成分散相，界面膜凸向油相，形成 W/O 型微乳液，总体系为Ⅱ型，如图 3.8（f）所示；继续增加含盐量，双电子层压缩程度达到最大，相态类型及微乳液含量基本不变，如图 3.8（g）所示。

3.1.4　水油比

为了研究水油比对微乳液驱油体系的影响，在不改变其他组分用量的条件下，逐渐增加水的用量、降低油的用量，观察微乳液相态的变化，记录稳定时各相质量，研究水油比对微乳液相态的影响，如图 3.9 所示。

随着水油比的增加，微乳液体系相态发生Ⅰ型→Ⅲ型→Ⅱ型的转变。当水油比小于 0.33 时，总体系为Ⅰ型，下相微乳液含量为 0~55%，与过量油相共存；增大水油比，微乳液类型开始向Ⅲ型转化，形成中相微乳液，过量油相含量降低，过量水相含量增加，当水油比为 1 时，中相微乳液体系中过量水相与过量油相质量相等，为最佳中相微乳液体系，此时中相微乳液含量为 44.84%；当水油比超过 3 后，过量油相消失，总体系为Ⅱ型，上相微乳液含量为 0~55%，与过量水相共存。

从体系组成方面研究水油比影响微乳液相态机理，如图 3.10 所示，通过促进胶束分子结构形成和增大表面活性剂分子在水中溶解度，增加水油比可以使微乳液体系发生Ⅰ型→Ⅲ型→Ⅱ型的转变。

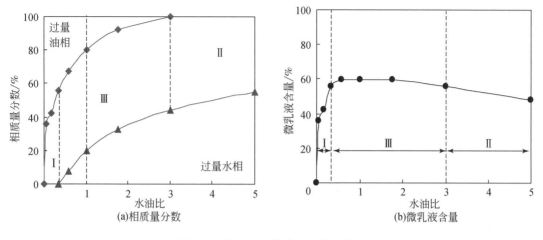

图 3.9　水油比对微乳液相态的影响

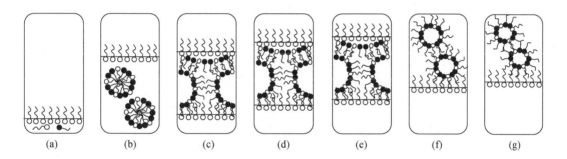

图 3.10　水油比影响微乳液相态机理

当总体系中水组分接近于 0 时，体系为油、表面活性剂、助剂和盐类共存，亲油相和亲水相存在明显分界面，如图 3.10（a）所示；逐渐增加水油比，当水相质量小于油相质量时，亲水相溶于水相中，在水相中形成小型胶束，开始增溶油相，使得胶束分子粒径增大，油相质量分数逐渐降低，总体系为 Ⅰ 型，如图 3.10（b）所示；继续增加水油比，形成的 O/W 型微乳液增多，提高了对油相的增溶能力和增容量，造成 O/W 型微乳液与水相间产生密度差，逐渐从水相中分离出来并在油水界面之间聚集，微乳液粒径增大，界面膜不稳定，逐渐变成 W/O/W 型或 O/W/O 型微乳液，此时，总体系为 Ⅲ 型，如图 3.10（c）所示；继续增加水油比，过量油相含量降低，过量水相含量增加，当过量水相与过量油相质量相等时，为最佳中相微乳液体系，如图 3.10（d）和图 3.10（e）所示；继续增加水油比，双连续型微乳液被破坏，过量油相消失，根据双重膜理论，在膜压作用下界面膜凸向油相，形成 W/O 型微乳液，总体系为 Ⅱ 型，如图 3.10（f）和图 3.10（g）所示。

3.1.5　温度

为了研究温度对微乳液驱油体系的影响，在不改变其他组分用量的条件下，逐渐升高温度，观察微乳液相态的变化，记录稳定时各相质量，研究温度对微乳液相态的影响，如

图 3.11 所示。

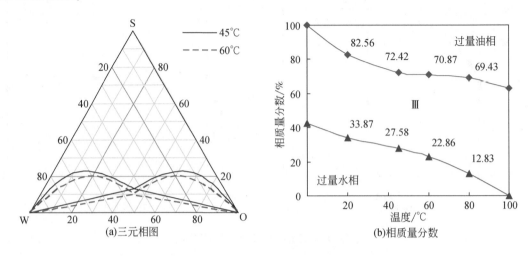

(a)三元相图　　　　　　　　(b)相质量分数

图 3.11　温度对微乳液相态的影响

对于离子型表面活性剂体系，当温度由 0℃升高至 100℃时，微乳液体系相态发生Ⅱ型→Ⅲ型→Ⅰ型的转变，微乳液含量逐渐增大。对比温度 45℃和 60℃时的三元相图，升温后部分两相微乳液转变成单相微乳液，单相微乳液区域面积增大，在相同表面活性剂用量下微乳液含量更高，有利于提高微乳液驱油效率；当温度为 0℃时，总体系为Ⅱ型，上相微乳液含量为 57.44%，与过量水相共存；当温度升高时，从图 3.11 可看出当温度大于 0℃后总体系为Ⅲ型，总体系开始向Ⅲ型转化，形成中相微乳液，过量水相含量降低，过量油相和中相微乳液含量增加，当温度为 45℃时，过量水相与过量油相质量相等，为最佳中相微乳液体系，此时中相微乳液含量为 44.84%；继续升温至 100℃后，过量水相消失，总体系为Ⅰ型，下相微乳液含量为 62.78%，与过量油相共存。

从体系组成方面研究温度影响微乳液相态机理，如图 3.12 所示，通过增大表面活性剂分子在界面上所占的面积和表面活性剂分子在水中的溶解度，升高温度可以使微乳液体系发生Ⅱ型→Ⅲ型→Ⅰ型的转变。

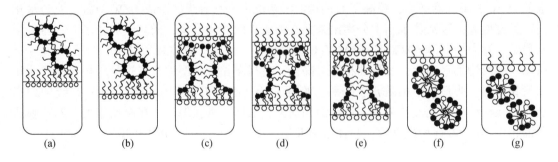

(a)　　　(b)　　　(c)　　　(d)　　　(e)　　　(f)　　　(g)

图 3.12　温度影响微乳液相态机理

当总体系所处温度较低时，体系为水、油、表面活性剂、助剂和盐类共存，形成的微乳液界面膜主要由表面活性剂和助剂组成，其分子活性低，亲油性强于亲水性，根据双重膜理论，在膜压的作用下，界面膜凸向油相，形成 W/O 型微乳液，即 Ⅱ 型微乳液，如图 3.12（a）所示；逐渐升高温度，分子活性增强，表面活性剂分子间的电荷排斥作用减弱，提高对油的增溶量，胶团粒径增大，油相质量分数降低，如图 3.12（b）所示；继续升高温度，胶团粒径继续增大，当界面膜上的分子间作用力低于形成球形微乳液分子间作用力时，界面膜开始伸展变长逐渐铺展开，亲水性提高使得 W/O 型微乳液水相外露，暴露在外的水分子相互聚集并形成连续水相，表面活性剂亲油亲水值达到相对平衡，膜压不足以使界面弯向任意一相，逐渐形成 W/O/W 型或 O/W/O 型微乳液，此时，总体系为 Ⅲ 型，如图 3.12（c）所示；继续升高温度，亲水性提高，使得过量水相含量降低、过量油相和中相微乳液含量增加，当过量水相与过量油相质量相等时，为最佳中相微乳液体系，如图 3.12（d）和图 3.12（e）所示；继续升高温度，表面活性剂分子在水中的溶解度进一步增大，更多的表面活性剂和水进入中相微乳液中，造成中相微乳液与水相间密度差异减小，过量水相全部进入到中相微乳液中，W/O/W 型或 O/W/O 型的双连续结构被打破，水变成连续相，油变成分散相，表面活性剂在膜压的作用下弯向水相，形成 O/W 型微乳液，总体系为 Ⅰ 型，如图 3.12（f）所示；继续升高温度，界面膜稳定性减弱，表面活性剂分子在界面上所占的面积增大，吸附量下降，直接导致增溶油相能力的下降，油相质量分数增大，相态类型及微乳液含量趋于稳定，如图 3.12（g）所示。

综上所述，改变表面活性剂浓度、助剂浓度、含盐量、水油比和温度均能影响微乳液相态。增加总表面活性剂浓度能够促进胶束分子结构形成、提高对油相的增溶能力，增加助剂浓度能够降低表面活性剂分子间的电荷排斥作用、提高界面膜弯曲柔性，增加含盐量能够压缩水相中带电粒子的扩散双电子层、改变离子型表面活性剂的电离平衡状态，增加水油比能够促进胶束分子结构形成、增大表面活性剂分子在水中溶解度，微乳液体系相态发生 Ⅰ 型→Ⅲ 型→Ⅱ 型的转变；升温能够增大表面活性剂分子在界面上所占的面积、增大表面活性剂分子在水中溶解度，微乳液体系相态发生 Ⅱ 型→Ⅲ 型→Ⅰ 型的转变。

3.2　微乳液相态模型

相态关系是表面活性剂、原油及盐水体系形成微乳液后的直接表现，其相状态不仅与各组分的组成比例有关，还与各组分本身的组成、结构和相应的环境因素有重要的关系（Ghosh and Johns, 2014, 2016a, 2016b）。相态模型主要用于描述相态双结点曲线、两相褶点线和Ⅲ相结点线，表征有效含盐量下表面活性剂/油/水的相态函数。在数值模拟过程中常采用 Hand 模型，而在应用 Hand 模型描述相态曲线时，有以下发现。

（1）Hand 模型不能精准描述过低或过高水油比情况下微乳液相态曲线。对于 Ⅰ 型或 Ⅱ 型相态，在描述过低或过高水油比的双结点曲线时，Hand 模型描述曲线偏差较大，这一规律与相对渗透率曲线中油水相对渗透率比值与含水饱和度在两端处偏离直线段的情况相类似。侯吉瑞等研究发现三元复合驱用烷基苯磺酸钠表面活性剂在运移到 1/5 井距（高含水区域）处，吸附损失很大，界面张力数量级由 10^{-3} mN/m 上升到 10^{-2} mN/m，且近井地带水驱效果较好，残余油较少，水油比较高，直接影响驱油用微乳液体系的相态变化，由于过低或过高水油比情况下，各相组分在油相或水相中的浓度较小，常规相态表征误差较大。

（2）Hand 模型不能获得非对称双结点曲线的解析解。根据 Hand 模型 $\dfrac{C_{3l}}{C_{2l}} = A\left(\dfrac{C_{3l}}{C_{1l}}\right)^B$，当 B 等于 -1 时，Hand 模型描述对称双结点曲线方程，方程简化为 $C_{3l}^2 = AC_{2l}\left(1 - C_{2l} - C_{3l}\right)$，若 C_{2l} 为已知，那么该方程即为一元二次方程，可以直接求得 C_{3l} 的计算公式。当 B 不等于 -1 时，该方程简化为 $C_{3l}^{1-B} = AC_{2l}\left(1 - C_{2l} - C_{3l}\right)^{-B}$，通过计算，难以获得解析解，需要应用迭代法等计算方法获取较为接近的数值解，相态模型求解较为复杂。

（3）目前国内仍未有直观模拟相态变化过程的程序。UTCHEM 等数值模拟软件能够描述表面活性剂驱过程中的物化现象，对驱油过程中相态变化也进行了相关的描述，在表面活性剂驱理想模型或对矿场表面活性剂驱进行模拟时，能够模拟不同位置网格处微乳液相驱替进度或微乳液相饱和度，却无法直观观测微乳液相态变化，需要进一步研究微乳液驱相态定量表征的程序。

因此，为了准确描述微乳液相态变化过程，本书在研究目前相态模型存在问题的基础上，对 Hand 模型进行改进，建立了新的相态双结点曲线、两相褶点线、Ⅲ相结点线和各相质量分数等相态描述方法，能够定量描述微乳液相态参数，对于微乳液相物化参数表征具有重要意义。

3.2.1 双结点曲线

根据 Hand 定律，平衡相浓度比在双对数坐标上呈一条直线，所有相环境下的双结点曲线公式都可定义为

$$\frac{C_{3l}}{C_{2l}} = A\left(\frac{C_{3l}}{C_{1l}}\right)^B \qquad l = \text{W、O、M} \tag{3.1}$$

式中，A 和 B 为经验参数，对于对称双结点曲线 $B = -1$；l 为相态，$l = \text{W、O、M}$ 分别代表水相、油相和微乳液相。

对于对称双结点曲线，当各相中水浓度 C_{1l} 与油浓度 C_{2l} 相等时，表面活性剂浓度 $C_{3(\text{W}=\text{O})}$ 达到最大值，为双结点曲线高度 $C_{3\max}$；而对于非对称双结点曲线，会发生两种情况，当双结点曲线高度 $C_{3\max}$ 处于相同油水浓度下表面活性剂浓度 $C_{3(\text{W}=\text{O})}$ 位置左侧时，为偏左型非对称双结点曲线；当双结点曲线高度 $C_{3\max}$ 处于相同油水浓度下表面活性剂浓度 $C_{3(\text{W}=\text{O})}$ 位置右侧时，为偏右型非对称双结点曲线。

针对目前相态模型存在的问题，通过修正 Hand 模型幂指数项 B，对于两种非对称双结点曲线（偏左型和偏右型），非对称双结点曲线可以由式（3.2）和式（3.3）表示：

偏右型：$\qquad C_{3l}^2 = AC_{1l}C_{2l} + BC_{1l}C_{3l} + DC_{3l} \qquad l = \text{W、O、M} \tag{3.2}$

偏左型：$\qquad C_{3l}^2 = AC_{1l}C_{2l} + BC_{2l}C_{3l} + DC_{3l} \qquad l = \text{W、O、M} \tag{3.3}$

A、B、D 可从实验数据获得，参数 A 与双结点曲线高度有关；参数 B 反映双结点曲线非对称偏移程度，当 $B = 0$ 时，偏左型和偏右型非对称双结点曲线表达式相同；参数 D 反映双结点曲线范围大小，当 $B = 0$ 且 $D = 0$ 时，上述双结点曲线表达式与描述对称双结点曲线的 Hand 模型相同。此外，当偏右型和偏左型非对称双结点曲线的 A、B、D 取值相同

时，曲线关于三元相图中心线（$C_{1l}=C_{2l}$）是对称的。

结合相组分浓度方程，对式（3.2）、式（3.3）进行求解，所有的相浓度都可以依据油浓度 C_{2l} 来计算：

偏右型：

$$C_{3l}=\begin{cases}\dfrac{1}{2(B+1)}\left[-\left[(A+B)C_{2l}-B-D\right]-\sqrt{\left[(A+B)C_{2l}-B-D\right]^2+4AC_{2l}(B+1)(1-C_{2l})}\right] & B+D>0 \\ \dfrac{1}{2(B+1)}\left[-\left[(A+B)C_{2l}-B-D\right]+\sqrt{\left[(A+B)C_{2l}-B-D\right]^2+4AC_{2l}(B+1)(1-C_{2l})}\right] & B+D\leqslant0\end{cases}$$

$$(3.4)$$

偏左型：

$$C_{3l}=\begin{cases}\dfrac{1}{2}\left[-(AC_{2l}-BC_{2l}-D)-\sqrt{(AC_{2l}-BC_{2l}-D)^2+4AC_{2l}(1-C_{2l})}\right] & D>0 \\ \dfrac{1}{2}\left[-(AC_{2l}-BC_{2l}-D)+\sqrt{(AC_{2l}-BC_{2l}-D)^2+4AC_{2l}(1-C_{2l})}\right] & D\leqslant0\end{cases}$$

$$(3.5)$$

水浓度 C_{1l}：

$$C_{1l}=1-C_{2l}-C_{3l} \tag{3.6}$$

应用新建立的双结点曲线公式，对双结点曲线进行实例分析，Hand 模型与新相态模型双结点曲线对比如图 3.13 所示，计算结果见表 3.2。

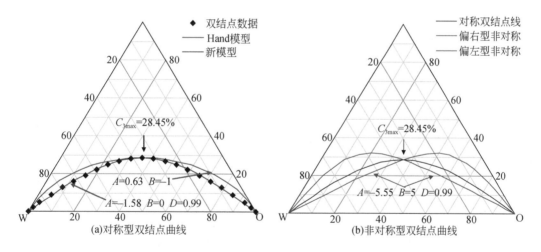

图 3.13　Hand 模型与新相态模型双结点曲线对比图

表 3.2　Hand 模型与新相态模型双结点曲线对比表　　　（单位：%）

序号	实验数据			Hand 模型			新相态模型		
	C_1	C_2	C_3	C_1	C_2	C_3	C_1	C_2	C_3
1	100.00	0.00	0.00	100.00	0.00	0.00	100.00	0.00	0.00
2	96.92	0.92	2.16	91.77	0.92	7.31	97.63	0.92	1.45
3	92.49	2.49	5.02	85.88	2.49	11.63	93.66	2.49	3.85
4	85.51	5.51	8.98	78.00	5.51	16.49	86.27	5.51	8.22

续表

序号	实验数据			Hand 模型			新相态模型		
	C_1	C_2	C_3	C_1	C_2	C_3	C_1	C_2	C_3
5	78.56	8.56	12.89	71.74	8.56	19.71	79.18	8.56	12.26
6	71.95	11.95	16.10	65.75	11.95	22.30	71.77	11.95	16.28
7	65.38	15.38	19.25	60.39	15.38	24.24	64.87	15.38	19.75
8	58.89	18.89	22.23	55.39	18.89	25.73	58.42	18.89	22.69
9	52.56	22.56	24.87	50.57	22.56	26.87	52.36	22.56	25.08
10	46.68	26.68	26.64	45.58	26.68	27.74	46.38	26.68	26.94
11	41.09	31.09	27.82	40.64	31.09	28.27	40.83	31.09	28.08
12	35.77	35.77	28.45	35.77	35.77	28.45	35.77	35.77	28.45
13	31.09	41.09	27.82	30.67	41.09	28.24	30.87	41.09	28.04
14	26.68	46.68	26.64	25.75	46.68	27.57	26.46	46.68	26.86
15	22.56	52.56	24.87	21.01	52.56	26.43	22.43	52.56	25.00
16	18.89	58.89	22.23	16.40	58.89	24.72	18.62	58.89	22.49
17	15.38	65.38	19.25	12.18	65.38	22.44	15.11	65.38	19.51
18	11.95	71.95	16.10	8.44	71.95	19.61	11.87	71.95	16.18
19	8.56	78.56	12.89	5.27	78.56	16.18	8.83	78.56	12.61
20	5.51	85.51	8.98	2.61	85.51	11.88	5.83	85.51	8.66
21	2.49	92.49	5.02	0.78	92.49	6.74	2.96	92.49	4.55
22	0.92	96.92	2.16	0.14	96.92	2.94	1.20	96.92	1.88
23	0.00	100.00	0.00	0.00	100.00	0.00	0.00	100.00	0.00

对于对称型双结点曲线，在描述过低或过高水油比情况下微乳液相态曲线时，Hand 模型描述的曲线偏高，误差较大，平均误差为 3.67%，而新模型在 Hand 模型的基础上，引入双结点曲线范围参数 D，解决了目前相态模型不能精准描述过低或过高水油比情况下微乳液相态曲线的问题，平均误差为 0.43%，提高了相态描述精度；对于非对称型双结点曲线，Hand 模型不适用，不能获得非对称双结点曲线的解析解，而新模型在 Hand 模型的基础上，引入非对称偏移程度参数 B，解决了非对称双结点曲线相态表征和解析解求解的问题，为准确描述Ⅲ型微乳液相态双结点曲线提供了理论依据。

3.2.2 两相褶点线

对于Ⅰ型或Ⅱ型相态，在双结点线下仅有两相共存，褶点线的两个端点为平衡相组成，可由式（3.7）给出：

$$\frac{C_{3M}}{C_{2M}} = E \frac{C_{3l}}{C_{1l}} \quad l = W、O \tag{3.7}$$

式中，E 为参数。

对于 I 型相态来说，体系中存在下相微乳液和过量的油相，此时，$l=O$；对于 II 型相态，体系中存在上相微乳液和过量的水相，此时，$l=W$。考虑到褶点既在双结点曲线上，又在两相褶点曲线上，对于对称型双结点曲线，故有

$$E=\frac{1-C_{2P}-C_{3P}}{C_{2P}}=\frac{1-C_{2P}-\frac{1}{2}\left[-AC_{2P}+\sqrt{(AC_{2P})^2+4AC_{2P}(1-C_{2P})}\right]}{C_{2P}} \tag{3.8}$$

式中，C_{2P} 为褶点 P 处的油浓度。

若已知微乳液相组成，将式（3.7）与式（3.8）联立，即可求得其平衡相油组分，进而获得平衡相各组分组成。

$$C_{2l}=\frac{X^2}{X^2-AX+A}, \quad X=\frac{C_{3M}}{C_{3M}+EC_{2M}} \tag{3.9}$$

由于两相结点线上任一平衡相（过量油相或水相）中水、表面活性剂组分或油、表面活性剂组分浓度较低，为减少微乳液驱油数值模拟计算工作量，对模型进行简化，假设过量油相或水相为单一纯组成，此时，两相褶点线与褶点所在位置无关，可定义为

I 型： $$C_{3l}=a_-C_{2l}+b_- \tag{3.10}$$

II 型： $$C_{3l}=a_+C_{1l}+b_+ \tag{3.11}$$

参数 a 和 b 可定义为

$$a_-=-\frac{1}{1+C_{1M}/C_{3M}} \quad b_-=-a_- \tag{3.12}$$

$$a_+=-\frac{1}{1+C_{2M}/C_{3M}} \quad b_+=-a_+ \tag{3.13}$$

此时，I 型两相结点线的两端始终为纯油相和上相微乳液，II 型两相结点线的两端始终为纯水相和上相微乳液。

应用新建立的两相褶点线公式，对对称型双结点曲线进行实例分析，以 I 型为例，Hand 模型与新相态模型两相褶点线对比如图 3.14 所示，计算结果见表 3.3。

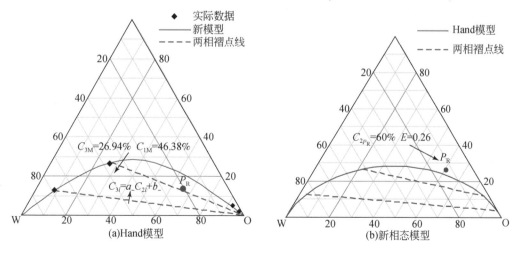

图 3.14　Hand 模型与新相态模型两相褶点线对比图

对于 Hand 模型，随着褶点位置的变化，两相褶点线中的参数 E 也是不断变化的，任一组成的两相褶点线斜率也随之变化，形成以 O/W 型为主的下相微乳液，其平衡相油相中含有少量的水组分和表面活性剂组分，并非纯油相，模型虽然更加精确，但会造成微乳液驱油数值模拟各相组分浓度计算工作量大、模型求解困难等问题；而新相态模型假设过量的油相和水相为单一纯组成，忽略低浓度项，将两相褶点线简化为一条直线，避免了各相组分浓度求解过程中大量低效工作量的运算，节省了时间，计算各相质量分数更为简便，为准确描述Ⅲ型微乳液相态褶点线提供了理论依据。

表 3.3　Hand 模型与新相态模型两相褶点线对比

序号	类型	实验数据/%			Hand 模型/%			新相态模型/%		
		C_1	C_2	C_3	C_1	C_2	C_3	C_1	C_2	C_3
1	下相微乳液 1	78.56	8.56	12.89	86.71	2.23	11.06	79.18	8.56	12.26
	过量油相 1	0.92	96.92	2.16	0.17	96.62	3.21	0.00	100.00	0.00
2	下相微乳液 2	46.68	26.68	26.64	71.29	8.80	19.92	46.38	26.68	26.94
	过量油相 2	2.49	92.49	5.02	0.78	92.49	6.73	0.00	100.00	0.00

3.2.3　Ⅲ相结点线

当形成Ⅲ型相态时，三元相图中出现三相点，需要对Ⅰ型和Ⅱ型相态两相结点线进行坐标转换。在Ⅲ三相区相组成计算中，可简单假设过量的油相和水相为单一纯组成，微乳相组成可由恒定不变点 M 的坐标确定，该三相点油浓度可根据有效含盐量来计算：

$$C_{2M} = \frac{C_{SE} - C_{SEL}}{C_{SEU} - C_{SEL}} \tag{3.14}$$

通过曲线形态可知非对称双结点曲线类型（一般来说，Ⅲ相结点线为偏右型非对称双结点曲线），然后根据式（3.4）或式（3.5）计算该体系的表面活性剂浓度，水浓度为

$$C_{1M} = 1 - C_{2M} - C_{3M} \tag{3.15}$$

为了确定不同含盐量下Ⅲ型相态的两个褶点位置，考虑到Ⅰ型褶点油组分浓度从 $C_{2P_R}^*$ 变化到 0，Ⅱ型褶点油组分浓度从 0 变化到 $C_{2P_L}^*$，对其进行插值，即

$$\begin{cases} C_{2P_R} = C_{2P_R}^* + (1 - C_{2P_R}^*) \dfrac{C_{SE} - C_{SEL}}{C_{SEU} - C_{SEL}} \\ C_{2P_L} = C_{2P_L}^* + (1 - C_{2P_L}^*) \dfrac{C_{SE} - C_{SEL}}{C_{SEU} - C_{SEL}} \end{cases} \tag{3.16}$$

为了利用新建立的双结点曲线方程，需要将浓度进行坐标转换（图 3.15），定义Ⅰ型倾角 θ 和Ⅱ型倾角 α 分别为

$$\begin{cases} \tan\theta = \dfrac{C_{3M}}{C_{1M}} \\ \sec\theta = \dfrac{\sqrt{C_{1M}^2 + C_{3M}^2}}{C_{1M}} \end{cases} \qquad \begin{cases} \tan\alpha = \dfrac{C_{3M}}{C_{2M}} \\ \sec\alpha = \dfrac{\sqrt{C_{2M}^2 + C_{3M}^2}}{C_{2M}} \end{cases} \tag{3.17}$$

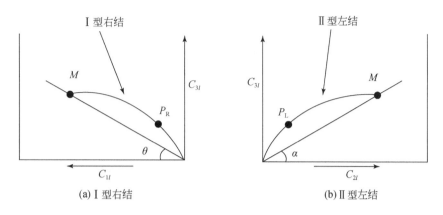

图 3.15　三相中两相计算的坐标转换

对于Ⅲ型中的右结双结点曲线，在表面活性剂浓度和水浓度曲线上，开始生成Ⅲ相微乳液后，Ⅰ型双结点曲线等比例缩小，绕坐标点（0，0）逆时针旋转角度 θ，此时坐标转换后，各组分浓度分别为

$$\begin{cases} C_{2l'} = C_{2l} \cdot C_{2M}/\cos\theta \\ C_{3l'} = C_{3l} \cdot C_{2M}/\cos\theta \\ C'_{2l} = C_{2l}\cos\theta - C_{3l}\sin\theta \\ C'_{3l} = C_{2l}\sin\theta + C_{3l}\cos\theta \\ C'_{1l} = 1 - C'_{2l} - C'_{3l} \end{cases} \qquad (3.18)$$

式中，$C_{3l'}$ 为坐标转换前的表面活性剂的浓度；C'_{3l} 为坐标转换后的表面活性剂浓度。

对于Ⅲ型中的左结双结点曲线，在表面活性剂浓度和油浓度曲线上，开始生成Ⅲ相微乳液后，Ⅱ双结点曲线等比例缩小，绕坐标点（0，0）逆时针旋转角度 α，此时坐标转换后，各组分浓度分别为

$$\begin{cases} C_{1l'} = C_{1l} \cdot C_{1M}/\cos\alpha \\ C_{3l'} = C_{3l} \cdot C_{1M}/\cos\alpha \\ C'_{1l} = C_{1l'}\cos\alpha - C_{3l'}\sin\alpha \\ C'_{3l} = C_{1l'}\sin\alpha + C_{3l'}\cos\alpha \\ C'_{2l} = 1 - C'_{1l} - C'_{3l} \end{cases} \qquad (3.19)$$

对于Ⅲ型中的右结、左结两相褶点线，褶点线中的参数 a 和 b 可通过坐标转换后的各组分浓度计算：

Ⅰ型：
$$a_- = -\frac{1}{1 + C'_{1M}/C'_{3M}} \quad b_- = -a_- \qquad (3.20)$$

Ⅱ型：
$$a_+ = -\frac{1}{1 + C'_{2M}/C'_{3M}} \quad b_+ = -a_+ \qquad (3.21)$$

应用新建立的Ⅲ相结点线公式，对最佳含盐量时的Ⅲ型相态进行实例分析。对于Ⅲ型相态，右结相当于Ⅰ型相态，左结相当于Ⅱ型相态，对Ⅰ型、Ⅱ型双结点曲线进行坐标转换，如图 3.16 所示，Hand 模型与新相态模型Ⅲ相结点线对比如图 3.17 所示，计算结果见

表3.4。

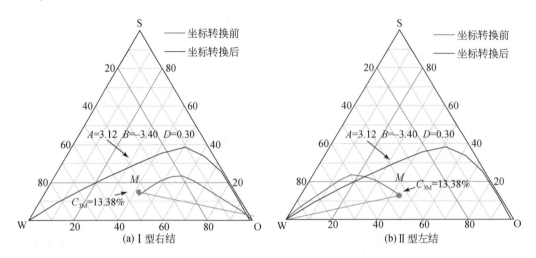

图3.16 新相态模型坐标转换图

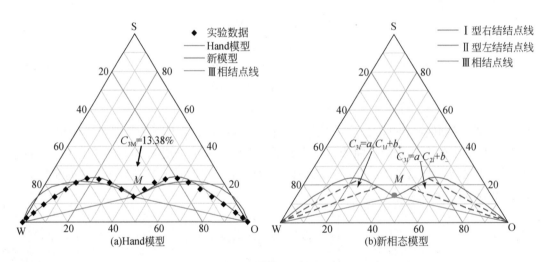

图3.17 Hand 模型与新相态模型Ⅲ相结点线对比图

表3.4 Hand 模型与新相态模型Ⅲ相结点线对比 （单位:%）

序号	实验数据			Hand 模型			新相态模型		
	C_1	C_2	C_3	C_1	C_2	C_3	C_1	C_2	C_3
1	100.00	0.00	0.00	100.00	0.00	0.00	100.00	0.00	0.00
2	96.88	0.88	2.02	83.76	0.88	15.36	97.45	0.88	1.67
3	92.16	2.16	5.13	80.76	2.16	17.08	93.78	2.16	4.06
4	84.76	4.76	9.46	76.11	4.76	19.13	86.46	4.76	8.78
5	77.57	7.57	13.41	71.95	7.57	20.48	78.89	7.57	13.54
6	70.44	10.44	17.26	68.31	10.44	21.25	71.81	10.44	17.76

序号	实验数据			Hand 模型			新相态模型		
	C_1	C_2	C_3	C_1	C_2	C_3	C_1	C_2	C_3
7	63.35	13.35	21.02	65.04	13.35	21.60	65.59	13.35	21.05
8	57.02	17.02	23.44	61.33	17.02	21.65	59.60	17.02	23.38
9	52.32	22.32	22.88	56.66	22.32	21.02	54.11	22.32	23.56
10	48.43	28.43	20.88	52.02	28.43	19.55	50.10	28.43	21.47
11	45.41	35.41	17.31	47.51	35.41	17.08	46.67	35.41	17.92
12	42.59	42.59	13.38	43.66	42.59	13.76	43.60	42.59	13.81
13	35.41	45.41	17.31	39.46	45.41	15.13	39.17	45.41	15.42
14	28.43	48.43	20.88	33.92	48.43	17.65	33.22	48.43	18.35
15	22.32	52.32	22.88	27.99	52.32	19.69	25.54	52.32	22.14
16	17.02	57.02	23.44	21.88	57.02	21.10	19.20	57.02	23.79
17	13.35	63.35	21.02	14.99	63.35	21.65	14.56	63.35	22.08
18	10.44	70.44	17.26	8.70	70.44	20.86	11.03	70.44	18.53
19	7.57	77.57	13.41	3.86	77.57	18.57	8.08	77.57	14.35
20	4.76	84.76	9.46	0.46	84.76	14.78	5.38	84.76	9.87
21	2.16	92.16	5.13	−1.20	92.16	9.04	2.73	92.16	5.11
22	0.88	96.88	2.02	−0.97	96.88	4.09	1.08	96.88	2.04
23	0.00	100.00	0.00	0.00	100.00	0.00	0.00	100.00	0.00

当体系处于最佳含盐量时，Ⅲ型相态中的左结和右结双结点曲线和两相褶点线是对称的，坐标转换前Ⅰ型右结、Ⅱ型左结曲线均呈偏右型非对称双结点曲线，Hand 模型难以获得非对称双结点曲线的解析解，描述Ⅲ型相态偏差较大，平均误差为 5.14%；而新相态模型平均误差仅为 0.88%，能够较为准确地描述Ⅲ型相态中的双结点曲线和两相褶点线，提高了相态表征及预测精度，验证了新模型的实用性与可靠性。

3.2.4　各相质量分数

对于存在表面活性剂的油层，相质量分数可通过相浓度、总组分浓度和质量分数约束条件确定，当相环境和相组成固定时，根据水、油、表面活性剂各组分总浓度 C_{1P}、C_{2P}、C_{3P}，可判断该组成所处的相态个数及类型，然后根据直线规则和杠杆原则确定各相质量分数。

对于Ⅰ型相图，当处于两相共存状态时，根据总组分组成和其中的平衡相纯油相，可以确定另一个平衡相，其组成既在双结点曲线上，又在两相褶点线上，将式（3.4）或式（3.5）与式（3.10）联立，即平衡相油组分浓度为

偏左型：
$$C_{2M} = \frac{a_-^2 + D a_-}{a_-^2 + (A - B) a_- + A} \tag{3.22}$$

偏右型：
$$C_{2M} = \frac{a_-^2(B+1)^2 + a_-(B+1)(B+D)}{a_-^2(B+1)^2 + a_-(B+1)(A+B) + A(B+1)} \tag{3.23}$$

同理，对于 II 型相图，平衡相油组分浓度为

偏左型：
$$C_{2M} = \frac{A - \dfrac{Da_+}{1+a_+}}{\left(\dfrac{a_+}{1+a_+}\right)^2 - \dfrac{a_+}{1+a_+}(A-B) + A} \tag{3.24}$$

偏右型：
$$C_{2M} = \frac{A - \dfrac{a_+}{1+a_+}(B+D)}{\left(\dfrac{a_+}{1+a_+}\right)^2(B+1) - \dfrac{a_+}{1+a_+}(A+B) + A} \tag{3.25}$$

根据直线规则和杠杆原则，如果两个体系混合，生成的新体系组成必然落在两者组成的连接线上，在 I 型或 II 型相图中，上相微乳液/下相微乳液与纯油相质量之比可定义为

I 型：
$$\frac{\omega_M}{\omega_O} = \frac{C_{2O} - C_{2P}}{C_{2P} - C_{2M}} = \frac{1 - C_{2P}}{C_{2P} - C_{2M}} \tag{3.26}$$

II 型：
$$\frac{\omega_M}{\omega_W} = \frac{C_{2P} - C_{2W}}{C_{2M} - C_{2P}} = \frac{C_{2P}}{C_{2M} - C_{2P}} \tag{3.27}$$

根据相质量分数的约束条件，进一步给出微乳液体系中各相质量分数：

$$\sum \omega_l = 1 \quad l = W \text{、} O \text{、} M \tag{3.28}$$

I 型：
$$\begin{cases} \omega_O = (C_{2P} - C_{2M})/(1 - C_{2M}) \\ \omega_M = (1 - C_{2P})/(1 - C_{2M}) \\ \omega_W = 0 \end{cases} \tag{3.29}$$

II 型：
$$\begin{cases} \omega_O = 0 \\ \omega_M = C_{2P}/C_{2M} \\ \omega_W = (C_{2M} - C_{2P})/C_{2M} \end{cases} \tag{3.30}$$

对于 III 型相图，若体系中为两相共存状态，应用式（3.29）和式（3.30）可以计算各相质量分数，若体系中为三相共存状态，根据总组分组成、纯油相和纯水相，可以确定中相微乳液体系，其组成既在水相/油相与总组成的连线上，又在 III 相结点线上，根据水相与总组成连线、III 相结点线（油相）公式，可以确定中相微乳液油浓度及各相质量分数。

水相与总组成连线：
$$C_{3l} = a_+(C_{1l} - 1), a_+ = -\frac{1}{1 + C_{2P}/C_{3P}} \tag{3.31}$$

III 相结点线（油相）：
$$C_{3l} = a_-(C_{2l} - 1), a_- = -\frac{1}{1 + C_{1M}/C_{3M}} \tag{3.32}$$

将式（3.31）与式（3.32）联立，即平衡相油组分浓度为

$$C_{2M} = 1 - \frac{1}{1 + \dfrac{1}{a_-} + \dfrac{1}{a_+}} \cdot \frac{1}{a_-} = \frac{C_{2P}/C_{3P}}{1 + C_{1M}/C_{3M} + C_{2P}/C_{3P}} \tag{3.33}$$

根据直线规则和杠杆原则，总组分浓度在水相与平衡相连接线上，平衡相浓度在微乳

液相与油相连接线上，微乳液相与纯油相、纯水相质量分数之比可定义为

$$\frac{\omega_{Ml}}{\omega_W} = \frac{C_{2P} - C_{2W}}{C_{2M} - C_{2P}} = \frac{C_{2P}}{C_{2M} - C_{2P}} \tag{3.34}$$

$$\frac{\omega_M}{\omega_O} = \frac{C_{2O} - C_{2M}}{C_{2M} - C_{2M}} = \frac{1 - C_{2M}}{C_{2M} - C_{2M}} \tag{3.35}$$

根据相质量分数的约束条件，进一步给出微乳液体系中各相质量分数：

$$\omega_W + \omega_{Ml} = 1, \omega_{Ml} = \omega_M + \omega_O \tag{3.36}$$

$$\begin{cases} \omega_O = \dfrac{C_{2M} - C_{2M}}{1 - C_{2M}} \cdot \dfrac{C_{2P}}{C_{2M}} \\[3mm] \omega_M = \dfrac{1 - C_{2M}}{1 - C_{2M}} \cdot \dfrac{C_{2P}}{C_{2M}} \\[3mm] \omega_W = \dfrac{C_{2M} - C_{2P}}{C_{2M}} \end{cases} \tag{3.37}$$

以 Ⅰ 型、Ⅲ 型相态为例，应用各相质量分数计算公式，对体系中平衡相体积进行实例分析，各相质量分数如图 3.18 所示。

从图 3.18 中可以看出，当体系含盐量处于保持 Ⅰ 型相态的临界含盐量 C_{SEL}（有效含盐量下限）时，体系形成 Ⅰ 型微乳液，根据体系总组成（水 47.62%、油 38.09%、表面活性剂 14.29%），判断该体系处于两相区内，根据式（3.29）确定纯油相和下相微乳液的质量分数分别为 27.01% 和 72.99%；当体系含盐量处于最佳含盐量时，体系形成 Ⅲ 相微乳液，根据体系总组成（水 52.63%、油 42.11%、表面活性剂 5.26%），判断该体系处于三相区内，根据式（3.37）确定纯油相、中相微乳液、纯水相的质量分数分别为 25.07%、39.33% 和 35.60%。

3.2.5　相态判别条件

微乳液含盐量和总体系组成直接影响微乳液相态及共存相个数，根据室内实验结果，已知低含盐量、最佳含盐量和高含盐量下的相态模型参数，按照含盐量大小对反映双结点曲线高度 A、双结点曲线范围参数 D 和非对称偏移程度参数 B 进行插值，可以得到任一含盐量下的微乳液相图，当相环境和相组成固定时，已知水、油、表面活性剂各组分总浓度为 C_{1P}、C_{2P}、C_{3P}，可判断任一总组成微乳液组成的相态个数及类型，确定各相质量分数。

1. 根据含盐量确定相图类型

当含盐量 $C_{SE} < C_{SEL}$ 时，为 Ⅰ 型相态；当 $C_{SE} > C_{SEU}$ 时，为 Ⅱ 型相态；当 $C_{SEL} < C_{SE} < C_{SEU}$ 时，为 Ⅲ 型相态。

双结点曲线参数 A、B、D 均为含盐量的函数，根据室内相态实验，三个参考含盐量下的双结点曲线高度、相同油水浓度下表面活性剂浓度、相同油水浓度下水或油浓度均为输入数据，应用公式可获得 A_0、A_1、A_2、B_0、B_1、B_2、D_0、D_1、D_2 等相关系数，然后按照线性插值公式，计算任一含盐量下相态模型系数 A_{SE}、B_{SE}、D_{SE}。

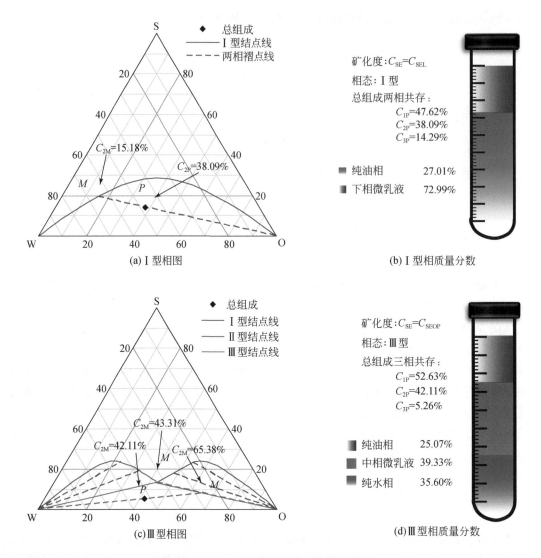

图 3.18　不同类型相图各相质量分数

参数 A 反映双结点曲线高度，与相同油水浓度下表面活性剂浓度（双结点曲线的高度）$C_{3(W=O)}$ 有关：

$$A_m = \frac{(4+2B)\,C^2_{3(W=O),m} - (2B+4D)\,C_{3(W=O),m}}{(1-C_{3(W=O),m})^2} \quad m=0,1,2 \tag{3.38}$$

式中，m 为低含盐量、最佳含盐量和高含盐量下的相态。

双结点曲线的高度 $C_{3(W=O),m}$ 可被定为温度的线性函数：

$$C_{3(W=O),m} = H_{BNC,m} + H_{BNC,m}(T-T_{ref}) \quad m=0,1,2 \tag{3.39}$$

式中，$H_{BNC,m}$、$H_{BNC,m}$ 为输入参数，可从实验数据中获得。

参数 B 反映了双结点曲线的非对称偏移程度，与双结点曲线高度 C_{3max} 体系组成（反映双结点曲线高度参数 A）和双结点曲线范围参数 D 有关，非对称双结点曲线中参数 B 可

定义为

偏左型：
$$B_m = \frac{C_{3\max,m}^2 - AC_{1(C_3=C_{3\max})}C_{2(C_3=C_{3\max})} - DC_{3\max,m}}{C_{2(C_3=C_{3\max})}C_{3\max,m}} \quad m=0,1,2 \tag{3.40}$$

偏右型：
$$B_m = \frac{C_{3\max,m}^2 - AC_{1(C_3=C_{3\max})}C_{2(C_3=C_{3\max})} - DC_{3\max,m}}{C_{1(C_3=C_{3\max})}C_{3\max,m}} \quad m=0,1,2 \tag{3.41}$$

为了定量描述不同含盐量下的双结点曲线，针对某一含盐量 C_{SE} 体系对公式中的系数 A、B、D 进行线性差值：

$$A_{SE} = \begin{cases} A_0 + (A_1-A_0)\dfrac{C_{SE}-C_{SEL}}{C_{SEOP}-C_{SEL}} & C_{SE} \leqslant C_{SEOP} \\[3mm] A_1 + (A_2-A_1)\dfrac{C_{SE}-C_{SEOP}}{C_{SEU}-C_{SEOP}} & C_{SE} > C_{SEOP} \end{cases} \tag{3.42}$$

$$B_{SE} = \begin{cases} B_0 + (B_1-B_0)\dfrac{C_{SE}-C_{SEL}}{C_{SEOP}-C_{SEL}} & C_{SE} \leqslant C_{SEOP} \\[3mm] B_1 + (B_2-B_1)\dfrac{C_{SE}-C_{SEOP}}{C_{SEU}-C_{SEOP}} & C_{SE} > C_{SEOP} \end{cases} \tag{3.43}$$

$$D_{SE} = \begin{cases} D_0 + (D_1-D_0)\dfrac{C_{SE}-C_{SEL}}{C_{SEOP}-C_{SEL}} & C_{SE} \leqslant C_{SEOP} \\[3mm] D_1 + (D_2-D_1)\dfrac{C_{SE}-C_{SEOP}}{C_{SEU}-C_{SEOP}} & C_{SE} > C_{SEOP} \end{cases} \tag{3.44}$$

式中，C_{SEU} 为开始产生 II 型相态的临界含盐量，即有效含盐量上限；C_{SEL} 为保持 I 型相态的临界含盐量，即有效含盐量下限；C_{SEOP} 为最佳含盐量，为 C_{SEL} 和 C_{SEU} 的算术平均值。

2. 根据总组分组成确定微乳液形成的相态个数及类型

对于 III 型相态，当 $C_{3M}/C_{1M} > C_{3P}/C_{1P}$ 且 $C_{3M}/C_{2M} > C_{3P}/C_{2P}$ 时，体系存在三相；对于 I 型（包括右结）和 II 型（包括左结）相态，当 $C_{3P} < C_{3l}|_{C_{2l}=C_{2P}}$ 时，体系存在三相；当 $C_{3P} \geqslant C_{3l}|_{C_{2l}=C_{2P}}$ 时，体系中仅存在单相。

当体系为 III 型相态时，全组成在三相三角面积内的求解，可先给出下列方程：

$$\begin{cases} C_{2M} = (C_{SE}-C_{SEL})/(C_{SEU}-C_{SEL}) \\ C_{3M}^2 = AC_{1M}C_{2M} + BC_{1M}C_{3M} + DC_{3M} \\ C_{1M} + C_{2M} + C_{3M} = 1 \end{cases} \tag{3.45}$$

此方程的物理意义是，含盐量由 C_{SEL} 增至 C_{SEU} 时，中相含油量由 0 增至 1，因此，这一比值给出了任何含盐量时中相含油量；III 型相图中随含盐量的增加，三相三角形点（即中相组成点或不动点）的轨迹。

若以 V 表示微元体积，V_1、V_2、V_3 分别表示微元中过量水、油和中相微乳液的体积，应有

$$\begin{cases} V_3 C_{3M} = VC_{3P} \\ V_1 + V_3 C_{1M} = VC_{1P} \\ V_2 + V_3 C_{2M} = VC_{2P} \end{cases} \tag{3.46}$$

解得

$$\begin{cases} \dfrac{V_1}{V} = C_{1P} - \dfrac{C_{3P}C_{1M}}{C_{3M}} \\[3mm] \dfrac{V_2}{V} = C_{2P} - \dfrac{C_{3P}C_{2M}}{C_{3M}} \end{cases} \tag{3.47}$$

由此得出，当 $V_1 > 0$ 且 $V_2 > 0$ 时，微元中存在三相的条件是

$$\begin{cases} \dfrac{C_{3M}}{C_{1M}} > \dfrac{C_{3P}}{C_{1P}} \\[3mm] \dfrac{C_{3M}}{C_{2M}} > \dfrac{C_{3P}}{C_{2P}} \end{cases} \tag{3.48}$$

当 $V_1/V \leq 0$ 时，过量水不存在，全组成点落入右结范围内；当 $V_2/V \leq 0$ 时，过量油不存在，全组成点落入左结范围内，在这两种情况下，共存相是两相，它的求解方法同 I 型、II 型相态的求解；当满足式（3.49）的条件时，全组成点落入三相三角形面积内，此时，共存相为三相；当不满足方程时，体系处于单相或两相共存状态。

I 型（包括右结）和 II 型（包括左结）相态下，当全组成 $C_{3P} \geq C_{3\max}$ 时，体系亦为单相，单相时体系的相组成即为全组成；当全组成 $C_{3P} < C_{3\max}$ 时，微元中存在两相的条件是

$$C_{3P} < C_{3l}|_{C_{2l}=C_{2P}} \tag{3.49}$$

偏右型：

$$C_{3l}|_{C_{2l}=C_{2P}} = \begin{cases} \dfrac{1}{2(B+1)}\left[-\left[(A+B)C_{2P}-B-D\right]-\sqrt{\left[(A+B)C_{2P}-B-D\right]^2+4AC_{2P}(B+1)(1-C_{2P})}\right] & B+D>0 \\[4mm] \dfrac{1}{2(B+1)}\left[-\left[(A+B)C_{2P}-B-D\right]+\sqrt{\left[(A+B)C_{2P}-B-D\right]^2+4AC_{2P}(B+1)(1-C_{2P})}\right] & B+D\leq0 \end{cases} \tag{3.50}$$

偏左型

$$C_{3l}|_{C_{2l}=C_{2P}} = \begin{cases} \dfrac{1}{2}\left[-(AC_{2P}-BC_{2P}-D)-\sqrt{(AC_{2P}-BC_{2P}-D)^2+4AC_{2P}(1-C_{2P})}\right] & D>0 \\[4mm] \dfrac{1}{2}\left[-(AC_{2P}-BC_{2P}-D)+\sqrt{(AC_{2P}-BC_{2P}-D)^2+4AC_{2P}(1-C_{2P})}\right] & D\leq0 \end{cases} \tag{3.51}$$

3. 根据直线规则和杠杆原则确定各相质量分数

按照上述判断结果，若体系为单相，微乳液相质量分数为 100%；若体系为两相，应用式（3.29）计算 O/W 型微乳液质量分数，用式（3.30）计算 W/O 型微乳液质量分数；若体系为三相，应用式（3.37）计算中相微乳液质量分数。

4. 确定任一含盐量下任一总组成微乳液体系

根据上述步骤，给出微乳液相态判别流程，如图 3.19 所示。

根据微乳液相态判别流程，对微乳液相态模型进行验证，当体系总组成固定（$C_{1P} = 46.00\%$、$C_{2P} = 46.00\%$、$C_{3P} = 8.00\%$）时，改变体系含盐量 C_{SE}，微乳液相态判别结果如图 3.20 所示。

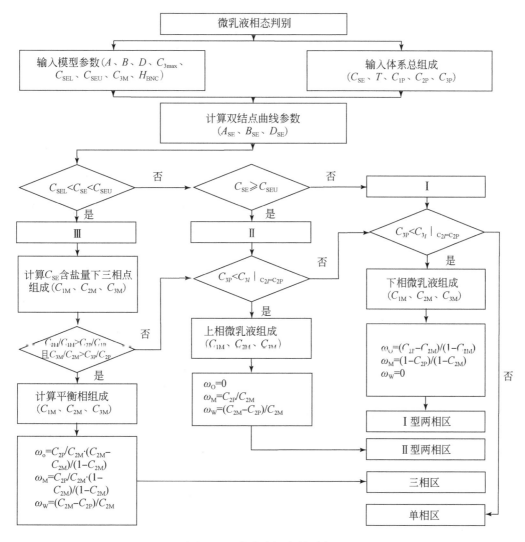

图 3.19　微乳液相态判别流程

从以上研究结果中分析可知，总体系组成所处相态与相态判别结果一致，应用该模型判别相态简单方便，判别结果较为可靠。

综上所述，本书发展改进了定量描述微乳液驱相态变化特征和乳化过程的微乳液相态模型，解决了 Hand 模型不能精准描述高水/油组分的溶解度曲线、难以获得非对称双结点曲线的解析解、难以直观模拟相态变化过程的问题，提高了微乳液相态模拟计算精度。

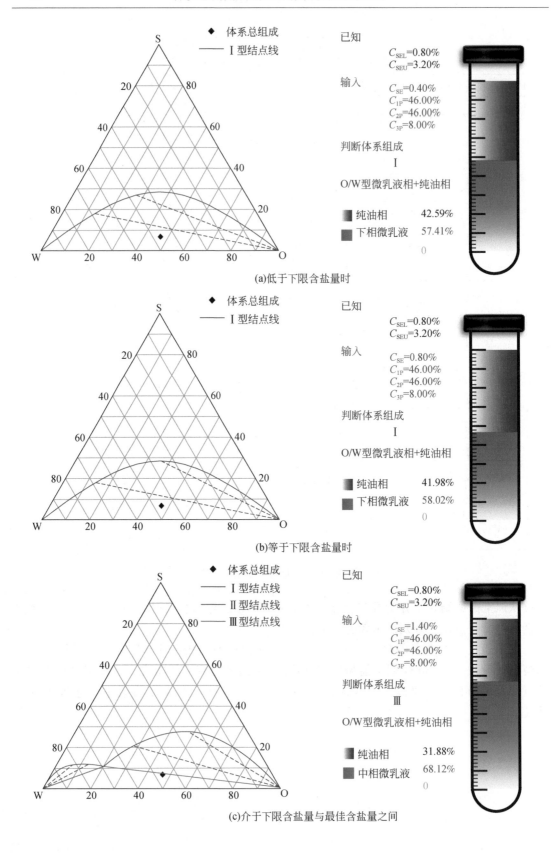

(a)低于下限含盐量时

(b)等于下限含盐量时

(c)介于下限含盐量与最佳含盐量之间

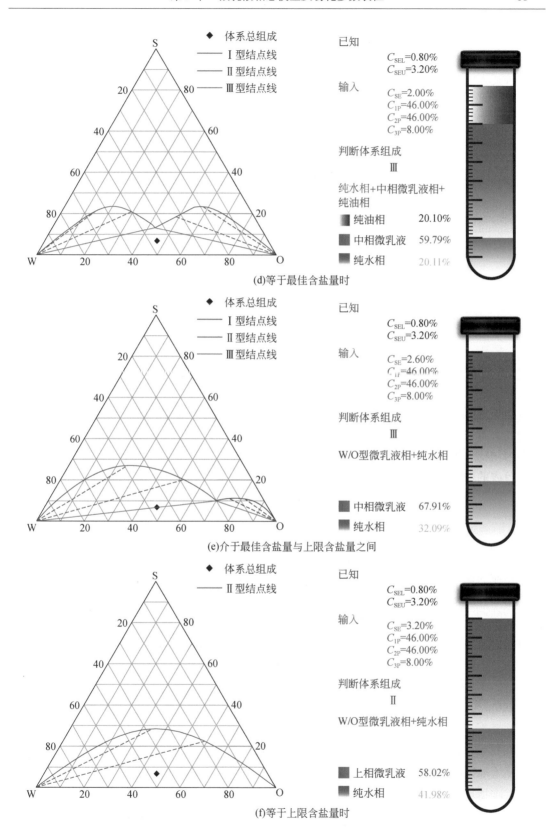

(d)等于最佳含盐量时

(e)介于最佳含盐量与上限含盐量之间

(f)等于上限含盐量时

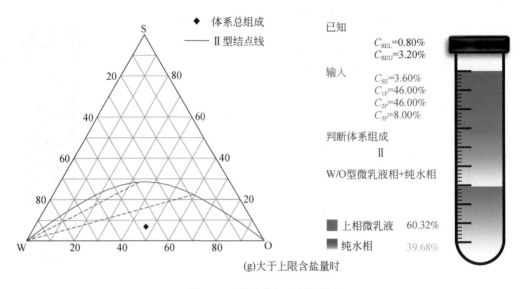

(g)大于上限含盐量时

图 3.20　微乳液相态判别结果

3.3　微乳液相物化参数表征

微乳液体系中的表面活性剂分子具有两亲性，能吸附在油水界面降低界面张力，也能吸附在岩石表面改变润湿性，受吸附影响，体系中各组分组成发生变化，进而影响微乳液体系的结构、组成、相态及性质。根据建立的微乳液相态模型，可以得到任一含盐量下任一总组成的微乳液体系，并对任一体系进行物化参数（微乳液密度、黏度、表面活性剂吸附量、界面张力）表征，能够为低渗透油藏微乳液驱油数值模拟提供基础参数。

3.3.1　微乳液密度

用普通密度计测定油藏温度下用于配制微乳液体系的水、油、表面活性剂、助剂的密度，由于盐密度不能直接获得，可用密度计测定两个已知组成不同含盐量下的微乳液密度，通过计算获取参数 α_5，然后根据新相态模型不同微乳液体系组成，应用式（3.52）计算微乳液相密度，微乳液密度分布如图 3.21 所示，计算结果见表 3.5。

$$\frac{1}{\rho_M} = \frac{C_{1M}}{\rho_1} + \frac{C_{2M}}{\rho_2} + \frac{C_{3M}}{\rho_3} + \frac{C_{4M}}{\rho_4} + \alpha_5 C_{5M} \tag{3.52}$$

式中，C_{kM} 为微乳液相中组分 k 的质量分数，%，$k = 1$、2、3、4、5 代表微乳液中水、油、表面活性剂、助剂和含盐量；ρ 为组分 k 密度，g/cm^3；α_5 为由室内实验获得。

在相同含盐量下，当体系总组成中水油比增加时，增溶水量 $C_{1M}/(1-C_{3M})$ 增加、增溶油量 $C_{2M}/(1-C_{3M})$ 减小，微乳液体系组成沿着 I 型右结曲线—三相点—Ⅱ型左结曲线移动，形成的微乳液发生 O/W 型微乳液—中相微乳液—W/O 型微乳液转变，从整体上看，微乳液密度呈上升趋势；随着含盐量的增加，当体系总组成中水油比增加时，O/W

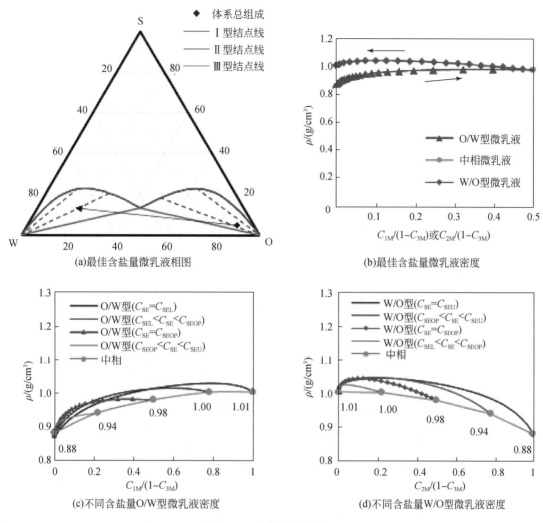

图 3.21　微乳液密度分布图

型微乳液密度范围逐渐变小，W/O 型微乳液密度范围逐渐增大，中相微乳液密度逐渐下降。

表 3.5　微乳液密度

含盐量	Ⅰ 型 O/W 型微乳液密度/(g/cm³)			Ⅱ 型 W/O 型微乳液密度/(g/cm³)			Ⅲ型中相微乳液密度/(g/cm³)
	最小值	最大值	变化值	最小值	最大值	变化值	
$C_{SE} = C_{SEL}$	0.8655	1.0309	0.1654				
$C_{SEL} < C_{SE} < C_{SEOP}$	0.8697	1.0153	0.1456	1.0041	1.0266	0.0225	1.0041
$C_{SE} = C_{SEOP}$	0.8738	0.9836	0.1098	0.9813	1.0457	0.0645	0.9813
$C_{SEOP} < C_{SE} < C_{SEU}$	0.8780	0.9424	0.0645	0.9424	1.0488	0.1064	0.9424
$C_{SE} = C_{SEU}$				0.8821	1.0475	0.1654	

注：空白表示无数据。

3.3.2　微乳液黏度

用黏度计测量不同含盐量下的不同微乳液体系黏度，已知微乳液体系油、水、表面活性剂多相黏度和相浓度，应用式（3.53）计算液相黏度，不同相态微乳液黏度如图3.22所示，计算结果见表3.6。

$$\mu_{M} = C_{1l}\,\mu_{W}\,e^{a_1(C_{2l}+C_{3l})} + C_{2l}\,\mu_{O}\,e^{a_2(C_{1l}+C_{3l})} + C_{3l}\,a_3\,e^{(a_4C_{1l}+a_5C_{2l})} \tag{3.53}$$

式中，a_1、a_2、a_3、a_4、a_5为输入参数。

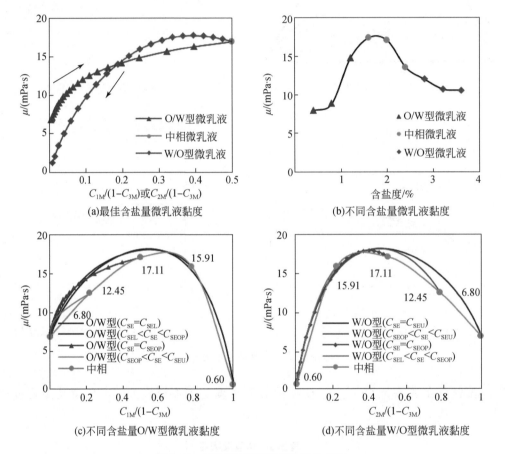

图 3.22　不同相态微乳液黏度分布图

表 3.6　微乳液黏度

含盐量/%	类型	C_{1M}	C_{2M}	C_{3M}	$\mu/(mPa \cdot s)$
0.4	I	80.13	5.94	13.93	7.98
0.8	I	79.29	6.92	13.79	8.86
1.2	Ⅲ中Ⅰ型右结	71.17	16.42	12.42	14.79
1.6	Ⅲ	60.54	27.20	12.26	17.46

含盐量/%	类型	C_{1M}	C_{2M}	C_{3M}	$\mu/(\text{mPa}\cdot\text{s})$
2.0	Ⅲ	43.31	43.31	13.38	17.11
2.4	Ⅲ	24.75	64.11	11.15	13.55
2.8	Ⅲ中Ⅱ型左结	15.19	72.24	12.56	12.04
3.2	Ⅱ	6.92	79.29	13.79	10.76
3.6	Ⅱ	5.94	80.13	13.93	10.61

在相同含盐量下，当体系总组成中水油比增加时，增溶水量增加、增溶油量减小，微乳液体系组成沿着Ⅰ型右结曲线—三相点—Ⅱ型左结曲线移动，形成的微乳液发生 O/W型微乳液—中相微乳液—W/O 型微乳液转变，从整体上看，微乳液黏度呈先上升后下降的趋势，最佳含盐量下，当油水中水组分质量分数超过 0.2 后，任一水组分质量分数形成的 O/W 型微乳液黏度均低于相同油组分质量分数形成的 W/O 型微乳液；随着含盐量的增加，微乳液体系形成由Ⅰ型微乳液—中相微乳液—Ⅱ型微乳液变化，黏度呈先增大后下降的趋势，当含盐量为 0.4% 时，形成 O/W 型微乳液，黏度为 7.98mPa·s，当含盐量为1.6% 时，黏度达到最大，为 17.46mPa·s，当含盐量超过 2.8% 时，形成 W/O 型微乳液，黏度为 12.04mPa·s，与低含盐量下类似体系组成的 O/W 型微乳液相比，油外相微乳液黏度更高。

3.3.3　表面活性剂吸附量

表面活性剂在岩石上的吸附量与滞留量的大小，将直接影响驱油段塞在油层中的有效运移距离，影响驱油效果。表面活性剂在固-液界面上的吸附与溶液表面上的吸附相似，将导致界面自由能降低和形成吸附层，常见的吸附等温线有四种，分别是 L 型、S 型、H型和 C 型，实验研究表明，微乳液吸附符合 L 型朗缪尔（Langmuir）吸附等温方程。

根据朗缪尔理论，吸附是一种动态平衡过程，被吸附分子有一定时间停留在活性中心上，然后又脱离开吸附剂，当整个吸附表面上吸附的速度与解吸的速度相等时，吸附过程达到动态平衡。朗缪尔等温吸附方程常用于定量描述表面活性剂、助剂的吸附特征，单位孔隙体积中，表面活性剂组分的总孔隙体积为包括吸附相的所有相之和：

$$C_3 = \left(1 - \sum_{k=3}^{4} \overline{C}_k\right) \sum_{l=\text{W,M}} S_l C_{3l} + \overline{C}_3 \tag{3.54}$$

式中，当 $k=3$ 时 C_k 为表面活性剂组分总体积浓度；当 $k=3$、4 时 $\overline{C}_k$ 为被吸附表面活性剂、助剂的体积浓度；当 $l=\text{W}$、M 时 S_l 为水相、微乳液相饱和度；C_{3l} 为表面活性剂组分在 l 相中的体积分数。

由于微乳液驱油过程中表面活性剂吸附受含盐量、表面活性剂浓度和渗透率的影响，对 Langmuir 等温吸附方程进行改进，表面活性剂浓度对吸附过程是不可逆的，而含盐量则是可逆的，表面活性剂吸附公式可以定义为

$$\overline{C}_k = \min\left[\frac{C_3}{C_2}, \frac{a_3(C_3 - \overline{C}_3)}{1 + b_3(C_3 - \overline{C}_3)}\right] \tag{3.55}$$

其中

$$a_3 = (a_{31} + a_{32}C_{SE})K^{-0.5} \tag{3.56}$$

式中，C_{SE} 为有效含盐量；K 为岩石渗透率；a_3/b_3 为吸附表面活性剂的最大水平；a_{31}、a_{32}、b_3 为实验参数，b_3 为等温吸附曲线曲率。

式（3.55）中取最小值是为了保证吸附浓度不大于总表面活性剂浓度，吸附随有效含盐量呈线性增加，而随渗透率增加而降低。根据吸附实验，测定不同表面活性剂浓度、不同有效含盐量的表面活性剂吸附情况，如图 3.23 所示，计算结果见表 3.7。

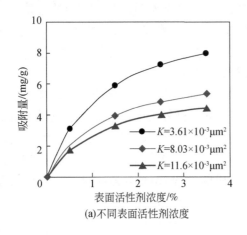
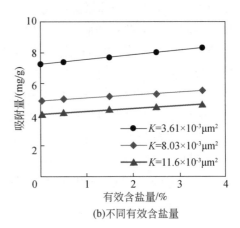

(a)不同表面活性剂浓度   (b)不同有效含盐量

图 3.23　不同表面活性剂吸附量

表 3.7　表面活性剂吸附量

序号	表面活性剂浓度/%	含盐量2.5%吸附量/（mg/g）			序号	含盐量/%	表面活性剂浓度3.5%吸附量/（mg/g）		
		$K=3.61\times10^{-3}\mu m^2$	$K=8.03\times10^{-3}\mu m^2$	$K=11.6\times10^{-3}\mu m^2$			$K=3.61\times10^{-3}\mu m^2$	$K=8.03\times10^{-3}\mu m^2$	$K=11.6\times10^{-3}\mu m^2$
1	0	0.00	0.00	0.00	6	0	7.27	4.88	4.06
2	0.5	3.10	2.08	1.73	7	0.5	7.42	4.97	4.14
3	1.5	5.92	3.97	3.30	8	1.5	7.71	5.17	4.30
4	2.5	7.24	4.85	4.04	9（5）	2.5	8.00	5.36	4.46
5	3.5	8.00	5.36	4.46	10	3.5	8.29	5.56	4.62

当有效含盐量相同时，随着表面活性剂浓度的增加，表面活性剂在低渗透岩心中吸附量逐渐增大后趋于稳定，且渗透率越小的岩心，吸附量越大；当表面活性剂浓度相同时，随着有效含盐量的增加，表面活性剂吸附量呈直线上升趋势，与表面活性剂浓度相比，有效含盐量对吸附量的影响较小，同样，渗透率越小的岩心，吸附量越大。不同表面活性剂浓度、不同有效含盐量、不同渗透率级别对表面活性剂吸附量的影响主要体现在三个方

面：一是表面活性剂浓度增加使溶液中形成的大量胶束附着于岩石表面，当岩石表面全部被表面活性剂覆盖时，吸附量达到最大，形成动态平衡；二是有效含盐量增加使得微乳液在岩石壁面上形成双电子层，盐在溶液中电离出的离子会压缩双电子层结构，减弱了表面活性剂分子间或与岩石表面间的静电斥力，使得吸附在岩石表面的分子排列更加紧密，将有更多的吸附点可以吸附表面活性剂分子，吸附量增大；三是岩心渗透率越低、比表面积越大、孔喉半径越小，机械捕集作用增强，并且由于微乳液胶团化作用，一个表面活性剂分子吸附在岩心上会使更多的表面活性剂分子或离子束缚在岩石表面，吸附量进一步增大。

3.3.4 微乳液界面张力

微乳液注入地层后，区别于水相、油相独立存在，在油、水界面处产生微乳液/油（σ_{MO}）、微乳液/水（σ_{MW}）界面张力，目前常采用 Healy 模型，当相组成确定后，用微乳液和富集相间（σ_{MO} 或 σ_{MW}）的界面张力作为溶解参数的函数进行计算，其中，F_σ 为校正因子。

W/O 型微乳液/水界面张力：

$$\lg\sigma_{MW} = \begin{cases} \lg F_\sigma + G_{12} + \dfrac{G_{11}}{G_{13}C_{1M}/C_{3M}+1} & \dfrac{C_{1M}}{C_{3M}} > 1.0 \\ \lg F_\sigma + \lg\sigma_{WO} + \left[G_{12} + \dfrac{G_{11}}{G_{13}+1} - \lg\sigma_{WO} \right]\dfrac{C_{1M}}{C_{3M}} & \dfrac{C_{1M}}{C_{3M}} < 1.0 \end{cases} \tag{3.57}$$

O/W 型微乳液/油界面张力：

$$\lg\sigma_{MO} = \begin{cases} \lg F_\sigma + G_{22} + \dfrac{G_{21}}{G_{23}C_{2M}/C_{3M}+1} & \dfrac{C_{2M}}{C_{3M}} > 1.0 \\ \lg F_\sigma + \lg\sigma_{WO} + \left[G_{22} + \dfrac{G_{21}}{G_{23}+1} - \lg\sigma_{WO} \right]\dfrac{C_{2M}}{C_{3M}} & \dfrac{C_{2M}}{C_{3M}} < 1.0 \end{cases} \tag{3.58}$$

由于 Healy 模型中 C_{1M}/C_{3M} 或 C_{2M}/C_{3M} 项一般都是大于 1 的值，并且在实际计算中有时并不呈线性增大或线性减小的趋势，因此，对 Healy 模型进行改进，上式 C_{1M}/C_{3M} 或 C_{2M}/C_{3M} 项修改为 $C_{1M}/(1-C_{3M})$ 或 $C_{2M}/(1-C_{3M})$，取值范围为 0~1。

微乳液/水界面张力：$\lg\sigma_{MW} = \lg F_\sigma + G_{12} + \dfrac{G_{11}}{G_{13}C_{1M}/(1-C_{3M})+1}$ (3.59)

微乳液/油界面张力：$\lg\sigma_{MO} = \lg F_\sigma + G_{22} + \dfrac{G_{21}}{G_{23}C_{2M}/(1-C_{3M})+1}$ (3.60)

其中
$$F_\sigma = \frac{1-\exp\left\{ -\left[\sum_{k=1}^{3}(C_{kl}-C_{kM})^2 \right]^{0.5} \right\}}{1-\exp(-\sqrt{2})} \qquad l = W,O \tag{3.61}$$

式（3.57）~式（3.60）中 G_{11}、G_{12}、G_{13}、G_{21}、G_{22}、G_{23} 均为输入参数，可从实验数据中获得，对于 W/O 型微乳液，$l=W$，对于 O/W 型微乳液，$l=O$。当体系中不存在表面活性剂或表面活性剂浓度低于 CMC 时，界面张力 IFT $=\sigma_{WO}$。

根据室内实验已测定的微乳液界面张力结果，确定式（3.59）~式（3.60）中的系数，然后根据新相态模型不同微乳液体系组成，对最佳含盐量不同水油比微乳液体系的微乳液/油、微乳液/水界面张力进行测量，不同含盐量微乳液界面张力如图 3.24 所示，计算结果见表 3.8。

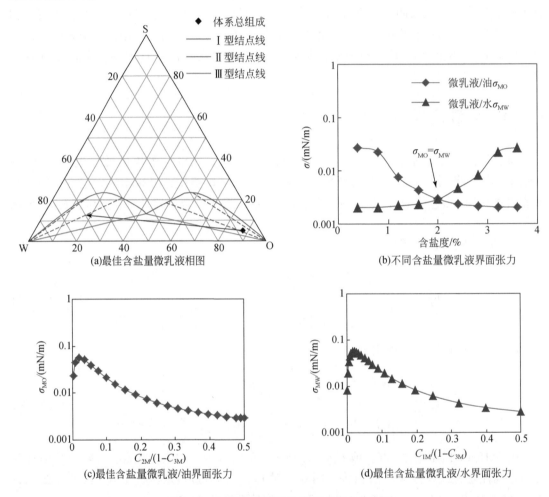

图 3.24　不同含盐量微乳液界面张力分布图

表 3.8　微乳液界面张力

含盐量/%	类型	C_{1M}	C_{2M}	C_{3M}	$C_{1M}/(1-C_{3M})$	$C_{2M}/(1-C_{3M})$	微乳液/油界面张力/（mN/m）	微乳液/水界面张力/（mN/m）
0.4	Ⅰ	80.13	5.94	13.93	0.93	0.07	0.0020	0.0268
0.8	Ⅰ	79.29	6.92	13.79	0.92	0.08	0.0020	0.0222
1.2	Ⅲ中Ⅰ右结	71.17	16.42	12.42	0.81	0.19	0.0021	0.0073
1.6	Ⅲ	60.54	27.20	12.26	0.69	0.31	0.0023	0.0042
2.0	Ⅲ	43.31	43.31	13.38	0.50	0.50	0.0028	0.0028

含盐量/%	类型	C_{1M}	C_{2M}	C_{3M}	$C_{1M}/(1-C_{3M})$	$C_{2M}/(1-C_{3M})$	微乳液/油界面张力/(mN/m)	微乳液/水界面张力/(mN/m)
2.4	Ⅲ	24.75	64.11	11.15	0.28	0.72	0.0046	0.0023
2.8	Ⅲ中Ⅱ左结	15.19	72.24	12.56	0.17	0.83	0.0081	0.0021
3.2	Ⅱ	6.92	79.29	13.79	0.08	0.92	0.0222	0.0020
3.6	Ⅱ	5.94	80.13	13.93	0.07	0.93	0.0268	0.0020

在相同含盐量下，当体系总组成中水油比增加时，增溶水量 $C_{1M}/(1-C_{3M})$ 增加、增溶油量 $C_{2M}/(1-C_{3M})$ 减小，微乳液体系组成沿着 Ⅰ 型右结曲线—三相点—Ⅱ 型左结曲线移动，形成的微乳液发生 O/W 型微乳液—中相微乳液—W/O 型微乳液转变，从整体上看，微乳液/油界面张力逐渐降低、微乳液/水界面张力逐渐升高；低含盐量下体系为 Ⅰ 型，微乳液/油界面张力 σ_{MO} 大于微乳液/水界面张力 σ_{MW}；继续增加含盐量，微乳液向 Ⅲ 型过渡，微乳液/油界面张力减小、增溶油相能力增强，微乳液/水界面张力增大、释放水相能力增强，均达到超低界面张力（$10^{-4} \sim 10^{-2}$ mN/m）；继续增加含盐量，体系为 Ⅱ 相态，微乳液/油界面张力 σ_{MO} 小于微乳液/水界面张力 σ_{MW}。当微乳液/油界面张力 σ_{MO} 与微乳液/水界面张力 σ_{MO} 相等时，对应的含盐量为最佳含盐量，这一特性对微乳液驱提高采收率具有重要的作用。

第4章 低渗透油藏微乳液驱油渗流特征

低渗透油藏储层物性差、渗透率低、流度低，启动压力梯度大，油水井间难以建立有效驱动体系；喉道半径小（0.2~2.5μm）、孔喉比大（55~155）、配位数低（2~4），水驱油过程中贾敏效应严重；可动流体饱和度低，80%的油层可动流体饱和度低于30%，水驱油效率低，含水上升快，低渗透油层非达西渗流特征明显；如果进行微乳液驱油，启动压力梯度发生变化，非线性渗流特征更加明显。因此，本章开展低渗透岩心单相原油渗流实验和微乳液驱油实验，分析单相流体和两相流体的非线性渗流特征，建立考虑启动压力梯度变化的微乳液驱非线性渗流方程，测定微乳液驱相对渗透率曲线，为建立微乳液驱油数学模型提供理论基础。

4.1 低渗透油层单相渗流特征

目前低渗透渗流规律普遍采用含拟启动压力梯度的公式描述非达西渗流，该公式存在两个问题：一是实验测定的拟启动压力梯度明显偏高；二是不能描述低速渗流非线性段。针对上述问题，本研究以低渗透岩心为研究对象开展渗流实验，采用微流量仪测定真实启动压力梯度，明确单相渗流特征和两相渗流特征，建立以边界层理论为基础的低渗透油藏低速非线性渗流方程，并通过实验数据确定公式中的相关参数。

4.1.1 启动压力梯度测定

开展低渗透岩心启动压力梯度测定实验，采用黏度为6mPa·s的模拟油测定启动压力梯度，首先应用YRD-MLA微流量仪（最小流量可达到0.00001mL/min）测定单相渗流时的真实启动压力梯度，实验测定渗流速度与驱替压力梯度关系曲线和启动压力梯度与渗透率关系曲线，如图4.1和图4.2所示。

研究结果表明，低渗透油藏水驱符合非线性非达西渗流，当压力梯度较低时，渗流曲线呈下凹型非达西渗流曲线，当压力梯度较大时，渗流速度呈直线增加，直线段反向延长与压力梯度轴的截距即为启动压力梯度，应用微流量仪测定的真实启动压力梯度与拟启动压力梯度 D_p 相比明显偏低，与油田生产反映出的压力梯度较为一致（表4.1）。根据实验结果，低渗透岩心真实启动压力梯度和拟启动压力梯度与渗透率呈乘幂关系，随渗透率的下降而增大，曲线分为3段，缓慢上升段（渗透率大于 $2\times10^{-3}\,\mu m^2$）、快速上升段（渗透率为 $1\times10^{-3}\sim2\times10^{-3}\,\mu m^2$）和急剧上升段（渗透率小于 $1\times10^{-3}\,\mu m^2$）。

综合分析，流体在低渗透多孔介质中的渗流受3个因素影响：①流体组成和物理化学性质的影响，原油流体黏度越大、胶质含量越高，启动压力梯度也越大；②孔隙结构的影响，由于固体和液体的界面作用，在岩石孔隙的内表面存在边界层，喉道半径越小，喉道

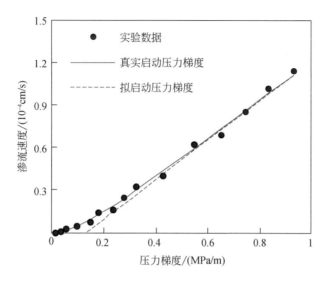

图 4.1　渗流速度与驱替压力梯度关系曲线图

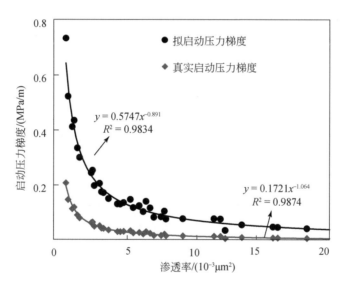

图 4.2　启动压力梯度与渗透率关系曲线图

表 4.1　真实启动与拟启动压力梯度对比

序号	长度 /cm	直径 /cm	渗透率 /($10^{-3}\mu m^2$)	孔隙度 /%	拟启动压力 梯度/(MPa/m)	真实启动压力 梯度（水相）/ （MPa/m）	真实启动压力 梯度（油相）/ （MPa/m）
1	5.86	2.51	0.88	12.14	0.735	0.146	0.208
2	7.13	2.51	1.04	13.29	0.524	0.103	0.147
3	7.04	2.50	1.34	13.59	0.412	0.080	0.114
4	6.26	2.50	1.48	12.74	0.436	0.084	0.120

序号	长度 /cm	直径 /cm	渗透率 /($10^{-3}\mu m^2$)	孔隙度 /%	拟启动压力 梯度/(MPa/m)	真实启动压力 梯度（水相）/ (MPa/m)	真实启动压力 梯度（油相）/ (MPa/m)
5	5.49	2.51	1.72	12.52	0.336	0.064	0.091
6	6.16	2.51	1.88	12.09	0.302	0.057	0.081
7	6.25	2.51	2.82	15.17	0.255	0.046	0.066
8	5.98	2.50	2.73	12.89	0.245	0.044	0.064
9	7.46	2.50	2.94	14.62	0.199	0.036	0.051
10	7.92	2.51	3.33	15.05	0.207	0.036	0.052
11	7.31	2.50	3.46	14.67	0.176	0.031	0.044
12	5.99	2.50	3.61	15.65	0.173	0.030	0.043
13	6.23	2.50	3.98	14.93	0.151	0.026	0.037
14	6.67	2.50	4.63	13.94	0.132	0.022	0.032
15	7.63	2.51	4.83	15.74	0.131	0.022	0.031
16	8.07	2.50	5.07	15.42	0.137	0.022	0.032
17	6.82	2.51	5.56	16.27	0.149	0.024	0.034
18	6.22	2.50	5.77	16.20	0.119	0.019	0.027
19	5.40	2.50	6.21	15.85	0.126	0.020	0.028
20	5.75	2.51	6.49	16.13	0.104	0.016	0.023
21	6.09	2.50	6.69	17.28	0.142	0.022	0.031
22	6.30	2.51	6.99	14.88	0.117	0.018	0.025
23	7.28	2.50	7.26	17.13	0.084	0.013	0.018
24	7.58	2.51	7.79	16.53	0.086	0.013	0.018
25	7.26	2.50	8.03	17.69	0.106	0.015	0.022
26	5.62	2.50	8.14	16.15	0.077	0.011	0.016
27	6.41	2.50	9.37	19.56	0.079	0.011	0.016
28	6.23	2.51	11.60	16.76	0.078	0.010	0.014
29	7.62	2.50	12.06	19.75	0.077	0.010	0.014
30	6.14	2.50	12.40	18.34	0.036	0.005	0.007
31	6.08	2.50	13.59	17.82	0.056	0.008	0.011
32	6.54	2.51	15.87	18.21	0.049	0.006	0.009
33	6.37	2.50	16.21	18.27	0.048	0.006	0.009
34	5.96	2.51	18.34	18.59	0.043	0.005	0.008
35	6.55	2.50	20.15	18.83	0.040	0.005	0.007
36	7.06	2.50	23.48	19.24	0.035	0.004	0.006
37	7.29	2.51	25.64	19.48	0.032	0.004	0.005

续表

序号	长度 /cm	直径 /cm	渗透率 /(10⁻³ μm²)	孔隙度 /%	拟启动压力 梯度/(MPa/m)	真实启动压力 梯度（水相）/ (MPa/m)	真实启动压力 梯度（油相）/ (MPa/m)
38	7.51	2.50	27.81	19.70	0.030	0.004	0.005
39	6.87	2.51	30.19	19.93	0.028	0.003	0.005
40	6.83	2.50	32.65	20.15	0.026	0.003	0.004
41	6.46	2.51	35.12	20.35	0.024	0.003	0.004
42	5.82	2.51	37.53	20.54	0.023	0.003	0.004
43	6.27	2.50	39.22	20.67	0.022	0.002	0.003
44	7.85	2.51	42.34	20.89	0.020	0.002	0.003
45	7.24	2.50	48.57	21.30	0.018	0.002	0.003

壁面黏附的边界层厚度占喉道半径的比例越大，孔隙中过流面积越小，驱动流体流动所需克服的阻力越大，启动压力梯度越大，当平均喉道半径小于 1μm 时，启动压力梯度急剧增大；③流动环境、条件以及流体和多孔介质的相互作用，低渗透储层形状因子小，岩石孔隙具有很大的比表面积，液固作用强，部分流体被孔喉表面束缚，形成边界层，可动流体含量减少，流体流动潜力下降，驱动其流动所需的压力梯度越大，当可动流体百分数小于 30% 时，启动压力梯度急剧增大。低渗透储层孔隙小、喉道细，流体赖以流动的通道细小，液–固界面和液–液界面的相互作用力比较显著，对低渗透油藏渗流造成不利影响，表现出严重的非线性渗流特征。

4.1.2　单相非达西渗流方程

中国科学院渗流流体力学研究所提出低速非达西渗流的临界条件，与流体性质和渗流速度有关，当流体黏度为 5mPa·s，采用 1m/d 的速度，那么渗透率小于 $28×10^{-3}$ μm² 的储层将为非达西渗流。因此，对于低渗透油藏应该重点研究流体屈服应力和边界层对非线性渗流段的影响。

根据流体屈服应力理论和边界层理论（姜瑞忠等，2012；杨仁峰等，2011a，2011b，2011c），原油在低渗透油藏流动过程中，表现出非牛顿流体的特性，当流体开始受到外力作用时并不流动，其性质像固体，当剪切应力逐渐增加，达到屈服应力时，才开始流动，其流态与牛顿流体相同；由于固–液界面张力作用，流体通过多孔介质流动时，在多孔介质孔隙的表面形成一个流体吸附滞留层，也称边界层。边界层流体不易参与流动，只有当驱替压差达到一定程度时这部分流体才能克服表面分子作用力的影响参与流动。低渗透储层孔隙异常细小，所以边界层的影响不可忽略，且边界层厚度随启动压力梯度增大呈指数递减变化规律。以此为基础，借助毛细管模型推导得到非线性非达西渗流公式。具体过程如下所示。

毛细管模型都是以控制稳定流动的 Hagen-Poiseuille（哈根–泊肃叶）定律为依据的，

假设有一根半径为 r 的直圆形毛细管，则流量公式可表示为

$$q = \frac{\pi r^4}{8\mu} \nabla p \tag{4.1}$$

式中，q 为总流量，mL；r 为毛细管半径，m；μ 为流体黏度；∇p 为驱替压力梯度。

低渗透油藏流体渗流存在启动压力梯度以及非线性段，考虑流体应力与边界层对流量的影响，式（4.1）可以修改为

$$q = \frac{\pi (r-\delta)^4}{8\mu} \left[\nabla p - \frac{8\tau_0}{3(r-\delta)} \right] \tag{4.2}$$

式中，δ 为边界层厚度，m；τ_0 为流体屈服应力，MPa/m。

若与流动方向相垂直的单位横截面上有 N 根半径为 r 的平行毛细管，那么通过该多孔介质块的流速为

$$Q = NA \frac{\pi r^4}{8\mu} \left(1 - \frac{\delta}{r}\right)^4 \left[1 - \frac{8\tau_0}{3r\left(1 - \frac{\delta}{r}\right)\nabla p} \right] \nabla p \tag{4.3}$$

式中，N 为与流动方向垂直的单位截面上的毛细管数；A 为毛细血管的横截面积。

已知孔隙度定义和毛细管模型理论：

$$\phi = N\pi r^2 \tag{4.4}$$

$$K = \frac{\phi r^2}{8} \tag{4.5}$$

式中，ϕ 为孔隙度，%；K 为渗透率，μm^2。

将式（4.4）和式（4.5）代入式（4.3）中，可得到

$$Q = \frac{K}{\mu} A \left(1 - \frac{\delta}{r}\right)^4 \left[\nabla p - \frac{8\tau_0}{3r\left(1 - \frac{\delta}{r}\right)} \right] \tag{4.6}$$

通过研究可知，对于同一毛细管，压力梯度越大，边界层越薄，δ/r 越小，即 δ/r 与压力梯度成反比关系，即令

$$c_1 = \frac{\delta}{r} \nabla p \tag{4.7}$$

式中，c_1 为边界层对压力梯度的影响。

对于同一毛细管，假设同一种流体屈服应力值保持不变，则 τ_0 可以看作常数，令

$$c_2 = \frac{8\tau_0}{3r} \tag{4.8}$$

式中，c_2 为流体屈服应力对压力梯度的影响。

代入式（4.6）中，则有

$$v = \frac{K}{\mu} \left[\nabla p - (4c_1 + c_2) + \frac{6c_1{}^2 + 3c_1 c_2}{\nabla p - c_1} \right] \tag{4.9}$$

式中，v 为渗流速度，$v = \frac{Q}{A}$。

式（4.9）可以记作：

$$v = \frac{K}{\mu}\left(\nabla p - \xi_1 + \frac{\xi_3}{\nabla p - \xi_2}\right) \tag{4.10}$$

对于式（4.10）中的三个参数 ξ_1、ξ_2、ξ_3，在驱替压力梯度 ∇p 为 0 时，流量 Q 也为 0，代入式（4.10）可得到 ξ_1、ξ_2 与 ξ_3 之间的关系：

$$\xi_3 = -\xi_1\xi_2 \tag{4.11}$$

将式（4.11）代入式（4.10），可以得到考虑边界层厚度以及流体塑性条件下的低渗透油藏非线性渗流方程：

$$v = \frac{K}{\mu}\left(\nabla p - \xi_1 - \frac{\xi_1\xi_2}{\nabla p - \xi_2}\right) \tag{4.12}$$

在式（4.12）中，ξ_1 体现了流体存在屈服应力值和边界层对渗流的影响，$c_2 = \xi_1 - 4\xi_2$，仅体现了流体存在屈服应力值对渗流的影响，通过拟合获取数值；ξ_2 与 c_1 参数数值相等，体现了边界层对渗流的影响，通过拟合获取数值。

根据黄延章提出的低渗透油层非达西渗流理论，分析存在启动压力梯度的主要原因是：①低渗透油层中存在塑性流动；②边界层性质异常。地层条件下，在渗流速度很低、渗透性小的介质中，一定黏度的流体表现为塑性流体的性质，即存在一个真实启动压力梯度值：$D_p = \xi_1 + \xi_2$，流体达到启动压力梯度后才会发生流动。储层渗透率越低，屈服应力值和边界层厚度越大，孔隙中流体呈现塑性流体特征越强，导致流动偏离线性达西渗流规律。为了验证所提出新模型的正确性和可靠性，对低渗透油藏岩心实验结果进行拟合，拟合结果如图 4.3 所示，实验结果见表 4.2。

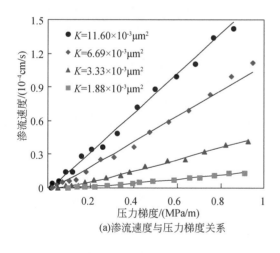
(a)渗流速度与压力梯度关系

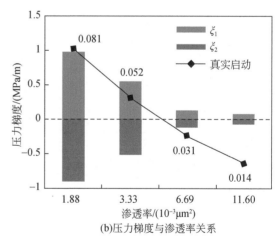
(b)压力梯度与渗透率关系

图 4.3　启动压力梯度拟合结果图

从拟合结果可以看出，新建立的非线性渗流方程与低渗透岩心实验结果拟合程度较高，应用该渗流方程能够获得低渗透岩心的真实启动压力梯度，准确描述低速非线性渗流段，对于描述低渗透油藏水驱/微乳液驱油过程中启动压力梯度变化引起的非线性渗流特征具有重要作用。

表 4.2　启动压力梯度拟合结果

序号	长度 /cm	直径 /cm	渗透率 /($10^{-3}\mu m^2$)	孔隙度 /%	压力梯度/(MPa/m)				
					ξ_1	ξ_2	c_1	c_2	真实启动（油相）
1	5.86	2.51	0.88	12.14	1.832	−1.624	8.328	−1.624	0.208
2	7.13	2.51	1.04	13.29	1.756	−1.609	8.192	−1.609	0.147
3	7.04	2.50	1.34	13.59	1.388	−1.274	6.484	−1.274	0.114
4	6.26	2.50	1.48	12.74	1.176	−1.056	5.400	−1.056	0.120
5	5.49	2.51	1.72	12.52	1.119	−1.028	5.233	−1.028	0.091
6	6.16	2.51	1.88	12.09	0.983	−0.902	4.591	−0.902	0.081
7	6.25	2.51	2.82	15.17	0.669	−0.603	3.081	−0.603	0.066
8	5.98	2.50	2.73	12.89	0.754	−0.690	3.514	−0.690	0.064
9	7.46	2.50	2.94	14.62	0.624	−0.573	2.915	−0.573	0.051
10	7.92	2.51	3.33	15.05	0.568	−0.516	2.632	−0.516	0.052
11	7.31	2.50	3.46	14.67	0.480	−0.436	2.224	−0.436	0.044
12	5.99	2.50	3.61	15.65	0.575	−0.532	2.703	−0.532	0.043
13	6.23	2.50	3.98	14.93	0.327	−0.290	1.487	−0.290	0.037
14	6.67	2.50	4.63	13.94	0.397	−0.365	1.857	−0.365	0.032
15	7.63	2.51	4.83	15.74	0.215	−0.184	0.951	−0.184	0.031
16	8.07	2.50	5.07	15.42	0.295	−0.263	1.347	−0.263	0.032
17	6.82	2.51	5.56	16.27	0.234	−0.200	1.034	−0.200	0.034
18	6.22	2.50	5.77	16.20	0.146	−0.119	0.622	−0.119	0.027
19	5.40	2.50	6.21	15.85	0.165	−0.137	0.713	−0.137	0.028
20	5.75	2.51	6.49	16.13	0.108	−0.085	0.448	−0.085	0.023
21	6.09	2.50	6.69	17.28	0.147	−0.116	0.611	−0.116	0.031
22	6.30	2.51	6.99	14.88	0.173	−0.148	0.765	−0.148	0.025
23	7.28	2.50	7.26	17.13	0.065	−0.047	0.253	−0.047	0.018
24	7.58	2.51	7.79	16.53	0.050	−0.032	0.178	−0.032	0.018
25	7.26	2.50	8.03	17.69	0.038	−0.016	0.102	−0.016	0.022
26	5.62	2.50	8.14	16.15	0.176	−0.160	0.816	−0.160	0.016
27	6.41	2.50	9.37	19.56	0.042	−0.026	0.146	−0.026	0.016
28	6.23	2.51	11.60	16.76	0.078	−0.064	0.334	−0.064	0.014
29	7.62	2.50	12.06	19.75	0.044	−0.030	0.164	−0.030	0.014
30	6.14	2.50	12.40	18.34	0.058	−0.051	0.262	−0.051	0.007
31	6.08	2.50	13.59	17.82	0.044	−0.034	0.180	−0.034	0.011
32	6.54	2.51	15.87	18.21	0.035	−0.026	0.139	−0.026	0.009
33	6.37	2.50	16.21	18.27	0.034	−0.025	0.134	−0.025	0.009

续表

序号	长度/cm	直径/cm	渗透率/($10^{-3}\mu m^2$)	孔隙度/%	压力梯度/(MPa/m)				
					ξ_1	ξ_2	c_1	c_2	真实启动（油相）
34	5.96	2.51	18.34	18.59	0.028	−0.020	0.109	−0.020	0.008
35	6.55	2.50	20.15	18.83	0.024	−0.017	0.092	−0.017	0.007
36	7.06	2.50	23.48	19.24	0.019	−0.013	0.071	−0.013	0.006
37	7.29	2.51	25.64	19.48	0.017	−0.011	0.061	−0.011	0.005
38	7.51	2.50	27.81	19.70	0.015	−0.010	0.053	−0.010	0.005
39	6.87	2.51	30.19	19.93	0.013	−0.008	0.046	−0.008	0.005
40	6.83	2.50	32.65	20.15	0.011	−0.007	0.040	−0.007	0.004
41	6.46	2.51	35.12	20.35	0.010	−0.006	0.035	−0.006	0.004
42	5.82	2.51	37.53	20.54	0.009	−0.006	0.031	−0.006	0.004
43	6.27	2.50	39.22	20.67	0.009	−0.005	0.029	−0.005	0.003
44	7.85	2.51	42.34	20.89	0.008	−0.004	0.025	−0.004	0.003
45	7.24	2.50	48.57	21.30	0.006	−0.003	0.020	−0.003	0.003

另外，非线性渗流参数 ξ_1、ξ_2、c_1、c_2 与渗透率具有一定的相关性，对其进行回归，如图 4.4 所示。

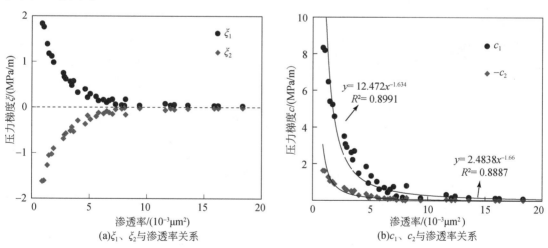

图 4.4   非线性渗流参数与渗透率关系

研究表明，ξ_1 为正，体现了流体存在屈服应力值和边界层综合作用对非线性渗流的影响，随着渗透率的增大，对非线性渗流的影响越小，去除边界层的影响，c_2 仅体现了流体存在屈服应力值对渗流的影响，通过拟合发现，c_2 与渗透率呈幂指数关系，对非线性渗流的影响显著；ξ_2、c_1 为负，仅体现了边界层对渗流的影响，通过拟合发现，c_1 与渗透率也呈幂指数关系，对非线性渗流的影响不及流体屈服应力的作用。

4.2　低渗透油层水驱油渗流特征

低渗透油藏微观孔喉网络通道细小，结构复杂，渗流环境条件多种多样，使得体系内存在多种相界面。在注水开发中，相界面的变化引发多种物理过程和化学反应。这些过程和反应包括胶团、蜡晶层、矿物微粒、泥盐垢、原油乳化的生成、聚沉、运移和消散等。这些物理过程和化学反应的结果导致介质和流体某些组分相互转换，使得介质的稳固性和流体的均衡性受到破坏，诱导系统的结构和功能也随空间和时间发生变化。因此，水驱油渗流条件下，呈现出的非达西渗流特征更加复杂。

4.2.1　水驱油渗流实验

应用相同的方法开展低渗透岩心水驱油渗流实验，测定水驱油两相渗流条件下的真实启动压力梯度，实验结果见表4.3，与单相渗流特征对比结果如图4.5所示。

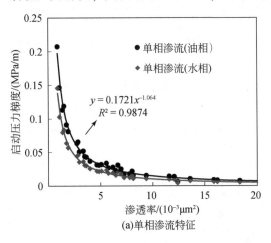
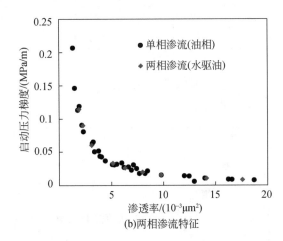

图4.5　启动压力梯度与渗透率关系

表4.3　两相渗流特征

序号	长度/cm	直径/cm	渗透率/($10^{-3}\,\mu m^2$)	孔隙度/%	真实启动压力梯度（两相）/（MPa/m）
1	6.57	2.51	1.46	13.05	0.115
2	6.84	2.51	1.83	13.47	0.090
3	5.72	2.50	2.67	14.20	0.061
4	7.26	2.50	4.71	15.37	0.033
5	6.59	2.51	5.88	15.85	0.026
6	6.37	2.50	7.56	16.42	0.020
7	6.15	2.51	9.35	16.92	0.016
8	5.75	2.51	13.74	17.85	0.011

续表

序号	长度 /cm	直径 /cm	渗透率 /($10^{-3}\mu m^2$)	孔隙度 /%	真实启动压力梯度 （两相）/（MPa/m）
9	5.44	2.51	17.22	18.42	0.008
10	7.63	2.50	20.21	18.84	0.007
11	7.26	2.50	27.55	19.67	0.005
12	5.68	2.51	32.17	20.11	0.004
13	7.09	2.50	36.84	20.49	0.004
14	5.80	2.50	40.59	20.77	0.003
15	6.65	2.51	45.28	21.09	0.003

研究表明，油相单相渗流条件下测得的真实启动压力梯度要高于水相单相渗流条件，这是由于油相在微观孔隙结构中呈现的非牛顿流体特性远大于水相；水驱油两相渗流条件下测得的真实启动压力梯度与油相单相渗流条件基本一致，而两相渗流过程中的真实启动压力梯度测定往往更加复杂，这是由于两相渗流时启动压力梯度是随着含水饱和度的变化而变化的。在目前技术条件下，两相渗流阶段难以区分油相和水相真实启动压力梯度，因此，本研究所使用的真实启动压力梯度均为油相单相渗流条件下测得的数值。

4.2.2　两相渗流方程

两相渗流时启动压力梯度是随着含水饱和度的改变而变化的，这是由于水驱油两相渗流过程中，随着含水饱和度的不断增大，油水两相各自所占据的孔隙空间在不断地改变，其流动的通道也不断地改变。因而，各种阻力也在不断改变，所以启动压力梯度也在不断变化。根据实验结果，随着含水饱和度的不断增大，启动压力梯度略有下降，但变化不大，如图 4.6 所示。

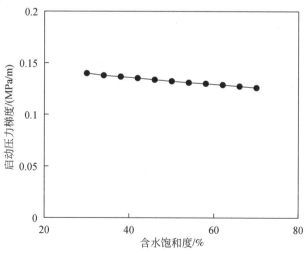

图 4.6　含水饱和度与启动压力梯度关系曲线图

根据实验研究结果，当原油在地层中作非线性渗流时，油水两相各自的运动方程为

$$v_0 = \frac{KK_{r0}}{\mu_0}\left(\nabla p_0 - \xi_{01} - \frac{\xi_{01}\xi_{02}}{\nabla p_0 - \xi_{02}}\right) \tag{4.13}$$

$$v_W = \frac{KK_{rW}}{\mu_W}\left(\nabla p_W - \xi_{W1} - \frac{\xi_{W1}\xi_{W2}}{\nabla p_W - \xi_{W2}}\right) \tag{4.14}$$

式中，v_0 为油相渗流速度；K_{r0} 为油相相对渗透率；ξ_{01} 和 ξ_{02} 为油相拟合系数；∇p_0 为油相驱替压力梯度；v_W 为水相渗流速度；K_{rW} 为水相相对渗透率；ξ_{W1} 和 ξ_{W2} 为水相拟合系数；∇p_W 为水相驱替压力梯度。

4.2.3　渗流机理分析

1. 低渗透油层水驱油微观渗流机理

前面已经提到，地层的孔隙系统是非均匀的，具有随机的性质。因此，油水在地层孔隙系统中的运动也是非匀速的，并具有随机的性质。同时，油层的润湿性相差甚大，有些油层是亲水的，有些油层则是亲油的，还有一些油层具有中等润湿性。在不同润湿性的油层中进行水驱油时，其驱油机理有原则性的区别。因此，必须研究不同润湿性油层中的水驱油微观机理。

1）亲水地层中水驱油微观机理

在油水投入开发以前，油层中的流体处于原始状态，可以不考虑气体的存在只考虑油水的原始状态。在亲水的油层中，束缚水主要是以水膜的形式附着在孔道壁上，或充满较小的孔道和盲端，而油则充满较大的孔道空间。

在亲水的油层模型内进行水驱油时，可以看到当水被注入油层后，一部分水沿着孔道中心阻力最小的地方向前推进，驱替原油；另一部分则穿破油水界面的油膜，与束缚水汇合，沿着岩石颗粒表面（孔道壁）驱动束缚水，而束缚水则把原油推离岩石表面，将原油从岩石表面剥离下来。被剥蚀下来的原油被注入水驱走，束缚水汇入注入水中，岩石颗粒表面被注入水所占据。

由于地层是非均质的，微观地质模型的孔道也是大小不等的。我们首先观察在孔道中水驱油的现象，在亲水地层模型内进行水驱油过程实验。在一些孔道中，油膜已断裂，束缚水把油膜剥蚀下来，汇入大片油内，被注入水均匀地向前推进。它表示束缚水剥蚀油膜的速度与大孔道中水驱油的速度相等，油水界面平整，水驱油的过程像活塞一样向前推进，驱油效率最高。在另一些孔道中，油膜即将破裂，但注入水已进入大孔道。它表示注入水驱油的速度大于束缚水剥蚀油膜的速度，引起水驱油的非均匀推进。在其他一些孔道中，还可以看到，注入水沿着岩石颗粒表面束缚水的通道推进，已经把油剥蚀、推离了岩石表面。但是，在大孔道中注入水的推进则太慢，这样就容易使油相断裂，形成油珠，残留在地层中。

随着注水的进行，注入水继续向前运动，上述过程不断重复出现。不同的是，注入水已汇入了部分束缚水，称为某种程度的混合水。这样随着注水的进行，在油水驱替前沿，

驱动水中束缚水的比例也不断增加。在油田生产实践中，在油井见水初期，水的矿化度较高就是对上述过程的证明。

这样，根据实验观测研究，在亲水地层中水驱油的机理可概括为以下两种。①驱替机理：在注入压力作用下，注入水驱动大孔道中的原油向前流动，用水替换了原来被油所占据的空间。②剥蚀机理：束缚水与注入水接触，得到注入水的动力，将原油推离岩石颗粒的表面。在亲水地层中，这种剥蚀机理在驱油过程中起着相当大的作用。

两种机理的最佳配合能最大限度地提高水驱采收率。从上述分析中可以看到，当驱替速度与剥蚀速度相等时，可以得到最好的驱油效果。但是，由于地层孔隙系统的非均匀性，其中流体的速度场也是非均匀的，不同孔道中的驱油速度也是随机的，而剥蚀速度与束缚水饱和度及油水界面性质有关。因此，只要使大部分孔道中的驱替速度与束缚水的剥蚀速度相当就可以了。这个最佳配合的界限就是最佳驱油速度，对于具体的油层条件，只能用实验的方法求得。

2）亲油地层中水驱油微观机理

在该模型中，束缚水主要以水珠形式存在，油充满整个孔道系统。在亲油地层中进行水驱油时，可以看到，注入水沿着大孔道的中轴部位驱替原油，在孔道壁上的油膜可以沿壁流动，在小孔道中残留一部分原油。随着注水过程的延续，油膜也越来越薄，小孔道中的油也越来越少，最后形成水驱残余油。

在水驱油过程中，束缚水可汇入注入水内一同流动，起驱替原油的作用。从上述分析可了解到，在亲油地层中水驱油的主要渗流机理如下：①驱替机理，即注入水沿孔道的中轴部位驱替原油；②原油沿孔道壁流动机理，在水侵入孔道将中轴部位的油驱走以后，留在孔道壁上的油主要以此方式运移。

合理利用这两种机理的目标是减少指进和增加壁流能力。因此，采用较低的驱油速度是合理的。

3）中性地层中水驱油微观机理

在中性的多孔介质中，水驱油的机理比较复杂，从实验中观察的现象可知，注入水主要沿大孔道中的中轴部位驱替原油，这种现象与亲油介质中的相似，但是，注入水与束缚水不易接触，在它们之间有一层油膜，因而束缚水不流动，在整个实验中，束缚水的位置和形状几乎没有发生变化。

2. 多孔介质中水驱油时力的分析

为了深入研究多孔介质中水驱油时各种力的作用，进行了系统的微观渗流实验研究。通过这些研究，对不同渗流条件下的各种作用力进行分析。

1）毛细管系统

（1）亲水毛细管

在亲水的毛细管内，毛细管壁上附着一层水膜，原油充满了整个毛细管腔。油水为混相流体，在两相之间存在界面膜。因而在水驱时，所有的作用力都施加在该界面膜上。这个界面膜具有一种特殊的性质，即界面张力。在水驱油过程中，作用在这个界面上的力有三种，如图 4.7 所示。

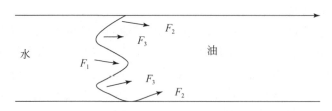

图 4.7　亲水毛细管中水驱油作用力示意图

注入水的驱替力（F_1）。这个力由外加的动力与重力之和组成，它是水驱油过程中的主要动力。其大小由单位距离的压降，即压力梯度来衡量。

$$F_1 = \frac{p_2 - p_1}{L} \tag{4.15}$$

式中，p_1 为采油端压力；p_2 为注水端压力；L 为采油端到注水端距离。

束缚水的剥蚀力（F_2）。它是由毛细管内表面润湿性引起的作用力。在水驱过程尚未开始时，油水处于平衡状态，水被充满毛细管腔的油挤压成水膜附着于毛细管壁上，形成束缚水。当水驱油开始后，就有一部分束缚水穿破油膜并与注入水相汇合，束缚水的体积不断扩大，把油向毛细管中轴方向推进。

根据拉普拉斯方程：
$$p_c = \sigma\left(\frac{1}{r_1} + \frac{1}{r_2}\right) \tag{4.16}$$

式中，σ 为油水界面张力；r_1、r_2 为两个主曲率半径。在毛细管中水驱油条件下，r_1 为毛细管半径，而在垂直方向上的 r_2 则可视为无限大。因此这个束缚水的剥蚀力可用式（4.17）表示。

$$F_2 = \frac{\sigma}{r}\cos\theta \tag{4.17}$$

式中，r 为毛细管半径；θ 为三相接触角，当毛细管壁润湿性为强亲水时，$\cos\theta = 1$。

此时：
$$F_2 = \frac{\sigma}{r} \tag{4.18}$$

界面收缩力（F_3）。这个力是在油水界面的形态由平面变成曲面时界面张力所形成的。在水驱油过程中，由于各种力作用的不平衡，会瞬息万变地形成形态各异的油水界面，这些界面具有不同的曲率半径，也就有不同的界面收缩能力，这种界面收缩力，有助于促使水驱油更趋于活塞式运动，有利于提高驱油效率。这个力的大小也可用拉普拉斯方程表示：

$$F_3 = \sigma\left(\frac{1}{r_1} + \frac{1}{r_2}\right) \tag{4.19}$$

在多孔介质中，孔隙半径越小，在界面收缩力的作用下，越容易形成活塞式水驱油状态。而在较大的孔隙中，情况更为复杂，注入水的驱替作用一般小于束缚水的剥蚀作用。相应的界面收缩力也较小，容易形成非活塞式驱替。

因此，在亲水的多孔介质中，水驱油的动力（F）为

$$F = \frac{p_2 - p_1}{L} + \frac{\sigma}{r} + \sigma\left(\frac{1}{r_1} + \frac{1}{r_2}\right) = \frac{p_2 - p_1}{L} + \sigma\left(\frac{1}{r} + \frac{1}{r_1} + \frac{1}{r_2}\right) \tag{4.20}$$

在不同的驱替条件下，上述各种力的作用是不一样的，在水的驱替压力梯度很小时，界面收缩力的曲率半径趋于多孔介质孔隙半径，即

$$F_3 \to \frac{2\sigma}{r} \tag{4.21}$$

当 $\frac{p_2-p_1}{L}=0$ 时，即在渗吸条件下，有

$$F = \frac{3\sigma}{r} \tag{4.22}$$

在驱替压力梯度很大时，由于润湿滞后的原因，界面收缩力多为负值，且主曲率半径也趋于孔隙半径，总的驱动力为

$$F = \frac{p_2-p_1}{L} - \frac{\sigma}{r} \tag{4.23}$$

一般情况下：

$$F = \frac{p_2-p_1}{L} + \sigma\left(\frac{1}{r} + \frac{1}{r_1} + \frac{1}{r_2}\right) \tag{4.24}$$

由式（4.24）可以看出，在一般情况下，当注入压力相同时，多孔介质内小孔隙中的驱动力大于大孔隙内的驱动力。由式（4.23）看出，当压力梯度很大时，则出现相反的情况，即小孔隙中的驱动力小于大孔隙的驱动力。所以，在亲水的孔隙介质中，当压力梯度很小，渗流速度很低时，水先进入小孔道，而在另外的条件下，即当压力梯度很大，渗流速度很大时，水却可以先进入大孔道。

（2）亲油毛管

在亲油毛管中，油附着在毛管壁上，注入水驱替毛细管中轴部分的油，而在毛细管壁上留下一层油膜，如图4.8所示。

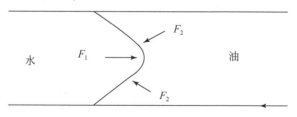

图 4.8　亲油毛管中水驱油作用示意图

注入水驱替力（F_1）。这个力的大小，与在亲水毛细管中一样。

$$F_1 = \frac{p_2-p_1}{L} \tag{4.25}$$

束缚水剥蚀力（F_2）。在亲水毛细管中，束缚水剥蚀力是对称的，所以它的两个曲率半径都等于毛细管半径。因此，在亲油毛细管中，束缚水剥蚀力表示为

$$F_2 = \frac{2\sigma}{r}\cos\theta \tag{4.26}$$

在亲油条件下，$\theta=180°$，所以，$\cos\theta=-1$。因此这个力表示为

$$F_2 = -\frac{2\sigma}{r} \tag{4.27}$$

界面收缩力（F_3）。在亲油毛细管中注入水的驱替力不仅要克服流体的黏滞力，而且还必须克服界面收缩力。

$$F_3 = -\sigma\left(\frac{1}{r_1} + \frac{1}{r_2}\right) \tag{4.28}$$

在亲油毛细管中，$r_1 = r_2$，则

$$F_3 = -\frac{2\sigma}{r_1} \tag{4.29}$$

总的驱动压力为

$$F = \frac{p_2 - p_1}{L} - 2\sigma\left(\frac{1}{r} + \frac{1}{r_1}\right) \tag{4.30}$$

因此，在亲油的毛细管中，在相同的注入压力梯度下，大毛细管中的驱油动力，总是大于小毛细管中的驱油动力。所以在水驱油微观渗流过程中总是观察到水优先进入大孔道。

2）孔隙网格

在孔隙网格中，由于孔隙和喉道的半径不同，在水驱油过程中除上述各种作用力以外又会产生贾敏效应，其表达式为

$$F_4 = \frac{2\sigma}{r}\left(1 - \frac{1}{B}\right) \tag{4.31}$$

式中，B 为孔喉比；F_4 为贾敏效应产生的附加阻力。

渗透率与毛细管力的关系曲线如图 4.9 所示，从图 4.9 中可以看出，毛细管半径的形态可以分为三个区，第一个区的渗透率大于 $50 \times 10^{-3}\,\mu m^2$，为中高渗透率区，在这一区间，毛细管力随渗透率的变化比较平缓；第二个区的渗透率为 $10 \times 10^{-3} \sim 50 \times 10^{-3}\,\mu m^2$，为低渗透区，可以看到，当渗透率小于 $50 \times 10^{-3}\,\mu m^2$ 时，随着渗透率的减小，毛细管力明显上升；第三个区的渗透率小于 $10 \times 10^{-3}\,\mu m^2$，为特低渗透率区，在这个区间，随渗透率继续减小，毛细管力则急剧上升。

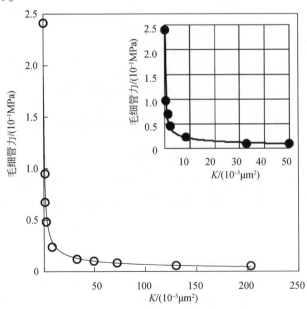

图 4.9　渗透率与毛细管力关系曲线图

应该指出，在低渗透油层中，贾敏效应的影响是主要的。贾敏效应是非润湿相分散为非连续相以后产生的附加阻力，相当于增加流体的黏滞力。当施加的驱动力尚未克服贾敏效应所表现出的阻力时，非润湿相是不流动的。但是微观渗流实验表明，在这种条件下润湿相是不流动的，它的流动形式为薄膜流，即润湿相沿多孔介质孔隙壁液膜层流动。

在亲水孔隙系统中，油为非润湿相，水为润湿相，提高压力梯度，排液会增加产出液的含油百分比，而在亲油孔隙系统中，情况则恰恰相反。这个结论是有条件的，即在水驱油过程中，贾敏效应阻力显著时这个结论才正确，在油田实际生产过程中，在中含水期，贾敏效应显著时，提高排液量会增加含油百分比或使含油百分比保持平稳，增加原油产量。

3. 影响渗流过程的主要因素

低渗透油层泥质含量高，其黏土矿物组分中，含 33.5% 的蒙脱石-绿泥石，含 36.6% 的伊利石，含 29.9% 的高岭土。在注水开发过程中，其黏土矿物对流体的滞留起着重要的作用。

1）储层的比表面积及其作用

在低渗透油藏储层中，含铝硅酸盐的黏土矿物较高，且这些矿物的颗粒很细（粒度小于 5μm）。从扫描电镜观察可知，黏土矿物黏附在碎屑储集岩通道的孔壁上，使孔隙通道变得更加迂回曲折，黏土矿物具有很大的比表面积和自由能。因为所有的化学变化和物理过程都与比表面积的大小有关，所以黏土矿物巨大的比表面积既可加快化学反应速度，又可提高物理过程的幅度。这主要是因为孔隙中的黏土矿物 100% 地暴露在外来流体之中，又具有较大的化学活性，能优先与侵入地层的外来流体接触产生相互作用。据实验测知，黏土矿物与酸的反应速度是石英的 100 倍，蒙皂石的阳离子交换量为 $80 \times 10^{-5} \sim 150 \times 10^{-5} \, \text{mol/g}$，当蒙皂石表面水化时，每 100g 黏土可吸附 50g 的水，体积比干黏土要增加几倍，这种变化的结果导致了渗流阻力的急剧增大。

2）相之间的表面性质

低渗透油层因低渗、低孔隙度，导致孔道细小，孔喉作用增强，微观孔隙结构复杂，比表面积大，故引发界面效应强烈。在这种油藏中，当油、气、水、化学注剂渗流时，在岩石-液体、岩石-原油-水-气-注剂系统中，所存在的多种相界面现象（界面张力、界面电荷、界面层黏度和润湿性等）起着非常大的作用。根据测量可知，相界面并不是一个简单的分界面，而是由一个相到另一个相的过渡层，通常称为表面相。它的性质与相邻的两个体相的性质不同，状态也不同，这种表面状态与体相内部状态的差异，用表（界）面自由能或表（界）面张力给出定量的热动力学描述。通过固液表面分子力作用强弱的测定认为低渗多孔介质中液体渗流具有非达西特征，其主要原因是固液表面分子的强烈作用。在同一低渗多孔介质中，固液表面的分子力越大，则启动压力梯度越高，在相同压力梯度下的流量越小；多孔介质的渗透率越低，则固液表面分子力对渗流的影响越大；当多孔介质渗透率增大到一定值以后，固体表面分子对渗流的影响可以忽略，渗流转变为达西型；随着压力梯度的逐渐增大，固液表面分子力对渗流的影响程度逐渐减小。

3）渗流中的物理过程和化学反应

外来流体进入油层产生的不良效应，其实质是外来流体与油藏流体或二者与岩石之间所产生的多种物理过程和化学反应的结果，导致孔隙度减小，渗透率降低。外来的液体或固体侵入油层，与油层中的黏土或其他敏感性矿物（组分）发生物理、化学作用，使油层的岩石结构、表面性质、矿物成分及性质、液体相态发生变化，改变了储层的孔隙度、渗透率、油水饱和度及润湿性等物理参数，从而降低了流体的渗流能力。就物理过程和化学反应来讲，归纳起来有以下几个方面：

（1）晶格膨胀，外来液体中的水分子引起油层中黏土矿物的水化膨胀，减小孔喉体积以至堵死孔喉；

（2）微粒运移，外来液体中的固相颗粒和油层中原有的地层微粒将油气的渗滤孔道直接堵塞；

（3）化学沉淀，外来液体与储集层中的流体发生物理化学作用，造成化学沉淀，形成高黏度的乳化液，产生不溶解的盐类及其他如沥青或蜡之类的固体堵塞孔道；

（4）相渗透率的改变，外来液体侵入会造成油气层润湿性的改变，降低油气相渗透率，以至产生水锁。

需要强调的是，在钻开油层之前，储层内各相间处于热力学、水动力学、机械力学、化学等相对平衡状态。任何渗流的环境条件、化学成分的改变都将破坏这种平衡，发生相应的物理过程和化学反应，不仅如此，某些过程和反应具有两面性。如黏土矿物在与高盐度、pH 呈弱碱性和含有絮凝阳离子的地层盐水接触时，不发生膨胀，因而占据的孔隙空间小；而当地层水转变为浓度小的阳离子溶液，pH 呈酸性并含有分散型阳离子时，黏土矿物对这些因素的反应就会引起阳离子交换、膨胀、分散和定向水的增加，从而堵塞孔隙喉道，降低渗透率。

在低渗透油藏渗流环境下，含铝硅酸盐的黏土矿物表面电荷是可变的，它是由裸露在断口上的硅、铝离子和羟基中的氢离子及黏土矿物表面的化学变化和离子吸附而引起的。由于 Al 是一种两性元素，边缘裸露的 Al^{3+} 在不同条件下，Al_2O_3 水解的性质不同。在碱性介质中，表现为弱酸性，其水解方程式为

$$Al_2O_3+3H_2O \Longrightarrow 2H_2AlO^-+2H^+ \tag{4.32}$$

在酸性介质中，表现为弱碱性，其水解方程式为

$$Al_2O_3+3H_2O \Longrightarrow 2Al(OH)^{2+}+4(OH)^- \tag{4.33}$$

这就是说，在碱性介质中，黏土表面带负电；在酸性介质中，黏土表面带正电。因所带电荷不同，故由离子交换引发的化学反应也不同。

综上所述，低渗透孔隙中黏土矿物的分布，使孔隙通道成为一个复杂而且有巨大比表面积的高速反应场所，大大提高了孔隙表面的化学活性与外来流体反应速度。据双电层理论分析，黏土矿物动力学性质随着交换性阳离子的不同可发生明显的变化。在黏土矿物的阳离子交换点，可吸附有机物质达到晶体内部电荷的平衡。被吸附的有机质与黏土矿物结合构成一种有机黏土复合体，这种具有结构力学性能的有机复合体有许多新的性质。

在低渗透油藏内，石油中形成的空间结构的蜡晶粒和胶团，加之水驱条件下移动的微粒，通过分散介质可发生相互作用。流体中含的晶粒、胶团、微粒越多，微粒之间的液层

越薄，它们的相互作用越强烈，结构越牢固。室内实验证实：流体的表面活性物质在岩石颗粒的表面产生吸附作用，形成由稳定胶体溶液组成的吸附层，粘在孔隙喉道的壁上，或堵塞孔道，或使喉道减小。另外，组成黏土的薄晶片具有吸引水的极性分子的能力，当流体在黏土中渗流时，在孔壁上形成牢固的水化膜，同样会堵塞孔道。其次，页岩、泥岩等致密岩石对水中盐组分产生渗吸作用，也会使水中的盐被过滤而沉淀下来，堵塞喉道。孔道的堵塞，喉道减小，都可以使渗透率降低。

4.3　水驱油相对渗透率曲线特征

整理低渗透砂岩油藏油水两相相对渗透率曲线，确定主要的相对渗透率曲线类型，并进一步明确低渗透油藏相对渗透率曲线特征。

4.3.1　典型相对渗透率曲线

相对渗透率曲线形态分为 5 类，分别是水相上凹型、水相直线型、水相下凹型、水相上凸型和水相靠椅型。通过统计大庆油田 84 条水驱油藏相对渗透率曲线可知，油相相对渗透率曲线变化趋势基本一致，但下降速度不同，特别是当含水饱和度越大，油相相对渗透率曲线降低速度差异越明显，而水相相对渗透率形态具有明显差异，主要表现为水相上凹型和水相下凹型。因此，根据曲线的特征参数与曲线形态可以将其归纳成 3 大类（图 4.10）：①TYPE1，油相相对渗透率降低较快，水相呈上凹型；②TYPE2，油相相对渗透率降低缓慢，水相呈上凹型；③TYPE3，油相相对渗透率降低缓慢，水相呈下凹型。

水相上凹型为标准的油水相对渗透率曲线形态，在大多数油藏的样品中占的比例较大。大致分为两种形态，一种是束缚水饱和度较低，其油相相对渗透率曲线随着含油饱和度的增加而快速降低，而水相相对渗透率随含水饱和度增加而快速增大；另一种是束缚水饱和度较高，其油相相对渗透率在初期呈陡直下降，随着含水饱和度的增加，下降速度逐

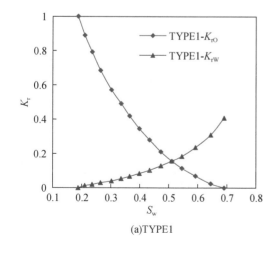

(a)TYPE1

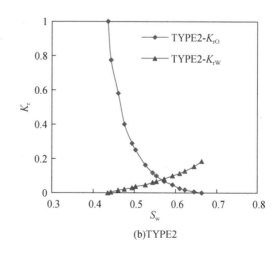

(b)TYPE2

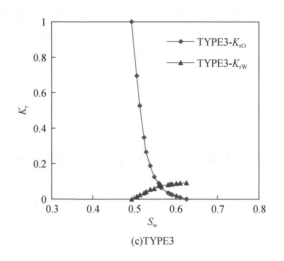

(c)TYPE3

图 4.10　三种典型相对渗透率曲线类型

渐减缓，而水相相对渗透率随含水饱和度增加而增大。在水相相对渗透率曲线上一般只有一个拐点，在残余油处所对应的水相端点相对渗透率较高。这种曲线形态反映孔隙结构一般不发生较大的变化，储集层黏土含量较低且不易膨胀，孔隙度与渗透率相对较高，水相相对渗透率随含水饱和度增加而增加的主要原因是与流动流体相的连续性等有关。

　　水相下凹型的油相相对渗透率曲线形态与水相上凹型的第二类大致相似，但下降更加陡直，水相相对渗透率曲线明显向下凹，一般有一个拐点，有时也会出现两个拐点。在高含水饱和度端水相相对渗透率增加幅度越来越小，其曲线趋于平缓。在残余油处所对应的水相最终端点相对渗透率达到最大值，绝对值较低。这种曲线其形成机理主要是由于储集层孔隙度与渗透率较低，黏土矿物含量较高并且具有较强的敏感性，主要是盐（水）敏性，黏土遇低矿化度的水而膨胀，堵塞喉道，流动阻力增大，从而使水相相对渗透率随着含水饱和度增加而增大的幅度越来越小。

4.3.2　相对渗透率曲线特征

　　编制油田开发方案、分析和预测油藏驱替动态时，油-水相对渗透率曲线是不可缺少的实验资料。目前，实验室测定相对渗透率曲线的方法主要有两种：一种是稳态法，另一种是非稳态法。利用非稳态法的优点是测试时间短，仪器设备比较简单。但对于非均质性较严重、优先水湿或者具有混合润湿性的岩心，或油水黏度比很大时，用非稳态法难以得到可靠的相对渗透率曲线。特别是在某些化学驱实验条件下，动态非稳态驱替法的现有基本理论不再适应。而稳态法的稳定时间长，则有可能解决上述问题。

1. 实验流程和实验设备

　　稳态法测定油-水相对渗透率实验流程示意图如图 4.11 所示。

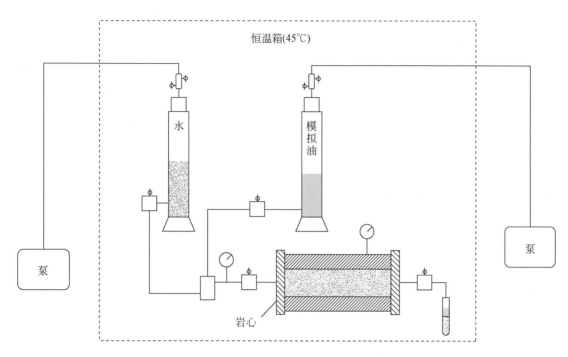

图 4.11　稳态法测定油-水相对渗透率实验流程示意图

实验设备：恒压恒速注入泵、恒温箱、活塞容器、岩心夹持器、压力传感器、围压装置、油水分离器、天平、游标卡尺。

2. 实验步骤

（1）利用三轴应力机将所取基质岩心压制成裂缝岩心。裂缝岩心的制作过程：先测出岩心的破裂压力，然后用一个固定的压力（小于破裂压力）进行实验，使岩心保持受压状态一段时间（一般为一周），从而把岩心压出所需的裂缝。改变压应力的大小，从而制造出不同裂缝渗透率的岩心。利用这些裂缝性岩心测定裂缝的相对渗透率曲线。

（2）建立束缚水饱和度，并测定束缚水状态下的油相渗透率。计算公式为

$$K_0(S_{Wi}) = \frac{q_0 \mu_0 L}{A(p_1 - p_2)} \times 10^{-1} \tag{4.34}$$

式中，$K_0(S_{Wi})$ 为束缚水饱和度状态下的油相有效渗透率，μm^2；q_0 为达到稳定状态后单位时间油的流量，mL/s；μ_0 为实验温度下油的黏度，$mPa \cdot s$；p_1 为进口端压力传感器读数，MPa；p_2 为出口端压力传感器读数，MPa。

（3）将油、水按设定的比例注入岩样，控制注入水速度，使裂缝中的流动压力不高于基岩的启动压力，保证注入水仅仅在裂缝中流动。在这一前提下，测得了裂缝油水相对渗透率。待流动稳定时，记录岩样进口、出口压力和油、水流量，计量油水分离器中的油、水量变化。

（4）改变油水注入比例（油水比一般为 20∶1、10∶1、5∶1、1∶1、1∶5、1∶10、0∶1 等），重复上述实验的测量步骤直至最后一个油水注入比结束实验。

（5）稳定的评判依据：注入不同油水流量比液体的过程中，每种比例的流体应至少达到 3 倍孔隙体积；出口端、入口端压力传感器读数差值保持稳定。

（6）油水相对渗透率及含水饱和度确定，使用物质平衡法确定含水饱和度，计算公式为

$$S_\mathrm{W} = S'_\mathrm{W} + \frac{\Delta V_i - V'}{V_\mathrm{P}} \times 100\% \tag{4.35}$$

式中，S'_W 为上一计量点的含水饱和度，%；ΔV_i 为第 i 种油水比与第 $i-1$ 种注水比下计量管内油的差值，cm^3；V' 为第 i 种油水比开始注入至稳定时注入的油量，cm^3。

（7）计算油水相对渗透率，计算公式为

$$K_\mathrm{W} = \frac{q_\mathrm{W} \mu_\mathrm{W} L}{A(p_1 - p_2)} \times 10^{-1} \tag{4.36}$$

$$K_\mathrm{O} = \frac{q_\mathrm{O} \mu_\mathrm{O} L}{A(p_1 - p_2)} \times 10^{-1} \tag{4.37}$$

$$K_\mathrm{rW} = \frac{K_\mathrm{W}}{K_\mathrm{O}(S_{\mathrm{W}i})} \tag{4.38}$$

$$K_\mathrm{rO} = \frac{K_\mathrm{O}}{K_\mathrm{O}(S_{\mathrm{W}i})} \tag{4.39}$$

式中，q_W 为达到稳定状态后水流量，$\mathrm{mL/s}$；K_W 为水相有效渗透率，$\mu\mathrm{m}^2$；K_rW 为水相相对渗透率，$\mu\mathrm{m}^2$；K_O 为油相有效渗透率，$\mu\mathrm{m}^2$；K_rO 为油相相对渗透率，$\mu\mathrm{m}^2$。

3. 实验结果

不同渗透率级别低渗透岩心油水相对渗透率曲线如图 4.12 所示，实验数据见表 4.4。从相对渗透率曲线形态上可以看出，当渗透率小于 $5 \times 10^{-3} \mu\mathrm{m}^2$ 时，相对渗透率曲线呈上凸型，当渗透率大于 $5 \times 10^{-3} \mu\mathrm{m}^2$ 时，相对渗透率曲线呈直线型或上凹型。

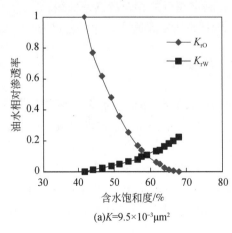
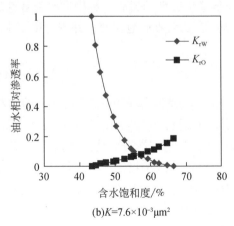

(a)$K=9.5\times10^{-3}\mu\mathrm{m}^2$ (b)$K=7.6\times10^{-3}\mu\mathrm{m}^2$

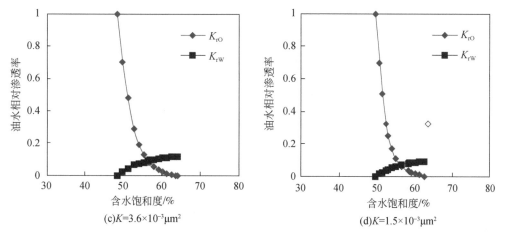

图 4.12　不同渗透率级别油水相对渗透率曲线

表 4.4　油水相对渗透率曲线特征

渗透率级别 /(10^{-3} μm²)	束缚相饱和度/%		两相跨度/%		共渗点/%	驱油效率/%	
	范围	平均值	范围	平均值	平均值	范围	平均值
$K\leqslant 2$	48.1~53.22	50.61	9.17~14.99	12.22	55.96	19.54~29.12	24.73
$2<K\leqslant 5$	44.73~46.64	45.79	16.90~19.81	18.26	55.82	31.42~36.23	33.68
$5<K\leqslant 10$	38.76~44.79	41.82	20.13~26.03	23.82	56.55	35.96~43.59	40.94
$10<K\leqslant 25$	37.02~40.80	40.13	26.27~30.98	27.02	59.27	44.38~49.18	45.14
$K>25$	34.03~37.02	35.52	30.98~35.18	33.08	59.54	49.18~53.33	51.26

通过资料整理，可以看出低渗透岩心油水相对渗透率曲线有如下特点。

（1）K_{rO}：油水两相渗流时，由于孔隙系统喉道的细小而贾敏效应增强，造成两相渗流阻力增加，随着含水饱和度的增加，该值急剧下降。

（2）K_{rW}：由于孔隙介质喉道的细小而引起贾敏效应增强，以及黏土膨胀等因素，该值一般总是处于很低的范围，为 0.1~0.2；渗透率小于 5×10^{-3} μm² 的岩心水相相对渗透率曲线在等渗点后呈上翘趋势，渗透率大于 5×10^{-3} μm² 的岩心水相相对渗透率曲线在等渗点后趋于平缓，这主要是由于渗流阻力增大导致产量减小，阻力增大的幅度越大，产量减小的幅度也就越大。

（3）束缚水饱和度高，原始含油饱和度低。随着渗透率的降低，各渗透率级别岩心束缚水饱和度逐渐增大，分别为 35.52%、40.13%、41.82%、45.79% 和 50.61%，均在 35%~51%，且储层岩心物性越差束缚水饱和度越高。

（4）两相共渗区范围窄，不同渗透率级别岩心两相渗流区间分别为 35.52%~68.60%、40.13%~67.15%、41.82%~65.64%、45.79%~64.05% 和 50.61%~62.83%，均在 35%~70%，且储层岩心物性越差两相共渗区范围越窄。

（5）残余油饱和度高，各渗透率级别岩心残余油饱和度为 30%~40%。

出现以上现象的原因在于特低渗透储层的敏感性（水敏、酸敏、盐敏、碱敏、速敏）

及应力敏感性均较强，油层渗透率的下降具有不可逆转性。

4.4　微乳液驱油两相渗流特征

大庆油田低渗透油藏表面活性剂驱实验表明表面活性剂注入地层与原油发生乳化现象后，能够降低启动压力，因此，为了确定微乳液驱对渗流特征的影响，需要进一步开展低渗透岩心两相渗流特征实验。

4.4.1　微乳液驱启动压力梯度测定

应用微流量仪测定不同渗透率岩心、不同微乳液体系组成的真实启动压力梯度，明确微乳液驱渗流特征。

1. 不同微乳液体系组成启动压力梯度特征

对于渗透率为 $6.69 \times 10^{-3} \, \mu m^2$ 的岩心，分别注入表面活性剂浓度为 0.5%、1.5%、2.5%、3.5% 的微乳液体系，测定不同表面活性剂浓度微乳液驱真实启动压力梯度，如图 4.13 所示，实验结果见表 4.5。

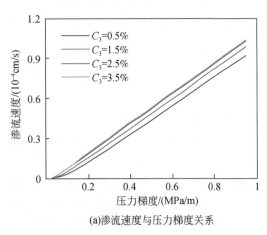
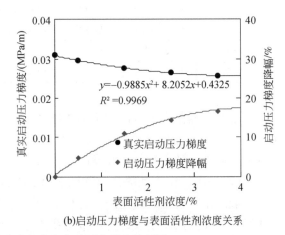

(a)渗流速度与压力梯度关系　　　　　(b)启动压力梯度与表面活性剂浓度关系

图 4.13　不同表面活性剂浓度微乳液驱真实启动压力梯度特征图

表 4.5　不同表面活性剂浓度微乳液驱真实启动压力梯度特征实验结果表

序号	岩心渗透率 /($10^{-3} \, \mu m^2$)	表面活性剂 浓度/%	压力梯度/(MPa/m)			真实启动压力 梯度降幅/%
			ξ_1	ξ_2	真实启动	
1		0	0.135	−0.104	0.031	—
2		0.5	0.114	−0.085	0.030	4.71
3	6.69	1.5	0.080	−0.052	0.028	10.90
4		2.5	0.056	−0.030	0.026	14.48
5		3.5	0.041	−0.015	0.026	16.71

随着表面活性剂浓度的增大，微乳液体系组成趋于最佳中相微乳液，界面张力降低，具有超低界面张力的驱替液更容易将原油与岩心表面剥离开，使原本附着岩心表面边界层处的剩余油发生移动。对于渗透率 6.69×10^{-3} μm^2 的岩心，水驱真实启动压力梯度为 $0.031MPa/m$，当表面活性剂浓度为 0.5% 时，真实启动压力梯度降低，为 $0.030MPa/m$，降幅仅为 4.71%，继续增加表面活性剂浓度，真实启动压力梯度进一步降低，当表面活性剂浓度达到 3.5% 时，真实启动压力梯度为 $0.026MPa/m$，与水驱相比，降幅达到 16.71%，继续增加表面活性剂浓度，降幅减缓，趋于稳定，微乳液驱降低启动压力梯度的能力逐渐减弱。

2. 不同渗透率级别微乳液驱启动压力梯度特征

对于表面活性剂浓度为 2.5% 的微乳液体系，分别注入渗透率为 $1 \times 10^{-3} \sim 40 \times 10^{-3}$ μm^2 的岩心，测定不同渗透率岩心微乳液驱真实启动压力梯度，如图 4.14 所示，实验结果见表 4.6。

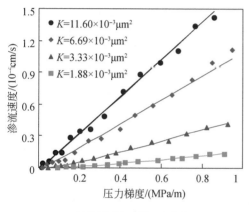

(a)渗流速度与驱替压力梯度关系　　　　　　(b)启动压力梯度与渗透率关系

图 4.14　微乳液驱启动压力梯度实验结果图

表 4.6　水驱与微乳液驱真实启动压力梯度对比

序号	渗透率 /(10^{-3} μm^2)	水驱			微乳液驱			启动压力梯度降幅 /%
		ξ_1 /(MPa/m)	ξ_2 /(MPa/m)	真实启动 /(MPa/m)	ξ_1 /(MPa/m)	ξ_2 /(MPa/m)	真实启动 /(MPa/m)	
1	1.34	1.388	−1.274	0.114	0.668	−0.563	0.105	8.15
2	1.88	0.983	−0.902	0.081	0.494	−0.421	0.073	9.86
3	2.73	0.754	−0.690	0.064	0.319	−0.263	0.056	11.19
4	3.33	0.568	−0.516	0.052	0.193	−0.147	0.046	12.06
5	6.69	0.147	−0.116	0.031	0.034	−0.007	0.027	13.03
6	7.26	0.115	−0.095	0.020	0.032	−0.014	0.017	14.27
7	11.60	0.078	−0.064	0.014	0.022	−0.010	0.012	15.69

序号	渗透率 /($10^{-3}\mu m^2$)	水驱			微乳液驱			启动压力梯度降幅 /%
		ξ_1 /(MPa/m)	ξ_2 /(MPa/m)	真实启动 /(MPa/m)	ξ_1 /(MPa/m)	ξ_2 /(MPa/m)	真实启动 /(MPa/m)	
8	12.06	0.044	−0.030	0.014	0.019	−0.007	0.012	17.33
9	15.87	0.035	−0.026	0.009	0.014	−0.007	0.007	19.55
10	20.15	0.024	−0.017	0.007	0.009	−0.004	0.005	22.47
11	27.81	0.015	−0.010	0.005	0.005	−0.002	0.004	27.71
12	39.22	0.009	−0.005	0.003	0.003	−0.001	0.002	35.52

　　微乳液驱压差流量数据与非线性渗流方程拟合较好,测定结果可信度较高。与相同压力梯度下水驱渗流速度相比,微乳液驱渗流速度略高,表明微乳液驱降低了油相渗流的阻力,使边界层处的原油更容易被驱替出来;与相同渗透率级别岩心水驱相比,微乳液驱真实启动压力梯度明显较低,降幅为 5% ~40%,对于低渗透油藏水驱开发具有降压增注的作用。

　　以渗透率为 $7.26\times10^{-3}\ \mu m^2$ 和 $6.69\times10^{-3}\ \mu m^2$ 的低渗透岩心为例,分别用地层水和表面活性剂浓度为 2.5% 的微乳液体系开展岩心试验,研究可流动渗透率与压力梯度的关系,如图 4.15 所示。

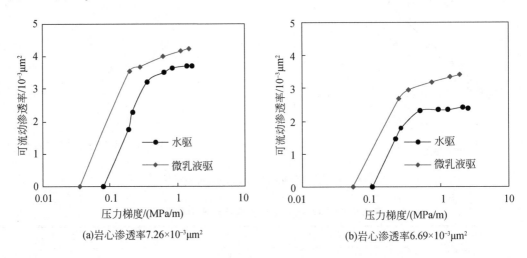

图 4.15　可流动渗透率与压力梯度变化曲线

　　实验结果表明,低渗透岩心可流动渗透率与中高渗透岩心相比具有本质差别,当驱替压力小于启动压力时,低渗透岩心可流动渗透率为0;当驱替压力略大于启动压力时,流体刚开始流动,可流动渗透率急剧增大;当压差增大到一定程度以后,可流动渗透率不再改变,此时可流动渗透率大小与压差无关;当可流动渗透率不再变化以后,根据微乳液驱计算得出的可流动渗透率值比水驱可流动渗透率值低约 20% ~30%。说明对于同一岩心,微乳液驱具有增加岩心渗透能力的作用,在低渗透岩心微乳液驱油实验时表现为微乳液驱显著降低水驱压力,具有降低启动压力梯度和驱替压力的作用。

4.4.2　微乳液驱油非达西渗流方程

根据低渗透油藏单相非线性渗流方程 [式（4.12）]，微乳液驱两相非线性渗流方程可以写为

$$v = \frac{K}{\mu} \big[\nabla p - D_p(K, C_s) \big] \tag{4.40}$$

$$D_p(K, C_s) = \xi_1(K, C_s) + \xi_2(K, C_s) \tag{4.41}$$

式中，D_p 为真实启动压力梯度。

根据图 4.14 中真实启动压力梯度和渗透率回归关系，可知真实启动压力梯度：

水驱：
$$D_p(K, C_s = 0) = 0.1573 \times K^{-0.961} \tag{4.42}$$

微乳液驱：
$$D_p(K, C_s = 3.5\%) = 0.1459 \times K^{-1.002} \tag{4.43}$$

$$D_p(K = 6.69 \times 10^{-3}\,\mu m^2, C_s) = (-0.9885 C_s^2 + 8.2052 C_s + 0.4325) \cdot D_p(K = 6.69 \times 10^{-3}\,\mu m^2, C_s = 0) \tag{4.44}$$

那么，考虑渗透率和表面活性剂浓度对真实启动压力梯度的影响，微乳液驱真实启动压力梯度可以表示为

$$D_p(K, C_s) = (A C_s^2 + B C_s + C) K^D \cdot D_p(K, C_s - 0) \tag{4.45}$$

同理，参数 c_1 和 $-c_2$ 与渗透率、表面活性剂浓度的关系亦可以用式（4.45）表示，根据 ξ_1 和 ξ_2 计算公式，得到考虑渗透率和表面活性剂浓度对真实启动压力梯度的影响，可以表示为

$$\xi_1 = 4c_1 + c_2 = (A_1 C_s^2 + B_1 C_s + C_1) K^{D_1} \cdot c_1(K, C_s = 0) \\ - (A_2 C_s^2 + B_2 C_s + C_2) K^{D_2} \cdot c_2(K, C_s = 0) \tag{4.46}$$

$$\xi_2 = c_1 = (A_1 C_s^2 + B_1 C_s + C_1) K^{D_1} \cdot c_1(K, C_s = 0) \tag{4.47}$$

非线性渗流参数与渗透率关系如图 4.16 所示，研究结果表明，微乳液驱能够降低边界层和流体屈服应力对非线性渗流的影响，具有降低低渗透油藏真实启动压力梯度的作用，主要体现在以下两个方面。

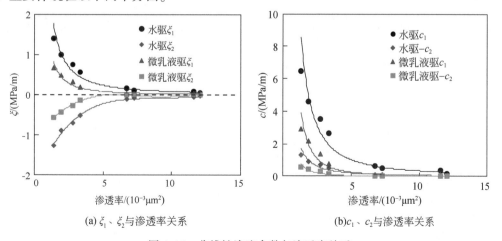

(a) ξ_1、ξ_2 与渗透率关系　　　　　(b) c_1、c_2 与渗透率关系

图 4.16　非线性渗流参数与渗透率关系

一方面，微乳液驱能够降低油水界面张力，使边界层残余油变成可动油，且使层厚度降低，如图 4.17 所示。低渗透岩心孔隙内壁的胶结物对流体产生很强吸附作用，形成的边界层极大地增加了流体流动阻力，只有当驱替压差达到一定值以后，才能克服流体与孔隙表面的黏附力，继而参与流动。注入微乳液后，部分表面活性剂分子吸附在油水界面和岩石表面上，表面活性剂具有降低界面张力的作用，对原油具有较强的乳化能力，在水油两相流动剪切的条件下，能迅速将岩石表面的原油分散、剥离，原油分散在表面活性剂中，形成 O/W 型乳状液，油滴分散成粒径更小的乳化油滴，更容易被水相夹带运移，大幅度降低了固-液界面张力，减小了边界层流体流动的渗流阻力，使细小孔隙中的流体在较小的驱替压差下就可以克服黏附力而参与流动；形成的乳化油滴遇到狭小喉道时，油滴发生变形并诱发贾敏效应，此时产生一个附加的阻力，且油水界面张力越大，这个附加阻力也就越大，随着微乳液体系注入，油水界面张力降低，油滴容易变形，削弱了贾敏效应产生的附加阻力，增加油相的相对渗透率，使残余油变为可动油。同时，由于离子型表面活性剂在油滴表面吸附而使油滴带有电荷，提高了油滴的电荷密度，增加了油滴与岩石表面间的静电斥力，从而使油滴不易重新粘回到岩石表面，而是易被驱替介质带走，从而起到提高渗流能力、降压增注的效果。

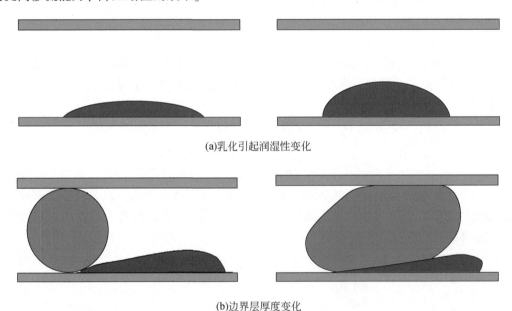

(a)乳化引起润湿性变化

(b)边界层厚度变化

图 4.17　微乳液驱对边界层的影响

另一方面，微乳液驱能够改变原油的流变性，降低流体屈服应力，如图 4.18 所示。原油中含有胶质、沥青质、石蜡等高分子化合物易形成空间网状结构，从而具有非牛顿流体的性质。流体又具有屈服应力，其黏度随剪切应力而变化。在原油流动时这种结构部分被破坏，破坏程度与流动速度有关；当原油静止时，恢复网状结构，重新流动时黏度很大，原油的这种非牛顿性质直接影响低渗透油藏非线性渗流特征。而微乳液驱油时，部分表面活性剂分子溶入油中，吸附在原油质点上，可以增强其溶剂化外壳的牢固性，减弱质点间的相互作用，削弱原油中大分子的网状结构，从而改变原油的流变性，降低原油黏度和极限动剪切应力，继而减弱微乳液驱非线性渗流特征。

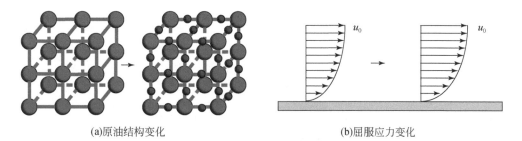

(a)原油结构变化　　　　　　　　　　　　　　(b)屈服应力变化

图 4.18　微乳液驱对流体屈服应力的影响

4.5　微乳液驱油相对渗透率曲线特征

相对渗透率曲线测定方法主要有两种，与非稳态法相比，稳态法虽然耗时较长，但具有技术成熟度高、可信度高、岩心适用性范围更广、岩心内含水饱和度分布更均匀等优点，因此，本书采用稳态法开展微乳液驱油相对渗透率曲线测定实验，具体实验步骤如下：①用模拟油驱替饱和模拟地层水的岩心，当采出端不再产水时，测定束缚水饱和度下的油相有效渗透率；②用微乳液驱替饱和模拟油的岩心，记录岩样两端压差、驱替速度、未见表时累产油量、见表时间、见表后的累产油量、累产液量等相关参数；③驱替至含油率低于 0.5% 时，测定残余油饱和度下的微乳液相有效渗透率；④数据处理，绘制微乳液驱油相对渗透率曲线。

4.5.1　残余相饱和度变化特征

传统的驱油机理认为，驱油效率是由宏观的黏滞的驱动压力与毛细管力的比值来决定的，即驱油效率（E_D）∝毛管数（N_c），毛管数越大，驱油效率越高，要提高驱油效率，必须增大毛管数的数量级。根据传统的驱油理论，界面张力越低，毛管数越大，当界面张力达到 10^{-3} mN/m 的超低界面张力，残余油饱和度降低，驱油效率大幅度增加，如图 4.19 所示。

根据目前的数值模拟研究方法，各相残余油饱和度可定义为毛管数的函数，已知低毛管数和高毛管数下的油相残余饱和度和水相残余饱和度，通过插值可获得任一毛管数下的残余饱和度。

$$S_{lr} = \min\left[S_l , S_{lr}^{\text{high}} + \frac{S_{lr}^{\text{low}} - S_{lr}^{\text{high}}}{1 + T_l N_{Tl}} \right] \quad l = \text{W、O、M} \tag{4.48}$$

$$N_n = \frac{\left| k \cdot \left[\nabla P_{l'} - g(\rho_{l'} - \rho_l) \nabla D \right] \right|}{\sigma_{ll'}} \tag{4.49}$$

式中，S_{lr} 为相 l 的残余饱和度；S_{lr}^{high}、S_{lr}^{low} 为高毛管数、低毛管数下的相 l 残余饱和度；∇D 为重力分离引起的压力梯度；T_l 为可调参数；N_{Tl} 为毛管数；k 为渗透率张量；$\nabla P_{l'}$ 为驱替

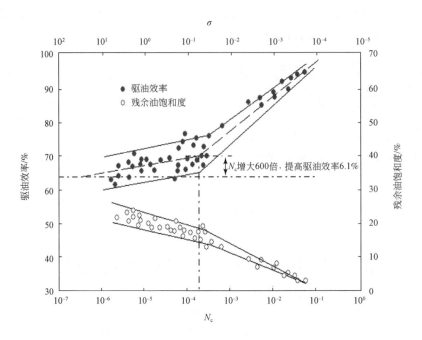

图 4.19　毛管数与驱油效率的关系（大庆天然岩心）（王德民等，2011）

相 l' 压力梯度；$\sigma_{ll'}$ 为驱替相 l' 与被驱替相 l 之间的界面张力。

根据微乳液形成条件，微乳液相饱和度参数可以通过油相饱和度和水相饱和度插值得到。当式（4.50）中 C_{2M} 项等于 0 时，微乳液相饱和度接近于 S_{Wr}；当式（4.50）中 C_{2M} 项等于 1 时，微乳液相饱和度接近于 S_{Or}，与实际规律相符。针对微乳液驱油过程中相态引起的界面张力变化，需要定义驱替相与被驱替相之间界面张力，当表面活性剂浓度低于临界胶束浓度（$C_3 - \bar{C}_3 <$ CMC）时，驱替相中不存在微乳液相，为活性水驱或胶束驱油过程，驱替相与被驱替相之间界面张力为油水界面张力 σ_{WO}，当表面活性剂浓度高于临界胶束浓度（$C_3 - \bar{C}_3 >$ CMC）时，驱替相中才可能存在微乳液相，驱油过程中存在两个界面张力。

$$S_{Mr}^{\Omega} = S_{Wr}^{\Omega} + C_{2M}(S_{Or}^{\Omega} - S_{Wr}^{\Omega}) \quad \Omega = \text{high、low} \tag{4.50}$$

$$\ln T_M = \ln T_W + C_{2M}(\ln T_O - \ln T_W) \tag{4.51}$$

$$\sigma_{ll'} = \begin{cases} \sigma_{MW} & l = W \\ \sigma_{MO} & l = O \\ \max(\sigma_{MW}, \sigma_{MO}) & l = M \quad l' = W、O \end{cases} \tag{4.52}$$

根据式（4.50）~式（4.52）能够获得水、油、微乳液相饱和度参数，然后计算驱油效率。对于中相微乳液驱油体系，由于驱油过程中存在两个界面张力，在实际计算时，式（4.49）中界面张力的数值由微乳液/油界面张力 σ_{MO} 和微乳液/水界面张力 σ_{MW} 中的最大值决定，见式（4.52），当 $\sigma_{MO} = \sigma_{MW}$ 时，为最佳中相微乳液，此时，界面张力达到最低，增溶参数相等。已进行的常规岩心驱油模拟实验结果表明，最佳中相微乳液驱油采收率几乎为 100%。

通过开展低渗透岩心水驱和微乳液驱油水相对渗透率实验，测定束缚相饱和度、残余油饱和度、两相跨度和驱油效率与渗透率的关系曲线，如图 4.20 所示，实验数据见表 4.7。

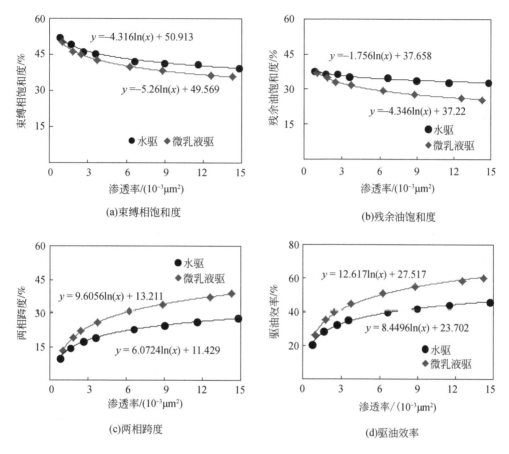

图 4.20　水驱/微乳液驱相饱和度和驱油效率与渗透率关系

表 4.7　水驱/微乳液驱相饱和度和驱油效率对比

渗透率级别 /(10⁻³μm²)	水驱					微乳液驱				
	渗透率 /(10⁻³μm²)	束缚相饱和度/%	残余油饱和度/%	油水两相跨度/%	驱油效率 /%	渗透率 /(10⁻³μm²)	束缚相饱和度/%	残余油饱和度/%	油水两相跨度/%	驱油效率 /%
$K \leqslant 2$	0.79	52.11	37.89	10.00	20.88	1.01	50.05	36.93	13.02	26.07
	1.64	49.11	36.46	14.43	28.36	1.81	46.02	34.99	18.99	35.18
$2<K \leqslant 5$	2.65	46.24	36.41	17.35	32.27	2.45	44.75	33.08	22.17	40.13
	3.58	45.34	35.49	19.17	35.07	3.74	42.41	31.69	25.90	44.97
$5<K \leqslant 10$	6.61	42.20	34.90	22.90	39.61	6.25	39.85	29.36	30.79	51.19
	8.95	41.44	33.82	24.74	42.24	8.81	38.15	27.80	34.06	55.06
$10<K \leqslant 25$	14.76	39.46	32.77	27.78	45.88	14.23	35.76	25.52	38.72	60.28
	22.34	37.51	32.20	30.29	48.47	23.55	32.95	23.49	43.56	64.96

渗透率级别 /$(10^{-3}\mu m^2)$	水驱					微乳液驱				
	渗透率 /$(10^{-3}\mu m^2)$	束缚相饱和度/%	残余油饱和度/%	油水两相跨度/%	驱油效率/%	渗透率 /$(10^{-3}\mu m^2)$	束缚相饱和度/%	残余油饱和度/%	油水两相跨度/%	驱油效率/%
$K>25$	28.68	36.43	31.76	31.81	50.04	29.24	31.81	22.55	45.64	66.93
	35.76	35.48	31.38	33.15	51.37	33.96	31.03	21.90	47.07	68.25

束缚相饱和度、残余油饱和度、油水两相跨度和驱油效率均与渗透率成较好的对数关系。其中，束缚相饱和度和残余油饱和度随渗透率的增大而减小，而油水两相跨度和驱油效率都随渗透率的增大而增大；与相同渗透率级别低渗透岩心水驱相对渗透率曲线相比，微乳液驱具有降低束缚相饱和度和残余油饱和度、增大油水两相跨度和驱油效率的作用，提高了低渗透油藏水驱油效率。当岩心渗透率由 $1.0\times10^{-3}\ \mu m^2$ 增大至 $40.0\times10^{-3}\ \mu m^2$ 时，微乳液驱束缚相饱和度降低 $1.49\sim4.61$ 个百分点，平均为 3.25 个百分点；残余油饱和度降低 $0.69\sim9.47$ 个百分点，平均为 5.58 个百分点；油水两相跨度增大 $3.02\sim13.92$ 个百分点，平均为 8.83 个百分点；驱油效率增大 $5.19\sim16.89$ 个百分点，平均为 11.88 个百分点。

4.5.2　相对渗透率曲线特征

相对渗透率模型是一个作为俘获数函数的 Corey 模型，假设各相相对渗透率是相饱和度的函数，表达形式如下：

$$K_{rl}=K_{rl}^0\cdot(S_{n_l})^{n_l} \tag{4.53}$$

其中

$$S_{nl}=\frac{S_l-S_{lr}}{1-\sum S_{lr}}\quad l=\text{W、O、M} \tag{4.54}$$

式中，K_{rl} 为 l 相的相对渗透率；K_{rl}^0 为 l 相相对渗透率曲线的端点值（最大值）；S_{nl} 为 l 相标准化相饱和度；n_l 为 l 相指数。

与微乳液相残余油饱和度插值方法相同，微乳液相相对渗透率、指数参数可以通过油相和水相参数插值得到：

$$\begin{cases} K_{rM}^{0,\Omega}=K_{rW}^{0,\Omega}+C_{2M}(K_{rO}^{0,\Omega}-K_{rW}^{0,\Omega}) \\ n_M^{\Omega}=n_W^{\Omega}+C_{2M}(n_O^{\Omega}-n_W^{\Omega}) \end{cases} \tag{4.55}$$

已知高毛管数和低毛管数的水、油、微乳液相相对渗透率曲线参数，对参数进行插值，可以获得任一毛管数下的相对渗透率参数：

$$\begin{cases} K_{rl}^0=K_{rl}^{0,\text{low}}+\left(\dfrac{S_{lr}^{\text{low}}-S_{lr}}{S_{lr}^{\text{low}}-S_{lr}^{\text{high}}}\right)\cdot(K_{rl}^{0,\text{high}}-K_{rl}^{0,\text{low}}) \\ n_l=n_l^{\text{low}}+\left(\dfrac{S_{lr}^{\text{low}}-S_{lr}}{S_{lr}^{\text{low}}-S_{lr}^{\text{high}}}\right)\cdot(n_l^{\text{high}}-n_l^{\text{low}}) \end{cases} \tag{4.56}$$

通过开展低渗透岩心水驱和微乳液驱油水相对渗透率测定实验，得出不同渗透率级别水驱和微乳液驱相对渗透率曲线，如图 4.21 所示，实验数据见表 4.8。当渗透率小于 $5\times 10^{-3}\,\mu m^2$ 时，相对渗透率曲线呈上凸型；当渗透率大于 $5\times 10^{-3}\,\mu m^2$ 时，相对渗透率曲线呈直线型或上凹型。

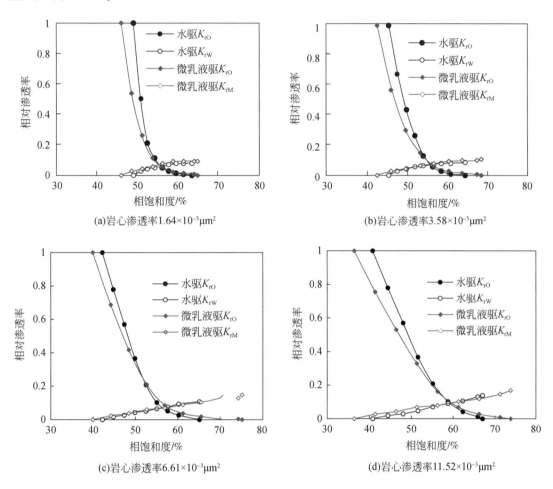

图 4.21　水驱和微乳液驱相对渗透率曲线

表 4.8　水驱/微乳液驱相渗曲线特征参数对比

渗透率级别 /($10^{-3}\,\mu m^2$)	驱替方式	束缚相饱和度/%	残余油饱和度/%	两相跨度/%	共渗点/%	共渗点相对渗透率/%	最大驱替相相对渗透率	驱油效率/%
$K\leqslant 2$	水驱	50.61	37.17	12.22	55.96	0.0548	0.0767	24.73
	微乳液驱	48.03	35.96	16.01	56.80	0.0417	0.0919	30.80
$2<K\leqslant 5$	水驱	45.79	35.95	18.26	55.82	0.0678	0.0798	33.68
	微乳液驱	43.58	32.39	24.03	57.14	0.0441	0.1005	42.60
$5<K\leqslant 10$	水驱	41.82	34.36	23.82	56.55	0.0732	0.1076	40.94
	微乳液驱	39.00	28.58	32.42	58.89	0.0632	0.1479	53.15

续表

渗透率级别 /(10⁻³ μm²)	驱替方式	束缚相饱和度/%	残余油饱和度/%	两相跨度/%	共渗点/%	共渗点相对渗透率	最大驱替相相对渗透率	驱油效率/%
10<K≤25	水驱	40.13	32.85	27.02	59.27	0.0939	0.1379	45.14
	微乳液驱	36.07	25.85	38.08	60.64	0.0804	0.1683	59.56
K>25	水驱	35.52	31.40	33.08	60.02	0.1121	0.1629	51.26
	微乳液驱	30.81	21.73	47.46	60.95	0.1006	0.1936	68.52

低渗透岩心水驱相渗的特征是束缚水和残余油饱和度较高，表现为弱亲水性，随着含水饱和度的增加，油相相对渗透率急剧下降，而水相相对渗透率抬升缓慢。束缚水饱和度一般为35%～50%，残余油饱和度一般为30%～40%，两高的特点造成了油、水两相共渗区范围较窄，可动油饱和度低，只有20%左右；等渗点含水饱和度在55%左右，大于50%，表现为弱亲水特性；残余油饱和度下的水相相对渗透率一般小于0.17，部分岩心的水相相对渗透率甚至不到0.1。

低渗透岩心微乳液驱相渗特征是束缚相和残余油饱和度降低、共渗点略有右移，随着相饱和度的增加，油相相对渗透率曲线抬高，残余油饱和度水相相对渗透率提高。微乳液驱后，束缚相饱和度一般为30%～48%，残余油饱和度一般为21%～36%，油、微乳液两相共渗区范围增大，为16.01%～47.46%。等渗点略有右移，说明岩石表面润湿性发生变化，亲水性增强；油相相对渗透率曲线明显抬高，残余油饱和度下的水相相对渗透率有了一定幅度的提高。微乳液体系的加入，既提高了驱替相和油相相对渗透率，改善岩石表面润湿性，增强油层吸水能力，又降低了界面张力和毛管阻力，增强对原油的乳化能力，采出程度得到提高。

综上所述，当微乳液体系注入地层后，一方面，表面活性剂与地层岩石及储层流体的相互作用，降低了油水界面的张力，改变了原油的乳化特性和岩石表面的润湿性，减小了油在地层表面的黏附力；另一方面，由于乳化油在向前移动中不易重新黏附回地层表面，且电离出的阴离子增加了油珠和地层岩石表面的静电斥力，使油珠易被驱替介质带走，提高了洗油效率。随着从地层表面洗下来的油越来越多，向前移动时可能会发生相互碰撞并形成油带，油带在向前移动时又不断将遇到的分散的油聚并进来，使油带不断扩大，最终实现微乳液驱提高低渗透油藏采收率的目的。

第5章 低渗透油层微乳液驱油数学模型及求解

以微乳液驱非线性渗流方程为基础，根据物质守恒原理，考虑驱油过程中相态变化和真实启动压力梯度变化，建立低渗透油藏三维三相六组分微乳液驱油数学模型，提出隐压显饱隐浓差分求解方法，并编制相应的数值模拟软件，对于指导低渗透油藏化学驱开发具有重要的理论意义和现实意义。

5.1 微乳液驱油数学模型

为模拟低渗透油藏微乳液驱油过程，以微乳液驱非线性渗流方程为基础，在准确描述微乳液驱油体系物化参数模型的基础上（杨承志，2007；王健，2008），建立考虑水相、油相和微乳液相三相共存的各组分运动方程和质量守恒方程。

5.1.1 假设条件

（1）孔隙介质为连续介质，连续流，渗流过程中无质量交换。

（2）油藏具有各向异性及非均质性。

（3）考虑三相渗流：油相、水相和微乳液相（下标 O、W 和 M）。

（4）考虑六个组分：水、油（重烃）、表面活性剂、助剂、无机盐和油（轻烃）（下标 1、2、3、4、5、6）。

（5）组分在各相中的混合不引起体积变化。

（6）考虑毛管压力及重力的影响和表面活性剂分子的吸附扩散。

（7）渗流过程为等温过程，不考虑能量交换。

（8）岩石和流体具有不可压缩性。

5.1.2 运动方程

根据微乳液渗流特征研究成果，流体在低渗透油藏多孔介质中的流动符合非线性渗流方程，通式为

$$
\begin{cases}
v = -\dfrac{k}{\mu}\left[\nabla p - D_{p}(k, C_{s})\right] \\
D_{p}(k, C_{s}) = (AC_{s}^{2} + BC_{s} + C)k^{D} \cdot D_{p}(k, C_{s} = 0)
\end{cases}
\tag{5.1}
$$

式中，μ 为流体黏度；A、B、C 为系数；$D_{p}(k, C_{s})$ 为真实启动压力梯度，与储层渗透率和表面活性剂浓度有关，MPa/m。

对于实际储层中的多相渗流，考虑重力的影响，水、油、微乳液相三维渗流时的非线性渗流方程见式（5.2）。式（5.2）中，当 $\dfrac{\mathrm{d}p}{\mathrm{d}x}\geq0$ 时，则真实启动压力梯度取"＋"号；当 $\dfrac{\mathrm{d}p}{\mathrm{d}x}<$ 0 时，则真实启动压力梯度取"－"号；当 $\dfrac{\mathrm{d}p}{\mathrm{d}x}-D_{px}(k_x,C_s)-\rho g\dfrac{\partial D}{\partial x}\leq0$ 时，则 $v_O=0$，$v_W=0$。

$$
\begin{cases}
v_{lx}=-\dfrac{k_x k_{rl}}{\mu}\left(\dfrac{\partial p_l}{\partial x}-\rho_l g\dfrac{\partial D}{\partial x}\pm D_{px}\right) \\[2mm]
v_{ly}=-\dfrac{k_y k_{rl}}{\mu}\left(\dfrac{\partial p_l}{\partial y}-\rho_l g\dfrac{\partial D}{\partial y}\pm D_{py}\right) \\[2mm]
v_{lz}=-\dfrac{k_z k_{rl}}{\mu}\left(\dfrac{\partial p_l}{\partial z}-\rho_l g\dfrac{\partial D}{\partial z}\pm D_{pz}\right)
\end{cases}
\tag{5.2}
$$

式中，D 为高度，由某一基准面算起的垂直方向上的高度，m；$l=O$、W、M，代表油相、水相和微乳液相；x、y、z 为各相流体流动的方向；v 为渗流速度，m/s；k 为绝对渗透率，μm^2；k_{rl} 为相对渗透率，无量纲；μ 为黏度，mPa·s；p 为相压力，MPa；ρ 为密度，kg/m^3。

5.1.3　质量守恒方程

表面活性剂溶液注入地层后，在多孔介质中发生各种物理化学反应，并进行驱替运移，为了更好地表征微乳液驱油过程中的物化现象，本研究选用组分模型模拟器研究 M 相 n 组分系统的等温非平衡态渗流过程，考虑到各组分的扩散和岩石表面的吸附，在第 l 相中第 k 组分的质量守恒方程如下（王国峰，2005）：

$$
\nabla\cdot\left[\varphi S_l D_{lk}\nabla(\rho_k C_{lk})\right]-\nabla\cdot(\rho_k v_l C_{lk})-\sum_{a=1}^{M}\eta_{alk}(\psi_{lk}-\psi_{ak})=\frac{\partial}{\partial t}(\varphi\rho_k S_l C_{lk}+\rho_k a_{lk})-\rho_k q_l C_{lk}
\tag{5.3}
$$

式中，q_l 为单位多孔介质体积中注入或采出的孔隙体积；φ 为孔隙度；S_l 为液相饱和度；D_{lk} 为液相中 k 组分的扩散系数；C_{lk} 为液相中 k 组分的质量分数；v_l 为液相的渗流速度；ρ_k 为 k 组分密度；t 为单位时间；η_{alk}、ψ_{lk}、ψ_{ak} 为化学动力项。

式（5.3）中除了各相流体对流扩散、黏度、饱和度、毛管力外，还需确定各相之间组分转移关系。通常来说，各组分扩散运动发生在接触面和邻近连续相间，任一组分从连续相中脱出的能力取决于化学势大小，组分由化学势高的相自发转移至化学势低的相，当二者化学势相等时接触面上达到局部相态平衡。由于流体在孔隙介质中渗流速度很小，可以假设地层条件相间物质交换的过程是平衡的，即化学势达到平衡所需的时间远小于相饱和度发生实质性变化所需的时间，油层中的任意位置均可建立相态平衡。根据上述假设条件，对表面活性剂微乳液驱油数学模型进行简化，忽略化学动力项，将考虑重力和阻力系数的运动方程［式（5.2）］代入质量守恒方程［式（5.3）］，逐相求和，得到 k 组分的质量守恒方程：

$$
\nabla\cdot\sum_{l=1}^{M}\left[\varphi S_l D_{lk}\nabla(\rho_k C_{lk})+\frac{\rho_l C_{lk}K K_{rl}}{\mu_l}(\nabla p_l-\rho_l g\nabla z\pm D_p)\right]=\frac{\partial}{\partial t}\sum_{l=1}^{M}(\varphi\rho_k S_l C_{lk}+\rho_k a_{lk})-\sum_{l=1}^{M}\rho_k q_l C_{lk}
\tag{5.4}
$$

式中，φ 为孔隙度，%；ρ_l 为 l 相的密度，kg/m³；μ_l 为 l 相的黏度，mPa·s；D_{lk} 为 l 相中 k 组分的扩散系数；S_l 为 l 相饱和度，%；C_{lk} 为 l 相中 k 组分的质量分数，%；K 为绝对渗透率，μm²；a_{lk} 为单位多孔介质体积中 l 相 k 组分被吸附的体积，m³；∇p_l 为 l 相的压力梯度项；∇z 为重力引起的压力梯度项；q_l 为单位多孔介质体积中注入或采出的孔隙体积，m³。

根据质量守恒方程，建立考虑水、油、微乳液三相渗流和 6 个组分（水、重烃、表面活性剂、助剂、盐和轻烃）的数学模型。根据各组分在各相中的分布，水相中不存在烃类组分，油相中只存在烃类，微乳液相中不存在重烃组分，忽略油、水组分对应的 D_{lk} 和 a_{lk}，对式（5.4）进行简化，得到各组分微乳液驱油数学模型，见式（5.5）～式（5.10）。

水组分：

$$\nabla \cdot \left[\frac{KK_{rW}}{\mu_W} \cdot \rho_W C_{W1} (\nabla p_W - \rho_W g\ \nabla z \pm D_p) + \frac{KK_{rM}}{\mu_M} \cdot \rho_M C_{M1} (\nabla p_M - \rho_M g\ \nabla z \pm D_p) \right]$$

$$= \frac{\partial}{\partial t} \varphi (\rho_W S_W C_{W1} + \rho_M S_M C_{M1}) - (\rho_W q_W C_{W1} + \rho_M q_M C_{M1}) \tag{5.5}$$

重烃组分：

$$\nabla \cdot \left[\frac{KK_{rO}}{\mu_O} \cdot \rho_O C_{O2} (\nabla p_O - \rho_O g\ \nabla z \pm D_p) \right] = \frac{\partial}{\partial t} (\varphi \rho_O S_O C_{O2}) - (\rho_O q_O C_{O2}) \tag{5.6}$$

轻烃组分：

$$\nabla \cdot \left[\frac{KK_{rO}}{\mu_O} \cdot \rho_O C_{O6} (\nabla p_O - \rho_O g\ \nabla z \pm D_p) + \frac{KK_{rM}}{\mu_M} \cdot \rho_M C_{M6} (\nabla p_M - \rho_M g\ \nabla z \pm D_p) \right]$$

$$= \frac{\partial}{\partial t} \varphi (\rho_O S_O C_{O6} + \rho_M S_M C_{M6}) - (\rho_O q_O C_{O6} + \rho_M q_M C_{M6}) \tag{5.7}$$

表面活性剂组分：

$$\nabla \left[\frac{KK_{rW}}{\mu_W} \cdot \rho_W C_{W3} (\nabla p_W - \rho_W g\ \nabla z \pm D_p) + \frac{KK_{rM}}{\mu_M} \cdot \rho_M C_{M3} (\nabla p_M - \rho_M g\ \nabla z \pm D_p) \right]$$

$$+ \nabla \cdot \left[\varphi S_W D_{W3} \nabla (\rho_3 C_{W3}) + \varphi S_M D_{M3} \nabla (\rho_3 C_{M3}) \right] \tag{5.8}$$

$$= \frac{\partial}{\partial t} \rho_3 (\varphi S_W C_{W3} + \varphi S_M C_{M3} + a_{W3} + a_{M3}) - \rho_3 (q_W C_{W3} + q_M C_{M3})$$

助剂组分：

$$\nabla \left[\frac{KK_{rW}}{\mu_W} \cdot \rho_W C_{W4} (\nabla p_W - \rho_W g\ \nabla z \pm D_p) + \frac{KK_{rM}}{\mu_M} \cdot \rho_M C_{M4} (\nabla p_M - \rho_M g\ \nabla z \pm D_p) \right]$$

$$+ \nabla \cdot \left[\varphi S_W D_{W4} \nabla (\rho_4 C_{W4}) + \varphi S_M D_{M4} \nabla (\rho_4 C_{M4}) \right] \tag{5.9}$$

$$= \frac{\partial}{\partial t} \rho_4 (\varphi S_W C_{W4} + \varphi S_M C_{M4} + a_{W4} + a_{M4}) - \rho_4 (q_W C_{W4} + q_M C_{M4})$$

盐组分：

$$\nabla\left[\frac{KK_{rW}}{\mu_W}\cdot\rho_W C_{W5}(\nabla p_W-\rho_W g\ \nabla z\pm D_p)+\frac{KK_{rM}}{\mu_M}\cdot\rho_M C_{M5}(\nabla p_M-\rho_M g\ \nabla z\pm D_p)\right]$$

$$+\nabla\cdot[\varphi S_W D_{W5}\nabla(\rho_5 C_{W5})+\varphi S_M D_{M5}\nabla(\rho_5 C_{M5})] \tag{5.10}$$

$$=\frac{\partial}{\partial t}\rho_5(\varphi S_W C_{W5}+\varphi S_M C_{M5}+a_{W5}+a_{M5})-\rho_5(q_W C_{W5}+q_M C_{M5})$$

5.2　边界条件及辅助方程

5.2.1　边界条件

模型的定解条件是模型进行求解的必要条件，分为初始条件和边界条件，初始条件描述油藏原始地层压力和初始饱和度，而边界条件表征油藏开采方式及油水井工作制度等。

1. 初始条件

初始条件即油层初始时刻油藏中各点的压力、饱和度分布，与时间无关，是位置 (x, y, z) 的函数。

$$\begin{cases}p(x,y,z,t)\mid_{t=0}=p_i(x,y,z)\\ S_O(x,y,z,t)\mid_{t=0}=S_{Oi}(x,y,z)\end{cases} \tag{5.11}$$

式中，p 为任一位置任一时间的地层压力；S_O 为任一位置任一时间的含油饱和度；p_i 为原始地层压力，MPa；S_{Oi} 为原始含油饱和度，%。

2. 边界条件

在数值模拟中，流入井筒的计算是模拟中影响到模拟精度的一个非常重要的问题，本书采用 Peaceman 的井模型来描述井底压力、含井网格块压力以及产量之间的关系，对于单相流，有如下的关系式：

$$P_{Wf}=P_O-\frac{q\mu}{2\pi(K_x K_y)^{0.5}\Delta z}\ln\frac{r_O}{r_W} \tag{5.12}$$

式中，r_O 为井块的等效半径；P_{Wf} 为油井底部流压；P_O 为含井网格块压力；q 为产量；K_x 为网格块 x 方向的渗透率；K_y 为网格块 y 方向的渗透率；r_W 为井半径；Δz 为 z 方向井点网格大小。

r_O 是井块的等效半径，一般情况下，考虑井块储层各向异性，对于均匀的长方形网格有

$$r_O=\frac{0.14[(K_y/K_x)^{0.5}\Delta x^2+(K_x/K_y)^{0.5}\Delta y^2]^{0.5}}{0.5[(K_y/K_x)^{0.25}+(K_x/K_y)^{0.25}]} \tag{5.13}$$

式（5.13）中对于各向同性及均匀网格的情况也可以取 $r_O=0.121\sqrt{\Delta x\cdot\Delta y}$。

采油指数为

$$\text{PID}=\frac{Kh}{\ln[r_O/r_W]+s} \tag{5.14}$$

式中，K 为单层绝对渗透率，$10^{-3}\ \mu m^2$；h 为单层厚度，m；Δx 为 x 方向井点网格大小，m；Δy 为 y 方向井点网格大小，m；r_W 为井半径，m；s 为表皮系数，无量纲。

在数值模拟计算过程中，对产量的处理主要分为两种情况，即定产量生产和定压力生产。

1）定产量生产

对于定产液量生产，给定单井的总产液量 Q_{VT}，生产层数为 N 层，则分层总流度及单相流度为

$$\lambda_{Tk} = \left(\frac{K_{rO}}{\mu_O B_O} + \frac{K_{rW}}{\mu_W B_W} + \frac{K_{rM}}{\mu_M B_M}\right)_k \tag{5.15}$$

$$\lambda_{lk} = \left(\frac{K_{rl}}{\mu_l B_l}\right)_k \tag{5.16}$$

式中，λ_{Tk} 为总流度；B_l 为相 l 的体积系数；λ_{lk} 为单相流度。

则单井中某一相的产量为

$$Q_l = \frac{1}{N} Q_{VT} \cdot \sum_{k=1}^{N} \frac{\lambda_{lk}}{\lambda_{Tk}} \tag{5.17}$$

式中：Q_{VT} 为单井的总产液量；N 为生产层数。

对于定产油量生产，给定单井的产油量 Q_O，生产层数为 N 层，则第 k 小层的产量为

$$Q_O(k) = Q_O \left(\frac{\mathrm{PID} \cdot k_{rO}}{B_O}\right)_k \bigg/ \sum_{k=1}^{N} \left(\frac{\mathrm{PID} \cdot h_{rO}}{B_O}\right)_k \tag{5.18}$$

$$Q_W(k) = Q_O(k) \left(\frac{k_{rW} B_W}{\mu_W}\right)_k \bigg/ \left(\frac{k_{rO} B_O}{\mu_O}\right)_k \tag{5.19}$$

$$Q_M(k) = Q_O(k) \left(\frac{k_{rM} B_M}{\mu_M}\right)_k \bigg/ \left(\frac{k_{rO} B_O}{\mu_O}\right)_k \tag{5.20}$$

式中，$Q_O(k)$ 为第 k 小层单井产油量；$Q_W(k)$ 为第 k 小层单井产水量；$Q_M(k)$ 为第 k 小层单井产微乳液相量。

对于注水井，定注入量 Q_M，则第 k 层的注入量为

$$Q_M(k) = Q_M \cdot \mathrm{PID}_k \lambda_{Tk} \bigg/ \sum_{k=1}^{N} (\mathrm{PID}_k \cdot \lambda_{Tk}) \tag{5.21}$$

2）定井底流压生产

对于生产井，其产量如下：

$$Q_O(k) = \mathrm{PID}_k \left(\frac{k_{rO}}{B_O \mu_O}\right)_k (P_k - P_{Wfk}) \tag{5.22}$$

$$Q_W(k) = Q_O(k) \left(\frac{k_{rW}}{\mu_W B_W}\right)_k \bigg/ \left(\frac{k_{rO}}{B_O \mu_O}\right)_k \tag{5.23}$$

$$Q_M(k) = Q_O(k) \left(\frac{k_{rM}}{\mu_M B_M}\right)_k \bigg/ \left(\frac{k_{rO}}{B_O \mu_O}\right)_k \tag{5.24}$$

对于注水井，其产量如下：

$$Q_W(k) = \mathrm{PID}_k \cdot \lambda_{Tk} (P_k - P_{Wfk}) / B_{Wk} \tag{5.25}$$

$$Q_M(k) = \mathrm{PID}_k \cdot \lambda_{Tk} (P_k - P_{Wfk}) / B_{Mk} \tag{5.26}$$

式中，$P_{\text{Wf}k}$ 为第 k 层油井底部流压。

5.2.2 辅助方程

微乳液相态、微乳液密度、微乳液黏度、表面活性剂吸附量、微乳液界面张力、相对渗透率曲线等物化参数计算方法在前面已论述，并给出辅助方程。

1. 饱和度方程

油藏孔隙完全被流体饱和，因此所有流体的饱和度之和等于 1。

$$S_{\text{W}} + S_{\text{O}} + S_{\text{M}} = 1 \tag{5.27}$$

式中，S_{O} 为含油饱和度；S_{W} 为含水饱和度；S_{M} 为含微乳液相饱和度。

2. 相浓度方程

每一种流体相中各组分的浓度之和应等于 1，对于水、油、微乳液相分别有

$$\begin{cases} \sum_{i=1}^{N} C_{i\text{W}} = 1 \\ \sum_{i=1}^{N} C_{i\text{O}} = 1 \\ \sum_{i=1}^{N} C_{i\text{M}} = 1 \end{cases} \tag{5.28}$$

3. 相平衡方程

根据各组分（水、重烃、表面活性剂、助剂、盐和轻烃）在水相、油相、微乳液相中的分布情况，考虑到水相中不存在烃类组分、油相中只存在烃类、微乳液相中不存在重烃组分，分析并确定各相中的主组分，见表 5.1，定义任一组分在水相、油相、微乳液相中的相平衡常数为质量分数的比值。

$$\begin{cases} k_{1\text{W}} = \dfrac{C_{\text{M1}}}{C_{\text{W1}}} & k_{1\text{O}} = \dfrac{C_{\text{O1}}}{C_{\text{W1}}} = 0 \\[2mm] k_{2\text{W}} = \dfrac{C_{\text{W2}}}{C_{\text{O2}}} = 0 & k_{2\text{O}} = \dfrac{C_{\text{M2}}}{C_{\text{O2}}} = 0 \\[2mm] k_{3\text{W}} = \dfrac{C_{\text{W3}}}{C_{\text{M3}}} & k_{3\text{O}} = \dfrac{C_{\text{O3}}}{C_{\text{M3}}} = 0 \\[2mm] k_{4\text{W}} = \dfrac{C_{\text{W4}}}{C_{\text{M4}}} & k_{4\text{O}} = \dfrac{C_{\text{O4}}}{C_{\text{M4}}} = 0 \\[2mm] k_{5\text{W}} = \dfrac{C_{\text{M5}}}{C_{\text{W5}}} & k_{5\text{O}} = \dfrac{C_{\text{O5}}}{C_{\text{W5}}} = 0 \\[2mm] k_{6\text{W}} = \dfrac{C_{\text{W6}}}{C_{\text{M6}}} = 0 & k_{6\text{O}} = \dfrac{C_{\text{O6}}}{C_{\text{M6}}} = 0 \end{cases} \tag{5.29}$$

表5.1 三相流体组分分布

序号	组分	水相	油相	微乳液相	主组分
1	水	√	×	√	C_{W1}
2	油（重烃）	×	√	×	C_{O2}
3	表面活性剂	√	×	√	C_{M3}
4	助剂	√	×	√	C_{M4}
5	盐	√	×	√	C_{W5}
6	油（轻烃）	×	√	√	C_{M6}

4. 毛管力方程

当油藏中存在水、油、微乳液三相时，毛管力关系如下：

$$\begin{cases} p_{cOM} = p_O - p_M \\ p_{cOW} = p_O - p_W \end{cases} \tag{5.30}$$

综合上述方程，对所建立的低渗透油藏微乳液驱油数学模型方程进行分析，见表5.2。

表5.2 微乳液驱油数学模型方程分析

序号	未知量	数目	未知量关系	数目
1	C_{Wi}	N	i 组分质量守恒方程	N
2	C_{Oi}	N	饱和度方程	1
3	C_{Mi}	N	相浓度方程	3
4	S_W、S_O、S_M	3	相平衡常数	$2N$
5	p_W、p_O、p_M	3	毛管力方程	2
合计		$3N+6$	合计	$3N+6$

根据所建立的低渗透油藏微乳液驱油数学模型，若油藏中有 N 种组分，那么方程中的未知量共有 $3N+6$ 个，分别是 C_{Wi}、C_{Oi}、C_{Mi}、S_W、S_O、S_M、p_W、p_O、p_M；辅助方程和质量守恒方程共有 $3N+6$ 个，即该数学模型封闭，可以对模型进行求解。

5.3 差 分 方 程

微乳液驱油数学模型描述了多孔介质内压力、饱和度随时间的变化，但这些数学模型中的偏微分方程一般是非线性的，因此用解析方法求解这类方程一般是不可能的，目前求解这类复杂的偏微分方程的通用方法是将方程及其定解条件离散化，然后采用有限差分方法进行求解。具体步骤如下：

（1）应用隐压显饱隐浓法求解差分方程组；

（2）将辅助方程代入质量守恒方程，消掉饱和度项，得到只含油相压力的线性方程组，采用 n 时间值隐式计算压力；

（3）将各相压力代入质量守恒方程，利用饱和度辅助方程显式计算各相饱和度；

（4）将各相压力和各相饱和度代入质量守恒方程，结合微乳液相态表征模型，隐式计算相中各组分浓度。

5.3.1　压力差分方程

采用块中心网格进行计算，对质量守恒方程差分，如式（5.31）所示：

$$\lambda_1 = \frac{KK_{rl}\rho_l}{\mu_l} \quad l = O、W、M \tag{5.31}$$

$$\beta_k = \varphi\rho_k S_l(C_f + C_{fl}) \tag{5.32}$$

式（5.4）左端项：

$$\nabla[\varphi S_l D_{lk} \nabla(\rho_k C_{lk})]$$

$$= \frac{\varphi}{\Delta x_i} \left[\begin{array}{l} D_{lk} \cdot S^n_{l,i+\frac{1}{2},j,k} \cdot \dfrac{\rho^n_{k,i+1,j,k}C^n_{lk,i+1,j,k} - \rho^n_{k,i,j,k}C^n_{lk,i,j,k}}{(\Delta x_i + \Delta x_{i+1})/2} \\ + D_{lk} \cdot S^n_{l,i-\frac{1}{2},j,k} \cdot \dfrac{\rho^n_{k,i,j,k}C^n_{lk,i,j,k} - \rho^n_{k,i-1,j,k}C^n_{lk,i-1,j,k}}{(\Delta x_i + \Delta x_{i-1})/2} \end{array} \right]$$

$$+ \frac{\varphi}{\Delta y_j} \left[\begin{array}{l} D_{lk} \cdot S^n_{l,i,j+\frac{1}{2},k} \cdot \dfrac{\rho^n_{k,i,j+1,k}C^n_{lk,i,j+1,k} - \rho^n_{k,i,j,k}C^n_{lk,i,j,k}}{(\Delta y_j + \Delta y_{j+1})/2} \\ + D_{lk} \cdot S^n_{l,i,j-\frac{1}{2},k} \cdot \dfrac{\rho^n_{k,i,j,k}C^n_{lk,i,j,k} - \rho^n_{k,i,j-1,k}C^n_{lk,i,j-1,k}}{(\Delta y_j + \Delta y_{j-1})/2} \end{array} \right] \tag{5.33}$$

$$+ \frac{\varphi}{\Delta z_k} \left[\begin{array}{l} D_{lk} \cdot S^n_{l,i,j,k+\frac{1}{2}} \cdot \dfrac{\rho^n_{k,i,j,k+1}C^n_{lk,i,j,k+1} - \rho^n_{k,i,j,k}C^n_{lk,i,j,k}}{(\Delta z_k + \Delta z_{k+1})/2} \\ + D_{lk} \cdot S^n_{l,i,j,k-\frac{1}{2}} \cdot \dfrac{\rho^n_{k,i,j,k}C^n_{lk,i,j,k} - \rho^n_{k,i,j,k-1}C^n_{lk,i,j,k-1}}{(\Delta z_k + \Delta z_{k-1})/2} \end{array} \right]$$

$$\nabla\left[\frac{\rho_l C_{lk} KK_{rl}}{\mu_l}(\nabla p_l - \rho_l g \nabla z \pm D_p) \right]$$

$$= \frac{1}{\Delta x_i} \left\{ \begin{array}{l} \lambda^n_{l,i+\frac{1}{2},j,k} \cdot C^n_{lk,i+\frac{1}{2},j,k} \cdot \left[\dfrac{p^{n+1}_{l,i+1,j,k} - p^{n+1}_{l,i,j,k}}{(\Delta x_i + \Delta x_{i+1})/2} \pm D^n_{p,i+\frac{1}{2},j,k} \right] \\ - \lambda^n_{l,i-\frac{1}{2},j,k} \cdot C^n_{lk,i-\frac{1}{2},j,k} \cdot \left[\dfrac{p^{n+1}_{l,i,j,k} - p^{n+1}_{l,i-1,j,k}}{(\Delta x_i + \Delta x_{i-1})/2} \pm D^n_{p,i-\frac{1}{2},j,k} \right] \end{array} \right\}$$

$$+ \frac{1}{\Delta y_j} \left\{ \begin{array}{l} \lambda^n_{l,i,j+\frac{1}{2},k} \cdot C^n_{lk,i,j+\frac{1}{2},k} \cdot \left[\dfrac{p^{n+1}_{l,i,j+1,k} - p^{n+1}_{l,i,j,k}}{(\Delta y_j + \Delta y_{j+1})/2} \pm D^n_{p,i,j+\frac{1}{2},k} \right] \\ - \lambda^n_{l,i,j-\frac{1}{2},k} \cdot C^n_{lk,i,j-\frac{1}{2},k} \cdot \left[\dfrac{p^{n+1}_{l,i,j,k} - p^{n+1}_{l,i,j-1,k}}{(\Delta y_j + \Delta y_{j-1})/2} \pm D^n_{p,i,j-\frac{1}{2},k} \right] \end{array} \right\} \tag{5.34}$$

$$+ \frac{1}{\Delta z_k} \left\{ \begin{array}{l} \lambda^n_{l,i,j,k+\frac{1}{2}} \cdot C^n_{lk,i,j,k+\frac{1}{2}} \cdot \left[\dfrac{p^{n+1}_{l,i,j,k+1} - p^{n+1}_{l,i,j,k}}{(\Delta z_k + \Delta z_{k+1})/2} \pm D^n_{p,i,j,k+\frac{1}{2}} - \rho_{l,i,j,k+\frac{1}{2}}g \right] \\ - \lambda^n_{l,i,j,k-\frac{1}{2}} \cdot C^n_{lk,i,j,k-\frac{1}{2}} \cdot \left[\dfrac{p^{n+1}_{l,i,j,k} - p^{n+1}_{l,i,j,k-1}}{(\Delta z_k + \Delta z_{k-1})/2} \pm D^n_{p,i,j,k-\frac{1}{2}} - \rho_{l,i,j,k-\frac{1}{2}}g \right] \end{array} \right\}$$

式（5.4）右端项：

$$\frac{\partial}{\partial t}(\varphi \rho_k S_l C_{lk} + \rho_k a_{lk}) - \rho_l q_l C_{lk}$$

$$= \left(\rho_k S_l C_{lk} \frac{\partial \varphi}{\partial t} + \varphi S_l C_{lk} \frac{\partial \rho_k}{\partial t} + \varphi \rho_k C_{lk} \frac{\partial S_l}{\partial t} + \varphi \rho_k S_l \frac{\partial C_{lk}}{\partial t} \right) + a_{lk} \cdot \frac{\partial \rho_k}{\partial t} - \rho_l q_l C_{lk}$$

$$= \left[\varphi \rho_k S_l (C_f + C_{fl}) + a_{lk} \rho_k C_{fl} C_{lk} \right] \frac{\partial p_l}{\partial t} + \varphi \rho_k C_{lk} \frac{\partial S_l}{\partial t} + \varphi \rho_k S_l \frac{\partial C_{lk}}{\partial t} - \rho_l q_l C_{lk}$$

$$= \left(C_{lk,i,j,k}^n \beta_{k,i,j,k}^n + a_{lk,i,j,k}^n \rho_{k,i,j,k}^n C_{fl,i,j,k}^n \right) \frac{p_{l,i,j,k}^{n+1} - p_{l,i,j,k}^n}{\Delta t^n} \tag{5.35}$$

$$+ \varphi \rho_{k,i,j,k}^n C_{lk,i,j,k}^n \frac{S_{l,i,j,k}^{n+1} - S_{l,i,j,k}^n}{\Delta t^n} + \varphi \rho_{k,i,j,k}^n S_{l,i,j,k}^n \frac{C_{lk,i,j,k}^n - C_{lk,i,j,k}^{n-1}}{\Delta t^n}$$

$$- \rho_{k,i,j,k}^n q_l C_{lk,i,j,k}^n$$

将式（5.33）～式（5.35）代入式（5.4）中，两边同时乘以 $\Delta V_{i,j,k} = \Delta x_i \Delta y_i \Delta z_k$，得到：

$$\sum_{l=1}^{m} \left[\begin{array}{l} \varphi S_{l,i+\frac{1}{2},j,k}^n \cdot \rho_{l,i+\frac{1}{2},j,k}^n \cdot D_{lk,i+\frac{1}{2},j,k}^n \cdot \dfrac{C_{lk,i+1,j,k}^n - C_{lk,i,j,k}^n}{(\Delta x_i + \Delta x_{i+1})/2} \\[3mm] -\varphi S_{l,i-\frac{1}{2},j,k}^n \cdot \rho_{l,i-\frac{1}{2},j,k}^n \cdot D_{lk,i-\frac{1}{2},j,k}^n \cdot \dfrac{C_{lk,i,j,k}^n - C_{lk,i-1,j,k}^n}{(\Delta x_i + \Delta x_{i-1})/2} \end{array} \right] \Delta y_j \Delta z_k$$

$$+ \sum_{l=1}^{m} \left[\begin{array}{l} \varphi S_{l,i,j+\frac{1}{2},k}^n \cdot \rho_{l,i,j+\frac{1}{2},k}^n \cdot D_{lk,i,j+\frac{1}{2},k}^n \cdot \dfrac{C_{lk,i,j+1,k}^n - C_{lk,i,j,k}^n}{(\Delta y_j + \Delta y_{j+1})/2} \\[3mm] -\varphi S_{l,i,j-\frac{1}{2},k}^n \cdot \rho_{l,i,j-\frac{1}{2},k}^n \cdot D_{lk,i,j-\frac{1}{2},k}^n \cdot \dfrac{C_{lk,i,j,k}^n - C_{lk,i,j-1,k}^n}{(\Delta y_j + \Delta y_{j-1})/2} \end{array} \right] \Delta x_i \Delta z_k$$

$$+ \sum_{l=1}^{m} \left[\begin{array}{l} \varphi S_{l,i,j,k+\frac{1}{2}}^n \cdot \rho_{l,i,j,k+\frac{1}{2}}^n \cdot D_{lk,i,j,k+\frac{1}{2}}^n \cdot \dfrac{C_{lk,i,j,k+1}^n - C_{lk,i,j,k}^n}{(\Delta z_k + \Delta z_{k+1})/2} \\[3mm] -\varphi S_{l,i,j,k-\frac{1}{2}}^n \cdot \rho_{l,i,j,k-\frac{1}{2}}^n \cdot D_{lk,i,j,k-\frac{1}{2}}^n \cdot \dfrac{C_{lk,i,j,k}^n - C_{lk,i,j,k-1}^n}{(\Delta z_k + \Delta z_{k-1})/2} \end{array} \right] \Delta x_i \Delta y_j$$

$$+ \sum_{l=1}^{m} \left\{ \begin{array}{l} \lambda_{l,i+\frac{1}{2},j,k}^n \cdot C_{lk,i+\frac{1}{2},j,k}^n \cdot \left[\dfrac{p_{l,i+1,j,k}^{n+1} - p_{l,i,j,k}^{n+1}}{(\Delta x_i + \Delta x_{i+1})/2} \pm D_{p,i+\frac{1}{2},j,k}^n \right] \\[3mm] -\lambda_{l,i-\frac{1}{2},j,k}^n \cdot C_{lk,i-\frac{1}{2},j,k}^n \cdot \left[\dfrac{p_{l,i,j,k}^{n+1} - p_{l,i-1,j,k}^{n+1}}{(\Delta x_i + \Delta x_{i-1})/2} \pm D_{p,i-\frac{1}{2},j,k}^n \right] \end{array} \right\} \Delta y_j \Delta z_k$$

$$+ \sum_{l=1}^{m} \left\{ \begin{array}{l} \lambda_{l,i,j+\frac{1}{2},k}^n \cdot C_{lk,i,j+\frac{1}{2},k}^n \cdot \left[\dfrac{p_{l,i,j+1,k}^{n+1} - p_{l,i,j,k}^{n+1}}{(\Delta y_j + \Delta y_{j+1})/2} \pm D_{p,i,j+\frac{1}{2},k}^n \right] \\[3mm] -\lambda_{l,i,j-\frac{1}{2},k}^n \cdot C_{lk,i,j-\frac{1}{2},k}^n \cdot \left[\dfrac{p_{l,i,j,k}^{n+1} - p_{l,i,j-1,k}^{n+1}}{(\Delta y_j + \Delta y_{j-1})/2} \pm D_{p,i,j-\frac{1}{2},k}^n \right] \end{array} \right\} \Delta x_i \Delta z_k$$

$$+ \sum_{l=1}^{m} \left\{ \begin{array}{l} \lambda_{l,i,j,k+\frac{1}{2}}^n \cdot C_{lk,i,j,k+\frac{1}{2}}^n \cdot \left[\dfrac{p_{l,i,j,k+1}^{n+1} - p_{l,i,j,k}^{n+1}}{(\Delta z_k + \Delta z_{k+1})/2} \pm D_{p,i,j,k+\frac{1}{2}}^n - \rho_{l,i,j,k+\frac{1}{2}} g \right] \\[3mm] -\lambda_{l,i,j,k-\frac{1}{2}}^n \cdot C_{lk,i,j,k-\frac{1}{2}}^n \cdot \left[\dfrac{p_{l,i,j,k}^{n+1} - p_{l,i,j,k-1}^{n+1}}{(\Delta z_k + \Delta z_{k-1})/2} \pm D_{p,i,j,k-\frac{1}{2}}^n - \rho_{l,i,j,k-\frac{1}{2}} g \right] \end{array} \right\} \Delta x_i \Delta y_j$$

$$
\begin{aligned}
&= \Delta V_{i,j,k} \sum_{k=1}^{n} \left[
\begin{array}{l}
(C_{lk,i,j,k}^{n}\beta_{k,i,j,k}^{n}+a_{lk,i,j,k}^{n}\rho_{k,i,j,k}^{n}C_{fl,i,j,k}^{n})\dfrac{p_{l,i,j,k}^{n+1}-p_{l,i,j,k}^{n}}{\Delta t^{n}} \\[2mm]
+\varphi\rho_{k,i,j,k}^{n}C_{lk,i,j,k}^{n}\dfrac{S_{l,i,j,k}^{n+1}-S_{l,i,j,k}^{n}}{\Delta t^{n}}+\varphi\rho_{k,i,j,k}^{n}S_{l,i,j,k}^{n}\dfrac{C_{lk,i,j,k}^{n}-C_{lk,i,j,k}^{n-1}}{\Delta t^{n}}
\end{array}
\right] \\[3mm]
&\quad -\Delta V_{i,j,k}\sum_{k=1}^{n}\rho_{k,i,j,k}^{n}q_{l}C_{lk,i,j,k}^{n}
\end{aligned}
\tag{5.36}
$$

根据式 (5.5)，以水相为研究对象，令

$$
\begin{cases}
\Delta x_{i+\frac{1}{2}}=\dfrac{1}{2}(\Delta x_{i}+\Delta x_{i+1}) \quad \Delta x_{i-\frac{1}{2}}=\dfrac{1}{2}(\Delta x_{i}+\Delta x_{i-1}) \\[2mm]
\Delta y_{j+\frac{1}{2}}=\dfrac{1}{2}(\Delta y_{j}+\Delta y_{j+1}) \quad \Delta y_{j-\frac{1}{2}}=\dfrac{1}{2}(\Delta y_{j}+\Delta y_{j-1}) \\[2mm]
\Delta z_{k+\frac{1}{2}}=\dfrac{1}{2}(\Delta z_{k}+\Delta z_{k+1}) \quad \Delta z_{k-\frac{1}{2}}=\dfrac{1}{2}(\Delta z_{k}+\Delta z_{k-1})
\end{cases}
\tag{5.37}
$$

式 (5.36) 变为

$$
\begin{aligned}
&\left\{
\begin{array}{l}
(p_{\text{W},i+1,j,k}^{n+1}-p_{\text{W},i,j,k}^{n+1}\pm\Delta x_{i+\frac{1}{2}}D_{\text{p},i+\frac{1}{2},j,k}^{n})\lambda_{\text{W},i+\frac{1}{2},j,k}^{n}\cdot C_{\text{W1},i+\frac{1}{2},j,k}^{n}\Delta y_{j}\Delta z_{k}/\Delta x_{i+\frac{1}{2}} \\[1mm]
-(p_{\text{W},i,j,k}^{n+1}-p_{\text{W},i-1,j,k}^{n+1}\pm\Delta x_{i-\frac{1}{2}}D_{\text{p},i-\frac{1}{2},j,k}^{n})\lambda_{\text{W},i-\frac{1}{2},j,k}^{n}\cdot C_{\text{W1},i-\frac{1}{2},j,k}^{n}\Delta y_{j}\Delta z_{k}/\Delta x_{i-\frac{1}{2}}
\end{array}
\right\} \\[2mm]
&+\left\{
\begin{array}{l}
(p_{\text{W},i,j+1,k}^{n+1}-p_{\text{W},i,j,k}^{n+1}\pm\Delta y_{j+\frac{1}{2}}D_{\text{p},i,j+\frac{1}{2},k}^{n})\lambda_{\text{W},i,j+\frac{1}{2},k}^{n}\cdot C_{\text{W1},i,j+\frac{1}{2},k}^{n}\Delta x_{i}\Delta z_{k}/\Delta y_{j+\frac{1}{2}} \\[1mm]
-(p_{\text{W},i,j,k}^{n+1}-p_{\text{W},i,j-1,k}^{n+1}\pm\Delta y_{j-\frac{1}{2}}D_{\text{p},i,j-\frac{1}{2},k}^{n})\lambda_{\text{W},i,j-\frac{1}{2},k}^{n}\cdot C_{\text{W1},i,j-\frac{1}{2},k}^{n}\Delta x_{i}\Delta z_{k}/\Delta y_{j-\frac{1}{2}}
\end{array}
\right\} \\[2mm]
&+\left\{
\begin{array}{l}
(p_{\text{W},i,j,k+1}^{n+1}-p_{\text{W},i,j,k}^{n+1}\pm\Delta z_{k+\frac{1}{2}}D_{\text{p},i,j,k+\frac{1}{2}}^{n})\lambda_{\text{W},i,j,k+\frac{1}{2}}^{n}\cdot C_{\text{W1},i,j,k+\frac{1}{2}}^{n}\Delta x_{i}\Delta y_{j}/\Delta z_{k+\frac{1}{2}} \\[1mm]
-(p_{\text{W},i,j,k}^{n+1}-p_{\text{W},i,j,k-1}^{n+1}\pm\Delta z_{k-\frac{1}{2}}D_{\text{p},i,j,k-\frac{1}{2}}^{n})\lambda_{\text{W},i,j,k-\frac{1}{2}}^{n}\cdot C_{\text{W1},i,j,k-\frac{1}{2}}^{n}\Delta x_{i}\Delta y_{j}/\Delta z_{k-\frac{1}{2}}
\end{array}
\right\} \\[2mm]
&+\left\{
\begin{array}{l}
(p_{\text{M},i+1,j,k}^{n+1}-p_{\text{M},i,j,k}^{n+1}\pm\Delta x_{i+\frac{1}{2}}D_{\text{p},i+\frac{1}{2},j,k}^{n})\lambda_{\text{M},i+\frac{1}{2},j,k}^{n}\cdot C_{\text{M1},i+\frac{1}{2},j,k}^{n}\Delta y_{j}\Delta z_{k}/\Delta x_{i+\frac{1}{2}} \\[1mm]
-(p_{\text{M},i,j,k}^{n+1}-p_{\text{M},i-1,j,k}^{n+1}\pm\Delta x_{i-\frac{1}{2}}D_{\text{p},i-\frac{1}{2},j,k}^{n})\lambda_{\text{M},i-\frac{1}{2},j,k}^{n}\cdot C_{\text{M1},i-\frac{1}{2},j,k}^{n}\Delta y_{j}\Delta z_{k}/\Delta x_{i-\frac{1}{2}}
\end{array}
\right\} \\[2mm]
&+\left\{
\begin{array}{l}
(p_{\text{M},i,j+1,k}^{n+1}-p_{\text{M},i,j,k}^{n+1}\pm\Delta y_{j+\frac{1}{2}}D_{\text{p},i,j+\frac{1}{2},k}^{n})\lambda_{\text{M},i,j+\frac{1}{2},k}^{n}\cdot C_{\text{M1},i,j+\frac{1}{2},k}^{n}\Delta x_{i}\Delta z_{k}/\Delta y_{j+\frac{1}{2}} \\[1mm]
-(p_{\text{M},i,j,k}^{n+1}-p_{\text{M},i,j-1,k}^{n+1}\pm\Delta y_{j-\frac{1}{2}}D_{\text{p},i,j-\frac{1}{2},k}^{n})\lambda_{\text{M},i,j-\frac{1}{2},k}^{n}\cdot C_{\text{M1},i,j-\frac{1}{2},k}^{n}\Delta x_{i}\Delta z_{k}/\Delta y_{j-\frac{1}{2}}
\end{array}
\right\} \\[2mm]
&+\left\{
\begin{array}{l}
(p_{\text{M},i,j,k+1}^{n+1}-p_{\text{M},i,j,k}^{n+1}\pm\Delta z_{k+\frac{1}{2}}D_{\text{p},i,j,k+\frac{1}{2}}^{n})\lambda_{\text{M},i,j,k+\frac{1}{2}}^{n}\cdot C_{\text{M1},i,j,k+\frac{1}{2}}^{n}\Delta x_{i}\Delta y_{j}/\Delta z_{k+\frac{1}{2}} \\[1mm]
-(p_{\text{M},i,j,k}^{n+1}-p_{\text{M},i,j,k-1}^{n+1}\pm\Delta z_{k-\frac{1}{2}}D_{\text{p},i,j,k-\frac{1}{2}}^{n})\lambda_{\text{M},i,j,k-\frac{1}{2}}^{n}\cdot C_{\text{M1},i,j,k-\frac{1}{2}}^{n}\Delta x_{i}\Delta y_{j}/\Delta z_{k-\frac{1}{2}}
\end{array}
\right\} \\[2mm]
&-\left(
\begin{array}{l}
\lambda_{\text{W},i,j,k+\frac{1}{2}}^{n}\cdot C_{\text{W1},i,j,k+\frac{1}{2}}^{n}\rho_{\text{W},i,j,k+\frac{1}{2}}g-\lambda_{\text{W},i,j,k-\frac{1}{2}}^{n}\cdot C_{\text{W1},i,j,k-\frac{1}{2}}^{n}\rho_{\text{W},i,j,k-\frac{1}{2}}g \\[1mm]
+\lambda_{\text{M},i,j,k+\frac{1}{2}}^{n}\cdot C_{\text{M1},i,j,k+\frac{1}{2}}^{n}\rho_{\text{M},i,j,k+\frac{1}{2}}g-\lambda_{\text{M},i,j,k-\frac{1}{2}}^{n}\cdot C_{\text{M1},i,j,k-\frac{1}{2}}^{n}\rho_{\text{M},i,j,k-\frac{1}{2}}g
\end{array}
\right)\Delta x_{i}\Delta y_{j} \\[2mm]
&= [C_{\text{W1},i,j,k}^{n}\beta_{1,i,j,k}^{n}(p_{\text{W},i,j,k}^{n+1}-p_{\text{W},i,j,k}^{n})+C_{\text{M1},i,j,k}^{n}\beta_{1,i,j,k}^{n}(p_{\text{M},i,j,k}^{n+1}-p_{\text{M},i,j,k}^{n})]\Delta V_{i,j,k}/\Delta t^{n} \\[2mm]
&\quad +\left[
\begin{array}{l}
C_{\text{W1},i,j,k}^{n}(S_{\text{W},i,j,k}^{n+1}-S_{\text{W},i,j,k}^{n})+S_{\text{W},i,j,k}^{n}(C_{\text{W1},i,j,k}^{n}-C_{\text{W1},i,j,k}^{n-1}) \\[1mm]
+C_{\text{M1},i,j,k}^{n}(S_{\text{M},i,j,k}^{n+1}-S_{\text{M},i,j,k}^{n})+S_{\text{M},i,j,k}^{n}(C_{\text{M1},i,j,k}^{n}-C_{\text{M1},i,j,k}^{n-1})
\end{array}
\right]\varphi\rho_{1,i,j,k}^{n}\Delta V_{i,j,k}/\Delta t^{n} \\[2mm]
&\quad -(\rho_{1,i,j,k}^{n}q_{\text{W}}C_{\text{W1},i,j,k}^{n}+\rho_{1,i,j,k}^{n}q_{\text{M}}C_{\text{M1},i,j,k}^{n})\Delta V_{i,j,k}
\end{aligned}
\tag{5.38}
$$

令

$$
\begin{cases}
T^n_{\mathrm{W}1,xi+\frac{1}{2}} = \lambda^n_{\mathrm{W},i+\frac{1}{2},j,k} \cdot C^n_{\mathrm{W}1,i+\frac{1}{2},j,k} \Delta y_j \Delta z_k / \Delta x_{i+\frac{1}{2}} \\[4pt]
T^n_{\mathrm{W}1,xi-\frac{1}{2}} = \lambda^n_{\mathrm{W},i-\frac{1}{2},j,k} \cdot C^n_{\mathrm{W}1,i-\frac{1}{2},j,k} \Delta y_j \Delta z_k / \Delta x_{i-\frac{1}{2}} \\[4pt]
T^n_{\mathrm{W}1,yj+\frac{1}{2}} = \lambda^n_{\mathrm{W},i,j+\frac{1}{2},k} \cdot C^n_{\mathrm{W}1,i,j+\frac{1}{2},k} \Delta x_i \Delta z_k / \Delta y_{j+\frac{1}{2}} \\[4pt]
T^n_{\mathrm{W}1,yj-\frac{1}{2}} = \lambda^n_{\mathrm{W},i,j-\frac{1}{2},k} \cdot C^n_{\mathrm{W}1,i,j-\frac{1}{2},k} \Delta x_i \Delta z_k / \Delta y_{j-\frac{1}{2}} \\[4pt]
T^n_{\mathrm{W}1,zk+\frac{1}{2}} = \lambda^n_{\mathrm{W},i,j,k+\frac{1}{2}} \cdot C^n_{\mathrm{W}1,i,j,k+\frac{1}{2}} \Delta x_i \Delta y_j / \Delta z_{k+\frac{1}{2}} \\[4pt]
T^n_{\mathrm{W}1,zk-\frac{1}{2}} = \lambda^n_{\mathrm{W},i,j,k-\frac{1}{2}} \cdot C^n_{\mathrm{W}1,i,j,k-\frac{1}{2}} \Delta x_i \Delta y_j / \Delta z_{k-\frac{1}{2}} \\[4pt]
TT^n_{\mathrm{W}1,zk+\frac{1}{2}} = \lambda^n_{\mathrm{W},i,j,k+\frac{1}{2}} \cdot C^n_{\mathrm{W}1,i,j,k+\frac{1}{2}} \rho_{\mathrm{W},i,j,k+\frac{1}{2}} g \Delta x_i \Delta y_j \\[4pt]
TT^n_{\mathrm{W}1,zk-\frac{1}{2}} = \lambda^n_{\mathrm{W},i,j,k-\frac{1}{2}} \cdot C^n_{\mathrm{W}1,i,j,k-\frac{1}{2}} \rho_{\mathrm{W},i,j,k-\frac{1}{2}} g \Delta x_i \Delta y_j \\[4pt]
T^n_{\mathrm{W}\beta1} = C^n_{\mathrm{W}1,i,j,k} \beta^n_{1,i,j,k} \Delta V_{i,j,k} / \Delta t^n \\[4pt]
T^n_{\mathrm{W}\varphi1} = \varphi \rho^n_{1,i,j,k} C^n_{\mathrm{W}1,i,j,k} \Delta V_{i,j,k} / \Delta t^n \\[4pt]
T^n_{\mathrm{Wc}1} = \varphi \rho^n_{1,i,j,k} (C^n_{\mathrm{W}1,i,j,k} - C^{n-1}_{\mathrm{W}1,i,j,k}) \Delta V_{i,j,k} / \Delta t^n \\[4pt]
Q^n_{\mathrm{W}1,i,j,k} = \rho^n_{1,i,j,k} q_{\mathrm{W}} \Delta V_{i,j,k}
\end{cases}
\tag{5.39}
$$

$$
\begin{cases}
T^n_{\mathrm{M}1,xi+\frac{1}{2}} = \lambda^n_{\mathrm{M},i+\frac{1}{2},j,k} \cdot C^n_{\mathrm{M}1,i+\frac{1}{2},j,k} \Delta y_j \Delta z_k / \Delta x_{i+\frac{1}{2}} \\[4pt]
T^n_{\mathrm{M}1,xi-\frac{1}{2}} = \lambda^n_{\mathrm{M},i-\frac{1}{2},j,k} \cdot C^n_{\mathrm{M}1,i-\frac{1}{2},j,k} \Delta y_j \Delta z_k / \Delta x_{i-\frac{1}{2}} \\[4pt]
T^n_{\mathrm{M}1,yj+\frac{1}{2}} = \lambda^n_{\mathrm{M},i,j+\frac{1}{2},k} \cdot C^n_{\mathrm{M}1,i,j+\frac{1}{2},k} \Delta x_i \Delta z_k / \Delta y_{j+\frac{1}{2}} \\[4pt]
T^n_{\mathrm{M}1,yj-\frac{1}{2}} = \lambda^n_{\mathrm{M},i,j-\frac{1}{2},k} \cdot C^n_{\mathrm{M}1,i,j-\frac{1}{2},k} \Delta x_i \Delta z_k / \Delta y_{j-\frac{1}{2}} \\[4pt]
T^n_{\mathrm{M}1,zk+\frac{1}{2}} = \lambda^n_{\mathrm{M},i,j,k+\frac{1}{2}} \cdot C^n_{\mathrm{M}1,i,j,k+\frac{1}{2}} \Delta x_i \Delta y_j / \Delta z_{k+\frac{1}{2}} \\[4pt]
T^n_{\mathrm{M}1,zk-\frac{1}{2}} = \lambda^n_{\mathrm{M},i,j,k-\frac{1}{2}} \cdot C^n_{\mathrm{M}1,i,j,k-\frac{1}{2}} \Delta x_i \Delta y_j / \Delta z_{k-\frac{1}{2}} \\[4pt]
TT^n_{\mathrm{M}1,zk+\frac{1}{2}} = \lambda^n_{\mathrm{M},i,j,k+\frac{1}{2}} \cdot C^n_{\mathrm{M}1,i,j,k+\frac{1}{2}} \rho_{\mathrm{M},i,j,k+\frac{1}{2}} g \Delta x_i \Delta y_j \\[4pt]
TT^n_{\mathrm{M}1,zk-\frac{1}{2}} = \lambda^n_{\mathrm{M},i,j,k-\frac{1}{2}} \cdot C^n_{\mathrm{M}1,i,j,k-\frac{1}{2}} \rho_{\mathrm{M},i,j,k-\frac{1}{2}} g \Delta x_i \Delta y_j \\[4pt]
T^n_{\mathrm{M}\beta1} = C^n_{\mathrm{M}1,i,j,k} \beta^n_{1,i,j,k} \Delta V_{i,j,k} / \Delta t^n \\[4pt]
T^n_{\mathrm{M}\varphi1} = \varphi \rho^n_{1,i,j,k} C^n_{\mathrm{M}1,i,j,k} \Delta V_{i,j,k} / \Delta t^n \\[4pt]
T^n_{\mathrm{Mc}1} = \varphi \rho^n_{1,i,j,k} (C^n_{\mathrm{M}1,i,j,k} - C^{n-1}_{\mathrm{M}1,i,j,k}) \Delta V_{i,j,k} / \Delta t^n \\[4pt]
Q^n_{\mathrm{M}1,i,j,k} = \rho^n_{1,i,j,k} q_{\mathrm{M}} C^n_{\mathrm{M}1,i,j,k}
\end{cases}
\tag{5.40}
$$

代入式（5.38）变为

$$T^n_{\mathrm{W1},xi+\frac{1}{2}}(p^{n+1}_{\mathrm{W},i+1,j,k}-p^{n+1}_{\mathrm{W},i,j,k}\pm\Delta x_{i+\frac{1}{2}}D^n_{\mathrm{p},i+\frac{1}{2},j,k})-T^n_{\mathrm{W1},xi-\frac{1}{2}}(p^{n+1}_{\mathrm{W},i,j,k}-p^{n+1}_{\mathrm{W},i-1,j,k}\pm\Delta x_{i-\frac{1}{2}}D^n_{\mathrm{p},i-\frac{1}{2},j,k})$$

$$+T^n_{\mathrm{W1},yj+\frac{1}{2}}(p^{n+1}_{\mathrm{W},i,j+1,k}-p^{n+1}_{\mathrm{W},i,j,k}\pm\Delta y_{j+\frac{1}{2}}D^n_{\mathrm{p},i,j+\frac{1}{2},k})-T^n_{\mathrm{W1},yj-\frac{1}{2}}(p^{n+1}_{\mathrm{W},i,j,k}-p^{n+1}_{\mathrm{W},i,j-1,k}\pm\Delta y_{j-\frac{1}{2}}D^n_{\mathrm{p},i,j-\frac{1}{2},k})$$

$$+T^n_{\mathrm{W1},zk+\frac{1}{2}}(p^{n+1}_{\mathrm{W},i,j,k+1}-p^{n+1}_{\mathrm{W},i,j,k}\pm\Delta z_{k+\frac{1}{2}}D^n_{\mathrm{p},i,j,k+\frac{1}{2}})-T^n_{\mathrm{W1},zk-\frac{1}{2}}(p^{n+1}_{\mathrm{W},i,j,k}-p^{n+1}_{\mathrm{W},i,j,k-1}\pm\Delta z_{k-\frac{1}{2}}D^n_{\mathrm{p},i,j,k-\frac{1}{2}})$$

$$+T^n_{\mathrm{M1},xi+\frac{1}{2}}(p^{n+1}_{\mathrm{M},i+1,j,k}-p^{n+1}_{\mathrm{M},i,j,k}\pm\Delta x_{i+\frac{1}{2}}D^n_{\mathrm{p},i+\frac{1}{2},j,k})-T^n_{\mathrm{M1},xi-\frac{1}{2}}(p^{n+1}_{\mathrm{M},i,j,k}-p^{n+1}_{\mathrm{M},i-1,j,k}\pm\Delta x_{i-\frac{1}{2}}D^n_{\mathrm{p},i-\frac{1}{2},j,k})$$

$$+T^n_{\mathrm{M1},yj+\frac{1}{2}}(p^{n+1}_{\mathrm{M},i,j+1,k}-p^{n+1}_{\mathrm{M},i,j,k}\pm\Delta y_{j+\frac{1}{2}}D^n_{\mathrm{p},i,j+\frac{1}{2},k})-T^n_{\mathrm{M1},yj-\frac{1}{2}}(p^{n+1}_{\mathrm{M},i,j,k}-p^{n+1}_{\mathrm{M},i,j-1,k}\pm\Delta y_{j-\frac{1}{2}}D^n_{\mathrm{p},i,j-\frac{1}{2},k}) \quad (5.41)$$

$$+T^n_{\mathrm{M1},zk+\frac{1}{2}}(p^{n+1}_{\mathrm{M},i,j,k+1}-p^{n+1}_{\mathrm{M},i,j,k}\pm\Delta z_{k+\frac{1}{2}}D^n_{\mathrm{p},i,j,k+\frac{1}{2}})-T^n_{\mathrm{M1},zk-\frac{1}{2}}(p^{n+1}_{\mathrm{M},i,j,k}-p^{n+1}_{\mathrm{M},i,j,k-1}\pm\Delta z_{k-\frac{1}{2}}D^n_{\mathrm{p},i,j,k-\frac{1}{2}})$$

$$-(TT^n_{\mathrm{W1},zk+\frac{1}{2}}-TT^n_{\mathrm{W1},zk-\frac{1}{2}}+TT^n_{\mathrm{M1},zk+\frac{1}{2}}-TT^n_{\mathrm{M1},zk-\frac{1}{2}})$$

$$=T^n_{\mathrm{W}\beta1}(p^{n+1}_{\mathrm{W},i,j,k}-p^n_{\mathrm{W},i,j,k})+T^n_{\mathrm{M}\beta1}(p^{n+1}_{\mathrm{M},i,j,k}-p^n_{\mathrm{M},i,j,k})-(Q^n_{\mathrm{W1},i,j,k}+Q^n_{\mathrm{M1},i,j,k})$$

$$+T^n_{\mathrm{W}\varphi1}S^{n+1}_{\mathrm{W},i,j,k}+T^n_{\mathrm{M}\varphi1}S^{n+1}_{\mathrm{M},i,j,k}+(T^n_{\mathrm{Wc1}}-T^n_{\mathrm{W}\varphi1})S^n_{\mathrm{W},i,j,k}+(T^n_{\mathrm{Mc1}}-T^n_{\mathrm{M}\varphi1})S^n_{\mathrm{M},i,j,k}$$

同理，令

$$\begin{cases}T^n_{\mathrm{O2},xi+\frac{1}{2}}=\lambda^n_{\mathrm{O},i+\frac{1}{2},j,k}\cdot C^n_{\mathrm{O2},i+\frac{1}{2},j,k}\Delta y_j\Delta z_k/\Delta x_{i+\frac{1}{2}}\\[2mm]
T^n_{\mathrm{O2},xi-\frac{1}{2}}=\lambda^n_{\mathrm{O},i-\frac{1}{2},j,k}\cdot C^n_{\mathrm{O2},i-\frac{1}{2},j,k}\Delta y_j\Delta z_k/\Delta x_{i-\frac{1}{2}}\\[2mm]
T^n_{\mathrm{O2},yj+\frac{1}{2}}=\lambda^n_{\mathrm{O},i,j+\frac{1}{2},k}\cdot C^n_{\mathrm{O2},i,j+\frac{1}{2},k}\Delta x_i\Delta z_k/\Delta y_{j+\frac{1}{2}}\\[2mm]
T^n_{\mathrm{O2},yj-\frac{1}{2}}=\lambda^n_{\mathrm{O},i,j-\frac{1}{2},k}\cdot C^n_{\mathrm{O2},i,j-\frac{1}{2},k}\Delta x_i\Delta z_k/\Delta y_{j-\frac{1}{2}}\\[2mm]
T^n_{\mathrm{O2},zk+\frac{1}{2}}=\lambda^n_{\mathrm{O},i,j,k+\frac{1}{2}}\cdot C^n_{\mathrm{O2},i,j,k+\frac{1}{2}}\Delta x_i\Delta y_j/\Delta z_{k+\frac{1}{2}}\\[2mm]
T^n_{\mathrm{O2},zk-\frac{1}{2}}=\lambda^n_{\mathrm{O},i,j,k-\frac{1}{2}}\cdot C^n_{\mathrm{O2},i,j,k-\frac{1}{2}}\Delta x_i\Delta y_j/\Delta z_{k-\frac{1}{2}}\\[2mm]
TT^n_{\mathrm{O2},zk+\frac{1}{2}}=\lambda^n_{\mathrm{O},i,j,k+\frac{1}{2}}\cdot C^n_{\mathrm{O2},i,j,k+\frac{1}{2}}\rho_{\mathrm{O},i,j,k+\frac{1}{2}}g\Delta x_i\Delta y_j\\[2mm]
TT^n_{\mathrm{O2},zk-\frac{1}{2}}=\lambda^n_{\mathrm{O},i,j,k-\frac{1}{2}}\cdot C^n_{\mathrm{O2},i,j,k-\frac{1}{2}}\rho_{\mathrm{O},i,j,k-\frac{1}{2}}g\Delta x_i\Delta y_j\\[2mm]
T^n_{\mathrm{O}\beta2}=C^n_{\mathrm{O2},i,j,k}\beta^n_{2,i,j,k}\Delta V_{i,j,k}/\Delta t^n\\[2mm]
T^n_{\mathrm{O}\varphi2}=\varphi\rho^n_{2,i,j,k}C^n_{\mathrm{O2},i,j,k}\Delta V_{i,j,k}/\Delta t^n\\[2mm]
T^n_{\mathrm{Oc2}}=\varphi\rho^n_{2,i,j,k}(C^n_{\mathrm{O2},i,j,k}-C^{n-1}_{\mathrm{O2},i,j,k})\Delta V_{i,j,k}/\Delta t^n\\[2mm]
Q^n_{\mathrm{O2},i,j,k}=\rho^n_{2,i,j,k}q_{\mathrm{O}}C^n_{\mathrm{O2},i,j,k}\end{cases}\quad(5.42)$$

$$
\begin{cases}
T^n_{O6,xi+\frac{1}{2}} = \lambda^n_{O,i+\frac{1}{2},j,k} \cdot C^n_{O6,i+\frac{1}{2},j,k} \Delta y_j \Delta z_k / \Delta x_{i+\frac{1}{2}} \\[4pt]
T^n_{O6,xi-\frac{1}{2}} = \lambda^n_{O,i-\frac{1}{2},j,k} \cdot C^n_{O6,i-\frac{1}{2},j,k} \Delta y_j \Delta z_k / \Delta x_{i-\frac{1}{2}} \\[4pt]
T^n_{O6,yj+\frac{1}{2}} = \lambda^n_{O,i,j+\frac{1}{2},k} \cdot C^n_{O6,i,j+\frac{1}{2},k} \Delta x_i \Delta z_k / \Delta y_{j+\frac{1}{2}} \\[4pt]
T^n_{O6,yj-\frac{1}{2}} = \lambda^n_{O,i,j-\frac{1}{2},k} \cdot C^n_{O6,i,j-\frac{1}{2},k} \Delta x_i \Delta z_k / \Delta y_{j-\frac{1}{2}} \\[4pt]
T^n_{O6,zk+\frac{1}{2}} = \lambda^n_{O,i,j,k+\frac{1}{2}} \cdot C^n_{O6,i,j,k+\frac{1}{2}} \Delta x_i \Delta y_j / \Delta z_{k+\frac{1}{2}} \\[4pt]
T^n_{O6,zk-\frac{1}{2}} = \lambda^n_{O,i,j,k-\frac{1}{2}} \cdot C^n_{O6,i,j,k-\frac{1}{2}} \Delta x_i \Delta y_j / \Delta z_{k-\frac{1}{2}} \\[4pt]
TT^n_{O6,zk+\frac{1}{2}} = \lambda^n_{O,i,j,k+\frac{1}{2}} \cdot C^n_{O6,i,j,k+\frac{1}{2}} \rho_{O,i,j,k+\frac{1}{2}} g \Delta x_i \Delta y_j \\[4pt]
TT^n_{O6,zk-\frac{1}{2}} = \lambda^n_{O,i,j,k-\frac{1}{2}} \cdot C^n_{O6,i,j,k-\frac{1}{2}} \rho_{O,i,j,k-\frac{1}{2}} g \Delta x_i \Delta y_j \\[4pt]
T^n_{O\beta6} = C^n_{O6,i,j,k} \beta^n_{6,i,j,k} \Delta V_{i,j,k} / \Delta t^n \\[4pt]
T^n_{O\varphi6} = \varphi \rho^n_{6,i,j,k} C^n_{O6,i,j,k} \Delta V_{i,j,k} / \Delta t^n \\[4pt]
T^n_{Oc6} = \varphi \rho^n_{6,i,j,k} (C^n_{O6,i,j,k} - C^{n-1}_{O6,i,j,k}) \Delta V_{i,j,k} / \Delta t^n \\[4pt]
Q^n_{O6,i,j,k} = \rho^n_{6,i,j,k} q_O C^n_{O6,i,j,k}
\end{cases}
\tag{5.43}
$$

$$
\begin{cases}
T^n_{M6,xi+\frac{1}{2}} = \lambda^n_{M,i+\frac{1}{2},j,k} \cdot C^n_{M6,i+\frac{1}{2},j,k} \Delta y_j \Delta z_k / \Delta x_{i+\frac{1}{2}} \\[4pt]
T^n_{M6,xi-\frac{1}{2}} = \lambda^n_{M,i-\frac{1}{2},j,k} \cdot C^n_{M6,i-\frac{1}{2},j,k} \Delta y_j \Delta z_k / \Delta x_{i-\frac{1}{2}} \\[4pt]
T^n_{M6,yj+\frac{1}{2}} = \lambda^n_{M,i,j+\frac{1}{2},k} \cdot C^n_{M6,i,j+\frac{1}{2},k} \Delta x_i \Delta z_k / \Delta y_{j+\frac{1}{2}} \\[4pt]
T^n_{M6,yj-\frac{1}{2}} = \lambda^n_{M,i,j-\frac{1}{2},k} \cdot C^n_{M6,i,j-\frac{1}{2},k} \Delta x_i \Delta z_k / \Delta y_{j-\frac{1}{2}} \\[4pt]
T^n_{M6,zk+\frac{1}{2}} = \lambda^n_{M,i,j,k+\frac{1}{2}} \cdot C^n_{M6,i,j,k+\frac{1}{2}} \Delta x_i \Delta y_j / \Delta z_{k+\frac{1}{2}} \\[4pt]
T^n_{M6,zk-\frac{1}{2}} = \lambda^n_{M,i,j,k-\frac{1}{2}} \cdot C^n_{M6,i,j,k-\frac{1}{2}} \Delta x_i \Delta y_j / \Delta z_{k-\frac{1}{2}} \\[4pt]
TT^n_{M6,zk+\frac{1}{2}} = \lambda^n_{M,i,j,k+\frac{1}{2}} \cdot C^n_{M6,i,j,k+\frac{1}{2}} \rho_{M,i,j,k+\frac{1}{2}} g \Delta x_i \Delta y_j \\[4pt]
TT^n_{M6,zk-\frac{1}{2}} = \lambda^n_{M,i,j,k-\frac{1}{2}} \cdot C^n_{M6,i,j,k-\frac{1}{2}} \rho_{M,i,j,k-\frac{1}{2}} g \Delta x_i \Delta y_j \\[4pt]
T^n_{M\beta6} = C^n_{M6,i,j,k} \beta^n_{6,i,j,k} \Delta V_{i,j,k} / \Delta t^n \\[4pt]
T^n_{M\varphi6} = \varphi \rho^n_{6,i,j,k} C^n_{M6,i,j,k} \Delta V_{i,j,k} / \Delta t^n \\[4pt]
T^n_{Mc6} = \varphi \rho^n_{6,i,j,k} (C^n_{M6,i,j,k} - C^{n-1}_{M6,i,j,k}) \Delta V_{i,j,k} / \Delta t^n \\[4pt]
Q^n_{M6,i,j,k} = \rho^n_{6,i,j,k} q_M C^n_{M6,i,j,k}
\end{cases}
\tag{5.44}
$$

重烃组分质量守恒公式（5.6）差分方程为

$$
\begin{aligned}
& T^n_{O2,xi+\frac{1}{2}}(p^{n+1}_{O,i+1,j,k} - p^{n+1}_{O,i,j,k} \pm \Delta x_{i+\frac{1}{2}} D^n_{p,i+\frac{1}{2},j,k}) - T^n_{O2,xi-\frac{1}{2}}(p^{n+1}_{O,i,j,k} - p^{n+1}_{O,i-1,j,k} \pm \Delta x_{i-\frac{1}{2}} D^n_{p,i-\frac{1}{2},j,k}) \\
& + T^n_{O2,yj+\frac{1}{2}}(p^{n+1}_{O,i,j+1,k} - p^{n+1}_{O,i,j,k} \pm \Delta y_{j+\frac{1}{2}} D^n_{p,i,j+\frac{1}{2},k}) - T^n_{O2,yj-\frac{1}{2}}(p^{n+1}_{O,i,j,k} - p^{n+1}_{O,i,j-1,k} \pm \Delta y_{j-\frac{1}{2}} D^n_{p,i,j-\frac{1}{2},k}) \\
& + T^n_{O2,zk+\frac{1}{2}}(p^{n+1}_{O,i,j,k+1} - p^{n+1}_{O,i,j,k} \pm \Delta z_{k+\frac{1}{2}} D^n_{p,i,j,k+\frac{1}{2}}) - T^n_{O2,zk-\frac{1}{2}}(p^{n+1}_{O,i,j,k} - p^{n+1}_{O,i,j,k-1} \pm \Delta z_{k-\frac{1}{2}} D^n_{p,i,j,k-\frac{1}{2}}) \\
& - (TT^n_{O2,zk+\frac{1}{2}} - TT^n_{O2,zk-\frac{1}{2}}) \\
& = T^n_{O\beta2}(p^{n+1}_{O,i,j,k} - p^n_{O,i,j,k}) - Q^n_{O2,i,j,k} + T^n_{O\varphi2} S^{n+1}_{O,i,j,k} + (T^n_{Oc2} - T^n_{O\varphi2}) S^n_{O,i,j,k}
\end{aligned}
\tag{5.45}
$$

轻烃组分质量守恒公式（5.7）差分方程为

$$T_{06,xi+\frac{1}{2}}^{n}(p_{0,i+1,j,k}^{n+1}-p_{0,i,j,k}^{n+1}\pm\Delta x_{i+\frac{1}{2}}D_{p,i+\frac{1}{2},j,k}^{n})-T_{06,xi-\frac{1}{2}}^{n}(p_{0,i,j,k}^{n+1}-p_{0,i-1,j,k}^{n+1}\pm\Delta x_{i-\frac{1}{2}}D_{p,i-\frac{1}{2},j,k}^{n})$$

$$+T_{06,yj+\frac{1}{2}}^{n}(p_{0,i,j+1,k}^{n+1}-p_{0,i,j,k}^{n+1}\pm\Delta y_{j+\frac{1}{2}}D_{p,i,j+\frac{1}{2},k}^{n})-T_{06,yj-\frac{1}{2}}^{n}(p_{0,i,j,k}^{n+1}-p_{0,i,j-1,k}^{n+1}\pm\Delta y_{j-\frac{1}{2}}D_{p,i,j-\frac{1}{2},k}^{n})$$

$$+T_{06,zk+\frac{1}{2}}^{n}(p_{0,i,j,k+1}^{n+1}-p_{0,i,j,k}^{n+1}\pm\Delta z_{k+\frac{1}{2}}D_{p,i,j,k+\frac{1}{2}}^{n})-T_{06,zk-\frac{1}{2}}^{n}(p_{0,i,j,k}^{n+1}-p_{0,i,j,k-1}^{n+1}\pm\Delta z_{k-\frac{1}{2}}D_{p,i,j,k-\frac{1}{2}}^{n})$$

$$+T_{M6,xi+\frac{1}{2}}^{n}(p_{M,i+1,j,k}^{n+1}-p_{M,i,j,k}^{n+1}\pm\Delta x_{i+\frac{1}{2}}D_{p,i+\frac{1}{2},j,k}^{n})-T_{M6,xi-\frac{1}{2}}^{n}(p_{M,i,j,k}^{n+1}-p_{M,i-1,j,k}^{n+1}\pm\Delta x_{i-\frac{1}{2}}D_{p,i-\frac{1}{2},j,k}^{n})$$

$$+T_{M6,yj+\frac{1}{2}}^{n}(p_{M,i,j+1,k}^{n+1}-p_{M,i,j,k}^{n+1}\pm\Delta y_{j+\frac{1}{2}}D_{p,i,j+\frac{1}{2},k}^{n})-T_{M6,yj-\frac{1}{2}}^{n}(p_{M,i,j,k}^{n+1}-p_{M,i,j-1,k}^{n+1}\pm\Delta y_{j-\frac{1}{2}}D_{p,i,j-\frac{1}{2},k}^{n}) \tag{5.46}$$

$$+T_{M6,zk+\frac{1}{2}}^{n}(p_{M,i,j,k+1}^{n+1}-p_{M,i,j,k}^{n+1}\pm\Delta z_{k+\frac{1}{2}}D_{p,i,j,k+\frac{1}{2}}^{n})-T_{M6,zk-\frac{1}{2}}^{n}(p_{M,i,j,k}^{n+1}-p_{M,i,j,k-1}^{n+1}\pm\Delta z_{k-\frac{1}{2}}D_{p,i,j,k-\frac{1}{2}}^{n})$$

$$-(TT_{06,zk+\frac{1}{2}}^{n}-TT_{06,zk-\frac{1}{2}}^{n}+TT_{M6,zk+\frac{1}{2}}^{n}-TT_{M6,zk-\frac{1}{2}}^{n})$$

$$=T_{0\beta6}^{n}(p_{0,i,j,k}^{n+1}-p_{0,i,j,k}^{n})+T_{M\beta6}^{n}(p_{M,i,j,k}^{n+1}-p_{M,i,j,k}^{n})-(Q_{06,i,j,k}^{n}+Q_{M6,i,j,k}^{n})$$

$$+T_{0\varphi6}^{n}S_{0,i,j,k}^{n+1}+T_{M\varphi6}^{n}S_{M,i,j,k}^{n+1}+(T_{0c6}^{n}-T_{0\varphi6}^{n})S_{0,i,j,k}^{n}+(T_{Mc6}^{n}-T_{M\varphi6}^{n})S_{M,i,j,k}^{n}$$

将式（5.45）两边同乘以 $T_{0\varphi6}^{n}$、式（5.46）两边同乘以 $T_{0\varphi2}^{n}$，消掉 $n+1$ 时刻含油饱和度项后，方程两端同除以 $T_{0\varphi2}^{n}$，得

$$\left(T_{06,xi+\frac{1}{2}}^{n}-\frac{T_{0\varphi6}^{n}}{T_{0\varphi2}^{n}}T_{02,xi+\frac{1}{2}}^{n}\right)(p_{0,i+1,j,k}^{n+1}-p_{0,i,j,k}^{n+1}\pm\Delta x_{i+\frac{1}{2}}D_{p,i+\frac{1}{2},j,k}^{n})$$

$$-\left(T_{06,xi-\frac{1}{2}}^{n}-\frac{T_{0\varphi6}^{n}}{T_{0\varphi2}^{n}}T_{02,xi-\frac{1}{2}}^{n}\right)(p_{0,i,j,k}^{n+1}-p_{0,i-1,j,k}^{n+1}\pm\Delta x_{i-\frac{1}{2}}D_{p,i-\frac{1}{2},j,k}^{n})$$

$$+\left(T_{06,yj+\frac{1}{2}}^{n}-\frac{T_{0\varphi6}^{n}}{T_{0\varphi2}^{n}}T_{02,yj+\frac{1}{2}}^{n}\right)(p_{0,i,j+1,k}^{n+1}-p_{0,i,j,k}^{n+1}\pm\Delta y_{j+\frac{1}{2}}D_{p,i,j+\frac{1}{2},k}^{n})$$

$$-\left(T_{06,yj-\frac{1}{2}}^{n}-\frac{T_{0\varphi6}^{n}}{T_{0\varphi2}^{n}}T_{02,yj-\frac{1}{2}}^{n}\right)(p_{0,i,j,k}^{n+1}-p_{0,i,j-1,k}^{n+1}\pm\Delta y_{j-\frac{1}{2}}D_{p,i,j-\frac{1}{2},k}^{n})$$

$$+\left(T_{06,zk+\frac{1}{2}}^{n}-\frac{T_{0\varphi6}^{n}}{T_{0\varphi2}^{n}}T_{02,zk+\frac{1}{2}}^{n}\right)(p_{0,i,j,k+1}^{n+1}-p_{0,i,j,k}^{n+1}\pm\Delta z_{k+\frac{1}{2}}D_{p,i,j,k+\frac{1}{2}}^{n})$$

$$-\left(T_{06,zk-\frac{1}{2}}^{n}-\frac{T_{0\varphi6}^{n}}{T_{0\varphi2}^{n}}T_{02,zk-\frac{1}{2}}^{n}\right)(p_{0,i,j,k}^{n+1}-p_{0,i,j,k-1}^{n+1}\pm\Delta z_{k-\frac{1}{2}}D_{p,i,j,k-\frac{1}{2}}^{n}) \tag{5.47}$$

$$+T_{M6,xi+\frac{1}{2}}^{n}(p_{M,i+1,j,k}^{n+1}-p_{M,i,j,k}^{n+1}\pm\Delta x_{i+\frac{1}{2}}D_{p,i+\frac{1}{2},j,k}^{n})-T_{M6,xi-\frac{1}{2}}^{n}(p_{M,i,j,k}^{n+1}-p_{M,i-1,j,k}^{n+1}\pm\Delta x_{i-\frac{1}{2}}D_{p,i-\frac{1}{2},j,k}^{n})$$

$$+T_{M6,yj+\frac{1}{2}}^{n}(p_{M,i,j+1,k}^{n+1}-p_{M,i,j,k}^{n+1}\pm\Delta y_{j+\frac{1}{2}}D_{p,i,j+\frac{1}{2},k}^{n})-T_{M6,yj-\frac{1}{2}}^{n}(p_{M,i,j,k}^{n+1}-p_{M,i,j-1,k}^{n+1}\pm\Delta y_{j-\frac{1}{2}}D_{p,i,j-\frac{1}{2},k}^{n})$$

$$+T_{M6,zk+\frac{1}{2}}^{n}(p_{M,i,j,k+1}^{n+1}-p_{M,i,j,k}^{n+1}\pm\Delta z_{k+\frac{1}{2}}D_{p,i,j,k+\frac{1}{2}}^{n})-T_{M6,zk-\frac{1}{2}}^{n}(p_{M,i,j,k}^{n+1}-p_{M,i,j,k-1}^{n+1}\pm\Delta z_{k-\frac{1}{2}}D_{p,i,j,k-\frac{1}{2}}^{n})$$

$$-(TT_{06,zk+\frac{1}{2}}^{n}-TT_{06,zk-\frac{1}{2}}^{n}+TT_{M6,zk+\frac{1}{2}}^{n}-TT_{M6,zk-\frac{1}{2}}^{n})+\frac{T_{0\varphi6}^{n}}{T_{0\varphi2}^{n}}(TT_{02,zk+\frac{1}{2}}^{n}-TT_{02,zk-\frac{1}{2}}^{n})$$

$$-\left(T_{0\beta6}^{n}-\frac{T_{0\varphi6}^{n}}{T_{0\varphi2}^{n}}T_{0\beta2}^{n}\right)(p_{0,i,j,k}^{n+1}-p_{0,i,j,k}^{n})-T_{M\beta6}^{n}(p_{M,i,j,k}^{n+1}-p_{M,i,j,k}^{n})-(T_{Mc6}^{n}-T_{M\varphi6}^{n})S_{M,i,j,k}^{n}$$

$$+\left[(Q_{06,i,j,k}^{n}+Q_{M6,i,j,k}^{n})-\frac{T_{0\varphi6}^{n}}{T_{0\varphi2}^{n}}Q_{02,i,j,k}^{n}\right]+\left[\frac{T_{0\varphi6}^{n}}{T_{0\varphi2}^{n}}(T_{0c2}^{n}-T_{0\varphi2}^{n})-(T_{0c6}^{n}-T_{0\varphi6}^{n})\right]S_{0,i,j,k}^{n}$$

$$=T_{M\varphi6}^{n}S_{M,i,j,k}^{n+1}$$

将式（5.41）两边同乘以 $T_{O\varphi2}^n$、式（5.45）两边同乘以 $T_{W\varphi1}^n$，消掉 $n+1$ 时刻含水饱和度、含油饱和度项后，方程两端同除以 $T_{O\varphi2}^n$，得到

$$T_{W1,xi+\frac{1}{2}}^n\left(p_{W,i+1,j,k}^{n+1}-p_{W,i,j,k}^{n+1}\pm\Delta x_{i+\frac{1}{2}}D_{p,i+\frac{1}{2},j,k}^n\right)-T_{W1,xi-\frac{1}{2}}^n\left(p_{W,i,j,k}^{n+1}-p_{W,i-1,j,k}^{n+1}\pm\Delta x_{i-\frac{1}{2}}D_{p,i-\frac{1}{2},j,k}^n\right)$$

$$+T_{W1,yj+\frac{1}{2}}^n\left(p_{W,i,j+1,k}^{n+1}-p_{W,i,j,k}^{n+1}\pm\Delta y_{j+\frac{1}{2}}D_{p,i,j+\frac{1}{2},k}^n\right)-T_{W1,yj-\frac{1}{2}}^n\left(p_{W,i,j,k}^{n+1}-p_{W,i,j-1,k}^{n+1}\pm\Delta y_{j-\frac{1}{2}}D_{p,i,j-\frac{1}{2},k}^n\right)$$

$$+T_{W1,zk+\frac{1}{2}}^n\left(p_{W,i,j,k+1}^{n+1}-p_{W,i,j,k}^{n+1}\pm\Delta z_{k+\frac{1}{2}}D_{p,i,j,k+\frac{1}{2}}^n\right)-T_{W1,zk-\frac{1}{2}}^n\left(p_{W,i,j,k}^{n+1}-p_{W,i,j,k-1}^{n+1}\pm\Delta z_{k-\frac{1}{2}}D_{p,i,j,k-\frac{1}{2}}^n\right)$$

$$+T_{M1,xi+\frac{1}{2}}^n\left(p_{M,i+1,j,k}^{n+1}-p_{M,i,j,k}^{n+1}\pm\Delta x_{i+\frac{1}{2}}D_{p,i+\frac{1}{2},j,k}^n\right)-T_{M1,xi-\frac{1}{2}}^n\left(p_{M,i,j,k}^{n+1}-p_{M,i-1,j,k}^{n+1}\pm\Delta x_{i-\frac{1}{2}}D_{p,i-\frac{1}{2},j,k}^n\right)$$

$$+T_{M1,yj+\frac{1}{2}}^n\left(p_{M,i,j+1,k}^{n+1}-p_{M,i,j,k}^{n+1}\pm\Delta y_{j+\frac{1}{2}}D_{p,i,j+\frac{1}{2},k}^n\right)-T_{M1,yj-\frac{1}{2}}^n\left(p_{M,i,j,k}^{n+1}-p_{M,i,j-1,k}^{n+1}\pm\Delta y_{j-\frac{1}{2}}D_{p,i,j-\frac{1}{2},k}^n\right)$$

$$+T_{M1,zk+\frac{1}{2}}^n\left(p_{M,i,j,k+1}^{n+1}-p_{M,i,j,k}^{n+1}\pm\Delta z_{k+\frac{1}{2}}D_{p,i,j,k+\frac{1}{2}}^n\right)-T_{M1,zk-\frac{1}{2}}^n\left(p_{M,i,j,k}^{n+1}-p_{M,i,j,k-1}^{n+1}\pm\Delta z_{k-\frac{1}{2}}D_{p,i,j,k-\frac{1}{2}}^n\right)$$

$$+\frac{T_{W\varphi1}^n}{T_{O\varphi2}^n}\begin{bmatrix}T_{O2,xi+\frac{1}{2}}^n\left(p_{O,i+1,j,k}^{n+1}-p_{O,i,j,k}^{n+1}\pm\Delta x_{i+\frac{1}{2}}D_{p,i+\frac{1}{2},j,k}^n\right)-T_{O2,xi-\frac{1}{2}}^n\left(p_{O,i,j,k}^{n+1}-p_{O,i-1,j,k}^{n+1}\pm\Delta x_{i-\frac{1}{2}}D_{p,i-\frac{1}{2},j,k}^n\right)\\+T_{O2,yj+\frac{1}{2}}^n\left(p_{O,i,j+1,k}^{n+1}-p_{O,i,j,k}^{n+1}\pm\Delta y_{j+\frac{1}{2}}D_{p,i,j+\frac{1}{2},k}^n\right)-T_{O2,yj-\frac{1}{2}}^n\left(p_{O,i,j,k}^{n+1}-p_{O,i,j-1,k}^{n+1}\pm\Delta y_{j-\frac{1}{2}}D_{p,i,j-\frac{1}{2},k}^n\right)\\+T_{O2,zk+\frac{1}{2}}^n\left(p_{O,i,j,k+1}^{n+1}-p_{O,i,j,k}^{n+1}\pm\Delta z_{k+\frac{1}{2}}D_{p,i,j,k+\frac{1}{2}}^n\right)-T_{O2,zk-\frac{1}{2}}^n\left(p_{O,i,j,k}^{n+1}-p_{O,i,j,k-1}^{n+1}\pm\Delta z_{k-\frac{1}{2}}D_{p,i,j,k-\frac{1}{2}}^n\right)\end{bmatrix}$$

$$-\left(TT_{W1,zk+\frac{1}{2}}^n-TT_{W1,zk-\frac{1}{2}}^n+TT_{M1,zk+\frac{1}{2}}^n-TT_{M1,zk-\frac{1}{2}}^n\right)-\frac{T_{W\varphi1}^n}{T_{O\varphi2}^n}\left(TT_{O2,zk+\frac{1}{2}}^n-TT_{O2,zk-\frac{1}{2}}^n\right)$$

$$-\begin{bmatrix}T_{W\beta1}^n\left(p_{W,i,j,k}^{n+1}-p_{W,i,j,k}^n\right)+T_{M\beta1}^n\left(p_{M,i,j,k}^{n+1}-p_{M,i,j,k}^n\right)\\-\left(Q_{W1,i,j,k}^n+Q_{M1,i,j,k}^n\right)+\left(T_{Wc1}^n-T_{W\varphi1}^n\right)S_{W,i,j,k}^n+\left(T_{Mc1}^n-T_{M\varphi1}^n\right)S_{M,i,j,k}^n\end{bmatrix}$$

$$-\frac{T_{W\varphi1}^n}{T_{O\varphi2}^n}\left[T_{O\beta2}^n\left(p_{O,i,j,k}^{n+1}-p_{O,i,j,k}^n\right)-Q_{O2,i,j,k}^n+\left(T_{Oc2}^n-T_{O\varphi2}^n\right)S_{O,i,j,k}^n\right]-T_{W\varphi1}^n$$

$$=\left(T_{M\varphi1}^n-T_{W\varphi1}^n\right)S_{M,i,j,k}^{n+1} \tag{5.48}$$

将式（5.47）两端同除以 $T_{M\varphi6}^n$、式（5.48）两端同除以 $\left(T_{M\varphi1}^n-T_{W\varphi1}^n\right)$，并联立，消掉 $n+1$ 时刻微乳液饱和度项，令

$$\begin{cases}U_{M,xi+\frac{1}{2}}^n=\dfrac{T_{M6,xi+\frac{1}{2}}^n}{T_{M\varphi6}^n}-\dfrac{T_{M1,xi+\frac{1}{2}}^n}{T_{M\varphi1}^n-T_{W\varphi1}^n}\quad U_{M,xi-\frac{1}{2}}^n=\dfrac{T_{M6,xi-\frac{1}{2}}^n}{T_{M\varphi6}^n}-\dfrac{T_{M1,xi-\frac{1}{2}}^n}{T_{M\varphi1}^n-T_{W\varphi1}^n}\\[4mm]U_{M,yj+\frac{1}{2}}^n=\dfrac{T_{M6,yj+\frac{1}{2}}^n}{T_{M\varphi6}^n}-\dfrac{T_{M1,yj+\frac{1}{2}}^n}{T_{M\varphi1}^n-T_{W\varphi1}^n}\quad U_{M,yj-\frac{1}{2}}^n=\dfrac{T_{M6,yj-\frac{1}{2}}^n}{T_{M\varphi6}^n}-\dfrac{T_{M1,yj-\frac{1}{2}}^n}{T_{M\varphi1}^n-T_{W\varphi1}^n}\\[4mm]U_{M,zk+\frac{1}{2}}^n=\dfrac{T_{M6,zk+\frac{1}{2}}^n}{T_{M\varphi6}^n}-\dfrac{T_{M1,zk+\frac{1}{2}}^n}{T_{M\varphi1}^n-T_{W\varphi1}^n}\quad U_{M,zk-\frac{1}{2}}^n=\dfrac{T_{M6,zk-\frac{1}{2}}^n}{T_{M\varphi6}^n}-\dfrac{T_{M1,zk-\frac{1}{2}}^n}{T_{M\varphi1}^n-T_{W\varphi1}^n}\\[4mm]U_M^n=\dfrac{T_{M\beta6}^n}{T_{M\varphi6}^n}-\dfrac{T_{M\beta1}^n}{T_{M\varphi1}^n-T_{W\varphi1}^n}\end{cases} \tag{5.49}$$

$$
\begin{cases}
U^n_{0,xi+\frac{1}{2}} = \dfrac{T^n_{06,xi+\frac{1}{2}}}{T^n_{M\varphi6}} - \dfrac{T^n_{0\varphi6} T^n_{02,xi+\frac{1}{2}}}{T^n_{0\varphi2} T^n_{M\varphi6}} - \dfrac{T^n_{W\varphi1} T^n_{02,xi+\frac{1}{2}}}{T^n_{0\varphi2}(T^n_{M\varphi1}-T^n_{W\varphi1})} \\[3mm]
U^n_{0,xi-\frac{1}{2}} = \dfrac{T^n_{06,xi-\frac{1}{2}}}{T^n_{M\varphi6}} - \dfrac{T^n_{0\varphi6} T^n_{02,xi-\frac{1}{2}}}{T^n_{0\varphi2} T^n_{M\varphi6}} - \dfrac{T^n_{W\varphi1} T^n_{02,xi-\frac{1}{2}}}{T^n_{0\varphi2}(T^n_{M\varphi1}-T^n_{W\varphi1})} \\[3mm]
U^n_{0,yj+\frac{1}{2}} = \dfrac{T^n_{06,yj+\frac{1}{2}}}{T^n_{M\varphi6}} - \dfrac{T^n_{0\varphi6} T^n_{02,yj+\frac{1}{2}}}{T^n_{0\varphi2} T^n_{M\varphi6}} - \dfrac{T^n_{W\varphi1} T^n_{02,yj+\frac{1}{2}}}{T^n_{0\varphi2}(T^n_{M\varphi1}-T^n_{W\varphi1})} \\[3mm]
U^n_{0,yj-\frac{1}{2}} = \dfrac{T^n_{06,yj-\frac{1}{2}}}{T^n_{M\varphi6}} - \dfrac{T^n_{0\varphi6} T^n_{02,yj-\frac{1}{2}}}{T^n_{0\varphi2} T^n_{M\varphi6}} - \dfrac{T^n_{W\varphi1} T^n_{02,yj-\frac{1}{2}}}{T^n_{0\varphi2}(T^n_{M\varphi1}-T^n_{W\varphi1})} \\[3mm]
U^n_{0,zk+\frac{1}{2}} = \dfrac{T^n_{06,zk+\frac{1}{2}}}{T^n_{M\varphi6}} - \dfrac{T^n_{0\varphi6} T^n_{02,zk+\frac{1}{2}}}{T^n_{0\varphi2} T^n_{M\varphi6}} - \dfrac{T^n_{W\varphi1} T^n_{02,zk+\frac{1}{2}}}{T^n_{0\varphi2}(T^n_{M\varphi1}-T^n_{W\varphi1})} \\[3mm]
U^n_{0,zk-\frac{1}{2}} = \dfrac{T^n_{06,zk-\frac{1}{2}}}{T^n_{M\varphi6}} - \dfrac{T^n_{0\varphi6} T^n_{02,zk-\frac{1}{2}}}{T^n_{0\varphi2} T^n_{M\varphi6}} - \dfrac{T^n_{W\varphi1} T^n_{02,zk-\frac{1}{2}}}{T^n_{0\varphi2}(T^n_{M\varphi1}-T^n_{W\varphi1})} \\[3mm]
U^n_{0} = \dfrac{T^n_{0\beta6}}{T^n_{M\varphi6}} - \dfrac{T^n_{0\varphi6} T^n_{0\beta2}}{T^n_{0\varphi2} T^n_{M\varphi6}} + \dfrac{T^n_{W\varphi1} T^n_{0\beta2}}{T^n_{0\varphi2}(T^n_{M\varphi1}-T^n_{W\varphi1})}
\end{cases}
\tag{5.50}
$$

$$
\begin{cases}
U^n_{W,xi+\frac{1}{2}} = \dfrac{T^n_{W1,xi+\frac{1}{2}}}{T^n_{M\varphi1}-T^n_{W\varphi1}} \quad U^n_{W,xi-\frac{1}{2}} = \dfrac{T^n_{W1,xi-\frac{1}{2}}}{T^n_{M\varphi1}-T^n_{W\varphi1}} \\[3mm]
U^n_{W,yj+\frac{1}{2}} = \dfrac{T^n_{W1,yj+\frac{1}{2}}}{T^n_{M\varphi1}-T^n_{W\varphi1}} \quad U^n_{W,yj-\frac{1}{2}} = \dfrac{T^n_{W1,yj-\frac{1}{2}}}{T^n_{M\varphi1}-T^n_{W\varphi1}} \\[3mm]
U^n_{W,zk+\frac{1}{2}} = \dfrac{T^n_{W1,zk+\frac{1}{2}}}{T^n_{M\varphi1}-T^n_{W\varphi1}} \quad U^n_{W,zk-\frac{1}{2}} = \dfrac{T^n_{W1,zk-\frac{1}{2}}}{T^n_{M\varphi1}-T^n_{W\varphi1}} \\[3mm]
U^n_{W} = \dfrac{T^n_{W\beta1}}{T^n_{M\varphi1}-T^n_{W\varphi1}}
\end{cases}
\tag{5.51}
$$

则有

$$
U^n_{0,xi+\frac{1}{2}}\left(p^{n+1}_{0,i+1,j,k}-p^{n+1}_{0,i,j,k}\pm\Delta x_{i+\frac{1}{2}}D^n_{p,i+\frac{1}{2},j,k}\right) - U^n_{0,xi-\frac{1}{2}}\left(p^{n+1}_{0,i,j,k}-p^{n+1}_{0,i-1,j,k}\pm\Delta x_{i-\frac{1}{2}}D^n_{p,i-\frac{1}{2},j,k}\right)
$$

$$
+U^n_{0,yj+\frac{1}{2}}\left(p^{n+1}_{0,i,j+1,k}-p^{n+1}_{0,i,j,k}\pm\Delta y_{j+\frac{1}{2}}D^n_{p,i,j+\frac{1}{2},k}\right) - U^n_{0,yj-\frac{1}{2}}\left(p^{n+1}_{0,i,j,k}-p^{n+1}_{0,i,j-1,k}\pm\Delta y_{j-\frac{1}{2}}D^n_{p,i,j-\frac{1}{2},k}\right)
$$

$$
+U^n_{0,zk+\frac{1}{2}}\left(p^{n+1}_{0,i,j,k+1}-p^{n+1}_{0,i,j,k}\pm\Delta z_{k+\frac{1}{2}}D^n_{p,i,j,k+\frac{1}{2}}\right) - U^n_{0,zk+\frac{1}{2}}\left(p^{n+1}_{0,i,j,k}-p^{n+1}_{0,i,j,k-1}\pm\Delta z_{k-\frac{1}{2}}D^n_{p,i,j,k-\frac{1}{2}}\right)
$$

$$
-U^n_{0}\left(p^{n+1}_{0,i,j,k}-p^{n}_{0,i,j,k}\right)
$$

$$
+U^n_{M,xi+\frac{1}{2}}\left(p^{n+1}_{M,i+1,j,k}-p^{n+1}_{M,i,j,k}\pm\Delta x_{i+\frac{1}{2}}D^n_{p,i+\frac{1}{2},j,k}\right) - U^n_{M,xi-\frac{1}{2}}\left(p^{n+1}_{M,i,j,k}-p^{n+1}_{M,i-1,j,k}\pm\Delta x_{i-\frac{1}{2}}D^n_{p,i-\frac{1}{2},j,k}\right)
$$

$$
+U^n_{M,yj+\frac{1}{2}}\left(p^{n+1}_{M,i,j+1,k}-p^{n+1}_{M,i,j,k}\pm\Delta y_{j+\frac{1}{2}}D^n_{p,i,j+\frac{1}{2},k}\right) - U^n_{M,yj-\frac{1}{2}}\left(p^{n+1}_{M,i,j,k}-p^{n+1}_{M,i,j-1,k}\pm\Delta y_{j-\frac{1}{2}}D^n_{p,i,j-\frac{1}{2},k}\right)
$$

$$
+U^n_{M,zk+\frac{1}{2}}\left(p^{n+1}_{M,i,j,k+1}-p^{n+1}_{M,i,j,k}\pm\Delta z_{k+\frac{1}{2}}D^n_{p,i,j,k+\frac{1}{2}}\right) - U^n_{M,zk-\frac{1}{2}}\left(p^{n+1}_{M,i,j,k}-p^{n+1}_{M,i,j,k-1}\pm\Delta z_{k-\frac{1}{2}}D^n_{p,i,j,k-\frac{1}{2}}\right)
$$

$$
-U^n_{M}\left(p^{n+1}_{M,i,j,k}-p^{n}_{M,i,j,k}\right)
$$

$$-\begin{bmatrix} U_{\mathrm{W},xi+\frac{1}{2}}^n(p_{\mathrm{W},i+1,j,k}^{n+1}-p_{\mathrm{W},i,j,k}^{n+1}\pm\Delta x_{i+\frac{1}{2}}D_{\mathrm{p},i+\frac{1}{2},j,k}^n)-U_{\mathrm{W},xi-\frac{1}{2}}^n(p_{\mathrm{W},i,j,k}^{n+1}-p_{\mathrm{W},i-1,j,k}^{n+1}\pm\Delta x_{i-\frac{1}{2}}D_{\mathrm{p},i-\frac{1}{2},j,k}^n) \\ +U_{\mathrm{W},yj+\frac{1}{2}}^n(p_{\mathrm{W},i,j+1,k}^{n+1}-p_{\mathrm{W},i,j,k}^{n+1}\pm\Delta y_{j+\frac{1}{2}}D_{\mathrm{p},i,j+\frac{1}{2},k}^n)-U_{\mathrm{W},yj-\frac{1}{2}}^n(p_{\mathrm{W},i,j,k}^{n+1}-p_{\mathrm{W},i,j-1,k}^{n+1}\pm\Delta y_{j-\frac{1}{2}}D_{\mathrm{p},i,j-\frac{1}{2},k}^n) \\ +U_{\mathrm{W},zk+\frac{1}{2}}^n(p_{\mathrm{W},i,j,k+1}^{n+1}-p_{\mathrm{W},i,j,k}^{n+1}\pm\Delta z_{k+\frac{1}{2}}D_{\mathrm{p},i,j,k+\frac{1}{2}}^n)-U_{\mathrm{W},zk-\frac{1}{2}}^n(p_{\mathrm{W},i,j,k}^{n+1}-p_{\mathrm{W},i,j,k-1}^{n+1}\pm\Delta z_{k-\frac{1}{2}}D_{\mathrm{p},i,j,k-\frac{1}{2}}^n) \\ -U_{\mathrm{W}}^n(p_{\mathrm{W},i,j,k}^{n+1}-p_{\mathrm{W},i,j,k}^n) \end{bmatrix}$$

$$=\frac{TT_{06,zk+\frac{1}{2}}^n-TT_{06,zk-\frac{1}{2}}^n+TT_{\mathrm{M}6,zk+\frac{1}{2}}^n-TT_{\mathrm{M}6,zk-\frac{1}{2}}^n}{T_{\mathrm{M}\varphi6}^n}-\frac{TT_{\mathrm{W}1,zk+\frac{1}{2}}^n-TT_{\mathrm{W}1,zk-\frac{1}{2}}^n+TT_{\mathrm{M}1,zk+\frac{1}{2}}^n-TT_{\mathrm{M}1,zk-\frac{1}{2}}^n}{T_{\mathrm{M}\varphi1}^n-T_{\mathrm{W}\varphi1}^n}$$

$$-\left[\frac{T_{\mathrm{O}\varphi6}^n}{T_{\mathrm{O}\varphi2}^nT_{\mathrm{M}\varphi6}^n}+\frac{T_{\mathrm{W}\varphi1}^n}{T_{\mathrm{O}\varphi2}^n(T_{\mathrm{M}\varphi1}^n-T_{\mathrm{W}\varphi1}^n)}\right](TT_{\mathrm{O}2,zk+\frac{1}{2}}^n-TT_{\mathrm{O}2,zk-\frac{1}{2}}^n) \tag{5.52}$$

$$+\frac{Q_{\mathrm{W}1,i,j,k}^n+Q_{\mathrm{M}1,i,j,k}^n}{T_{\mathrm{M}\varphi1}^n-T_{\mathrm{W}\varphi1}^n}+\left[\frac{T_{\mathrm{W}\varphi1}^nT_{\mathrm{O}\beta2}^n}{T_{\mathrm{O}\varphi2}^n(T_{\mathrm{M}\varphi1}^n-T_{\mathrm{W}\varphi1}^n)}+\frac{T_{\mathrm{O}\varphi6}^n}{T_{\mathrm{O}\varphi2}^nT_{\mathrm{M}\varphi6}^n}\right]Q_{\mathrm{O}2,i,j,k}^n-\frac{1}{T_{\mathrm{M}\varphi6}^n}Q_{\mathrm{O}6,i,j,k}^n-\frac{1}{T_{\mathrm{M}\varphi6}^n}Q_{\mathrm{M}6,i,j,k}^n$$

$$-\frac{T_{\mathrm{W}c1}^n-T_{\mathrm{W}\varphi1}^n}{T_{\mathrm{M}\varphi1}^n-T_{\mathrm{W}\varphi1}^n}S_{\mathrm{W},i,j,k}^n+\left(\frac{T_{\mathrm{M}c6}^n-T_{\mathrm{M}\varphi6}^n}{T_{\mathrm{M}\varphi6}^n}-\frac{T_{\mathrm{M}c1}^n-T_{\mathrm{M}\varphi1}^n}{T_{\mathrm{M}\varphi1}^n-T_{\mathrm{W}\varphi1}^n}\right)S_{\mathrm{M},i,j,k}^n$$

$$-\left[\frac{(T_{\mathrm{O}c2}^n-T_{\mathrm{O}\varphi2}^n)T_{\mathrm{W}\varphi1}^n}{T_{\mathrm{O}\varphi2}^n(T_{\mathrm{M}\varphi1}^n-T_{\mathrm{W}\varphi1}^n)}+\frac{(T_{\mathrm{O}c2}^n-T_{\mathrm{O}\varphi2}^n)T_{\mathrm{O}\varphi6}^n}{T_{\mathrm{O}\varphi2}^nT_{\mathrm{M}\varphi6}^n}-\frac{T_{\mathrm{O}c6}^n-T_{\mathrm{O}\varphi6}^n}{T_{\mathrm{M}\varphi6}^n}\right]S_{\mathrm{O},i,j,k}^n-\frac{T_{\mathrm{W}\varphi1}^n}{T_{\mathrm{M}\varphi1}^n-T_{\mathrm{W}\varphi1}^n}$$

将毛管力方程 $p_{\mathrm{M}}=p_{\mathrm{O}}-p_{\mathrm{\varphi OM}}$、$p_{\mathrm{W}}=p_{\mathrm{O}}-p_{\mathrm{\varphi OW}}$ 代入式（5.52），得到：

$$(U_{\mathrm{O},zk-\frac{1}{2}}^n+U_{\mathrm{M},zk-\frac{1}{2}}^n-U_{\mathrm{W},zk-\frac{1}{2}}^n)p_{\mathrm{O},i,j,k-1}^{n+1}+(U_{\mathrm{O},yj-\frac{1}{2}}^n+U_{\mathrm{M},yj-\frac{1}{2}}^n-U_{\mathrm{W},yj-\frac{1}{2}}^n)p_{\mathrm{O},i,j-1,k}^{n+1}$$

$$+(U_{\mathrm{O},xi-\frac{1}{2}}^n+U_{\mathrm{M},xi-\frac{1}{2}}^n-U_{\mathrm{W},xi-\frac{1}{2}}^n)p_{\mathrm{O},i-1,j,k}^{n+1}+(U_{\mathrm{O},xi+\frac{1}{2}}^n+U_{\mathrm{M},xi+\frac{1}{2}}^n-U_{\mathrm{W},xi+\frac{1}{2}}^n)p_{\mathrm{O},i+1,j,k}^{n+1}$$

$$+\left[\begin{pmatrix} U_{\mathrm{W},xi+\frac{1}{2}}^n+U_{\mathrm{W},xi-\frac{1}{2}}^n \\ +U_{\mathrm{W},yj+\frac{1}{2}}^n+U_{\mathrm{W},yj-\frac{1}{2}}^n \\ +U_{\mathrm{W},zk+\frac{1}{2}}^n+U_{\mathrm{W},zk-\frac{1}{2}}^n+U_{\mathrm{W}}^n \end{pmatrix}-\begin{pmatrix} U_{\mathrm{O},xi+\frac{1}{2}}^n+U_{\mathrm{O},xi-\frac{1}{2}}^n \\ +U_{\mathrm{O},yj+\frac{1}{2}}^n+U_{\mathrm{O},yj-\frac{1}{2}}^n \\ +U_{\mathrm{O},zk+\frac{1}{2}}^n+U_{\mathrm{O},zk-\frac{1}{2}}^n+U_{\mathrm{O}}^n \end{pmatrix}-\begin{pmatrix} U_{\mathrm{M},xi+\frac{1}{2}}^n+U_{\mathrm{M},xi-\frac{1}{2}}^n \\ +U_{\mathrm{M},yj+\frac{1}{2}}^n+U_{\mathrm{M},yj-\frac{1}{2}}^n \\ +U_{\mathrm{M},zk+\frac{1}{2}}^n+U_{\mathrm{M},zk-\frac{1}{2}}^n+U_{\mathrm{M}}^n \end{pmatrix}\right]p_{\mathrm{O},i,j,k}^{n+1}$$

$$+(U_{\mathrm{O},yj+\frac{1}{2}}^n+U_{\mathrm{M},yj+\frac{1}{2}}^n-U_{\mathrm{W},yj+\frac{1}{2}}^n)p_{\mathrm{O},i,j+1,k}^{n+1}+(U_{\mathrm{O},zk+\frac{1}{2}}^n+U_{\mathrm{M},zk+\frac{1}{2}}^n-U_{\mathrm{W},zk+\frac{1}{2}}^n)p_{\mathrm{O},i,j,k+1}^{n+1}$$

$$=-(U_{\mathrm{O}}^n+U_{\mathrm{M}}^n-U_{\mathrm{W}}^n)p_{\mathrm{O},i,j,k}^n+U_{\mathrm{M}}^np_{\mathrm{cOM},i,j,k}^n-U_{\mathrm{W}}^np_{\mathrm{cOW},i,j,k}^n$$

$$+\begin{bmatrix} U_{\mathrm{M},zk-\frac{1}{2}}^np_{\mathrm{cOM},i,j,k-1}^{n+1}+U_{\mathrm{M},yj-\frac{1}{2}}^np_{\mathrm{cOM},i,j-1,k}^{n+1}+U_{\mathrm{M},xi-\frac{1}{2}}^np_{\mathrm{cOM},i-1,j,k}^{n+1}+U_{\mathrm{M},xi+\frac{1}{2}}^np_{\mathrm{cOM},i+1,j,k}^{n+1}+U_{\mathrm{M},yj+\frac{1}{2}}^np_{\mathrm{cOM},i,j+1,k}^{n+1} \\ -(U_{\mathrm{M},xi+\frac{1}{2}}^n+U_{\mathrm{M},xi-\frac{1}{2}}^n+U_{\mathrm{M},yj+\frac{1}{2}}^n+U_{\mathrm{M},yj-\frac{1}{2}}^n+U_{\mathrm{M},zk+\frac{1}{2}}^n+U_{\mathrm{M},zk-\frac{1}{2}}^n+U_{\mathrm{M}}^n)p_{\mathrm{cOM},i,j,k}^{n+1}+U_{\mathrm{M},zk+\frac{1}{2}}^np_{\mathrm{cOM},i,j,k+1}^{n+1} \end{bmatrix}$$

$$-\begin{bmatrix} U_{\mathrm{W},zk-\frac{1}{2}}^np_{\mathrm{cOW},i,j,k-1}^{n+1}+U_{\mathrm{W},yj-\frac{1}{2}}^np_{\mathrm{cOW},i,j-1,k}^{n+1}+U_{\mathrm{W},xi-\frac{1}{2}}^np_{\mathrm{cOW},i-1,j,k}^{n+1}+U_{\mathrm{W},xi+\frac{1}{2}}^np_{\mathrm{cOW},i+1,j,k}^{n+1}+U_{\mathrm{W},yj+\frac{1}{2}}^np_{\mathrm{cOW},i,j+1,k}^{n+1} \\ -(U_{\mathrm{W},xi+\frac{1}{2}}^n+U_{\mathrm{W},xi-\frac{1}{2}}^n+U_{\mathrm{W},yj+\frac{1}{2}}^n+U_{\mathrm{W},yj-\frac{1}{2}}^n+U_{\mathrm{W},zk+\frac{1}{2}}^n+U_{\mathrm{W},zk-\frac{1}{2}}^n+U_{\mathrm{W}}^n)p_{\mathrm{cOW},i,j,k}^{n+1}+U_{\mathrm{W},zk+\frac{1}{2}}^np_{\mathrm{cOW},i,j,k+1}^{n+1} \end{bmatrix}$$

$$-(U_{\mathrm{O},xi+\frac{1}{2}}^n+U_{\mathrm{M},xi+\frac{1}{2}}^n-U_{\mathrm{W},xi+\frac{1}{2}}^n)(\pm\Delta x_{i+\frac{1}{2}}D_{\mathrm{p},i+\frac{1}{2},j,k}^n)+(U_{\mathrm{O},xi-\frac{1}{2}}^n+U_{\mathrm{M},xi-\frac{1}{2}}^n-U_{\mathrm{W},xi-\frac{1}{2}}^n)(\pm\Delta x_{i-\frac{1}{2}}D_{\mathrm{p},i-\frac{1}{2},j,k}^n)$$

$$-(U_{\mathrm{O},yj+\frac{1}{2}}^n+U_{\mathrm{M},yj+\frac{1}{2}}^n-U_{\mathrm{W},yj+\frac{1}{2}}^n)(\pm\Delta y_{j+\frac{1}{2}}D_{\mathrm{p},i,j+\frac{1}{2},k}^n)+(U_{\mathrm{O},yj-\frac{1}{2}}^n+U_{\mathrm{M},yj-\frac{1}{2}}^n-U_{\mathrm{W},yj-\frac{1}{2}}^n)(\pm\Delta y_{j-\frac{1}{2}}D_{\mathrm{p},i,j-\frac{1}{2},k}^n)$$

$$-(U_{\mathrm{O},zk+\frac{1}{2}}^n+U_{\mathrm{M},zk+\frac{1}{2}}^n-U_{\mathrm{W},zk+\frac{1}{2}}^n)(\pm\Delta z_{k+\frac{1}{2}}D_{\mathrm{p},i,j,k+\frac{1}{2}}^n)+(U_{\mathrm{O},zk-\frac{1}{2}}^n+U_{\mathrm{M},zk-\frac{1}{2}}^n-U_{\mathrm{W},zk-\frac{1}{2}}^n)(\pm\Delta z_{k-\frac{1}{2}}D_{\mathrm{p},i,j,k-\frac{1}{2}}^n)$$

$$+\frac{TT^n_{O6,zk+\frac{1}{2}}-TT^n_{O6,zk-\frac{1}{2}}+TT^n_{M6,zk+\frac{1}{2}}-TT^n_{M6,zk-\frac{1}{2}}}{T^n_{M\varphi6}}-\frac{TT^n_{W1,zk+\frac{1}{2}}-TT^n_{W1,zk-\frac{1}{2}}+TT^n_{M1,zk+\frac{1}{2}}-TT^n_{M1,zk-\frac{1}{2}}}{T^n_{M\varphi1}-T^n_{W\varphi1}}$$

$$-\left[\frac{T^n_{O\varphi6}}{T^n_{O\varphi2}T^n_{M\varphi6}}+\frac{T^n_{W\varphi1}}{T^n_{O\varphi2}(T^n_{M\varphi1}-T^n_{W\varphi1})}\right](TT^n_{O2,zk+\frac{1}{2}}-TT^n_{O2,zk-\frac{1}{2}})-\frac{T^n_{Wc1}-T^n_{W\varphi1}}{T^n_{M\varphi1}-T^n_{W\varphi1}}S^n_{W,i,j,k}-\frac{T^n_{W\varphi1}}{T^n_{M\varphi1}-T^n_{W\varphi1}}$$

$$+\frac{Q^n_{W1,i,j,k}+Q^n_{M1,i,j,k}}{T^n_{M\varphi1}-T^n_{W\varphi1}}+\left[\frac{T^n_{W\varphi1}T^n_{O\beta2}}{T^n_{O\varphi2}(T^n_{M\varphi1}-T^n_{W\varphi1})}+\frac{T^n_{O\varphi6}}{T^n_{O\varphi2}T^n_{M\varphi6}}\right]Q^n_{O2,i,j,k}-\frac{1}{T^n_{M\varphi6}}Q^n_{O6,i,j,k}-\frac{1}{T^n_{M\varphi6}}Q^n_{M6,i,j,k}$$

$$+\left(\frac{T^n_{Mc6}-T^n_{M\varphi6}}{T^n_{M\varphi6}}-\frac{T^n_{Mc1}-T^n_{M\varphi1}}{T^n_{M\varphi1}-T^n_{W\varphi1}}\right)S^n_{M,i,j,k}-\left[\frac{(T^n_{Oc2}-T^n_{O\varphi2})T^n_{W\varphi1}}{T^n_{O\varphi2}(T^n_{M\varphi1}-T^n_{W\varphi1})}+\frac{(T^n_{Oc2}-T^n_{O\varphi2})T^n_{O\varphi6}}{T^n_{O\varphi2}T^n_{M\varphi6}}-\frac{T^n_{Oc6}-T^n_{O\varphi6}}{T^n_{M\varphi6}}\right]S^n_{O,i,j,k}$$

$$\text{(5.53)}$$

设

$$a_{i,j,k-1}=U^n_{O,zk-\frac{1}{2}}+U^n_{M,zk-\frac{1}{2}}-U^n_{W,zk-\frac{1}{2}} \tag{5.54}$$

$$b_{i,j-1,k}=U^n_{O,yj-\frac{1}{2}}+U^n_{M,yj-\frac{1}{2}}-U^n_{W,yj-\frac{1}{2}} \tag{5.55}$$

$$c_{i-1,j,k}=U^n_{O,xi-\frac{1}{2}}+U^n_{M,xi-\frac{1}{2}}-U^n_{W,xi-\frac{1}{2}} \tag{5.56}$$

$$d_{i,j,k}=(U^n_{W,xi+\frac{1}{2}}+U^n_{W,xi-\frac{1}{2}}+U^n_{W,yj+\frac{1}{2}}+U^n_{W,yj-\frac{1}{2}}+U^n_{W,zk+\frac{1}{2}}+U^n_{W,zk-\frac{1}{2}}+U^n_{W})$$
$$-(U^n_{O,xi+\frac{1}{2}}+U^n_{O,xi-\frac{1}{2}}+U^n_{O,yj+\frac{1}{2}}+U^n_{O,yj-\frac{1}{2}}+U^n_{O,zk+\frac{1}{2}}+U^n_{O,zk-\frac{1}{2}}+U^n_{O}) \tag{5.57}$$
$$-(U^n_{M,xi+\frac{1}{2}}+U^n_{M,xi-\frac{1}{2}}+U^n_{M,yj+\frac{1}{2}}+U^n_{M,yj-\frac{1}{2}}+U^n_{M,zk+\frac{1}{2}}+U^n_{M,zk-\frac{1}{2}}+U^n_{M})$$

$$e_{i+1,j,k}=U^n_{O,xi+\frac{1}{2}}+U^n_{M,xi+\frac{1}{2}}-U^n_{W,xi+\frac{1}{2}} \tag{5.58}$$

$$f_{i,j+1,k}=U^n_{O,yj+\frac{1}{2}}+U^n_{M,yj+\frac{1}{2}}-U^n_{W,yj+\frac{1}{2}} \tag{5.59}$$

$$g_{i,j,k+1}=U^n_{O,zk+\frac{1}{2}}+U^n_{M,zk+\frac{1}{2}}-U^n_{W,zk+\frac{1}{2}} \tag{5.60}$$

$$h^n_{i,j,k}=-(U^n_O+U^n_M-U^n_W)p^n_{O,i,j,k}+U^n_M p^n_{cOM,i,j,k}-U^n_W p^n_{cOW,i,j,k}$$

$$+\left[\begin{array}{l}U^n_{M,zk-\frac{1}{2}}p^{n+1}_{cOM,i,j,k-1}+U^n_{M,yj-\frac{1}{2}}p^{n+1}_{cOM,i,j-1,k}+U^n_{M,xi-\frac{1}{2}}p^{n+1}_{cOM,i-1,j,k}+U^n_{M,xi+\frac{1}{2}}p^{n+1}_{cOM,i+1,j,k}+U^n_{M,yj+\frac{1}{2}}p^{n+1}_{cOM,i,j+1,k}\\-(U^n_{M,xi+\frac{1}{2}}+U^n_{M,xi-\frac{1}{2}}+U^n_{M,yj+\frac{1}{2}}+U^n_{M,yj-\frac{1}{2}}+U^n_{M,zk+\frac{1}{2}}+U^n_{M,zk-\frac{1}{2}}+U^n_M)p^{n+1}_{cOM,i,j,k}+U^n_{M,zk+\frac{1}{2}}p^{n+1}_{cOM,i,j,k+1}\end{array}\right]$$

$$-\left[\begin{array}{l}U^n_{W,zk-\frac{1}{2}}p^{n+1}_{cOW,i,j,k-1}+U^n_{W,yj-\frac{1}{2}}p^{n+1}_{cOW,i,j-1,k}+U^n_{W,xi-\frac{1}{2}}p^{n+1}_{cOW,i-1,j,k}+U^n_{W,xi+\frac{1}{2}}p^{n+1}_{cOW,i+1,j,k}+U^n_{W,yj+\frac{1}{2}}p^{n+1}_{cOW,i,j+1,k}\\-(U^n_{W,xi+\frac{1}{2}}+U^n_{W,xi-\frac{1}{2}}+U^n_{W,yj+\frac{1}{2}}+U^n_{W,yj-\frac{1}{2}}+U^n_{W,zk+\frac{1}{2}}+U^n_{W,zk-\frac{1}{2}}+U^n_W)p^{n+1}_{cOW,i,j,k}+U^n_{W,zk+\frac{1}{2}}p^{n+1}_{cOW,i,j,k+1}\end{array}\right]$$

$$-(U^n_{O,xi+\frac{1}{2}}+U^n_{M,xi+\frac{1}{2}}-U^n_{W,xi+\frac{1}{2}})(\pm\Delta x_{i+\frac{1}{2}}D^n_{p,i+\frac{1}{2},j,k})+(U^n_{O,xi-\frac{1}{2}}+U^n_{M,xi-\frac{1}{2}}-U^n_{W,xi-\frac{1}{2}})(\pm\Delta x_{i-\frac{1}{2}}D^n_{p,i-\frac{1}{2},j,k})$$

$$-(U^n_{O,yj+\frac{1}{2}}+U^n_{M,yj+\frac{1}{2}}-U^n_{W,yj+\frac{1}{2}})(\pm\Delta y_{j+\frac{1}{2}}D^n_{p,i,j+\frac{1}{2},k})+(U^n_{O,yj-\frac{1}{2}}+U^n_{M,yj-\frac{1}{2}}-U^n_{W,yj-\frac{1}{2}})(\pm\Delta y_{j-\frac{1}{2}}D^n_{p,i,j-\frac{1}{2},k})$$

$$-(U^n_{O,zk+\frac{1}{2}}+U^n_{M,zk+\frac{1}{2}}-U^n_{W,zk+\frac{1}{2}})(\pm\Delta z_{k+\frac{1}{2}}D^n_{p,i,j,k+\frac{1}{2}})+(U^n_{O,zk-\frac{1}{2}}+U^n_{M,zk-\frac{1}{2}}-U^n_{W,zk-\frac{1}{2}})(\pm\Delta z_{k-\frac{1}{2}}D^n_{p,i,j,k-\frac{1}{2}})$$

$$+\frac{TT^n_{O6,zk+\frac{1}{2}}-TT^n_{O6,zk-\frac{1}{2}}+TT^n_{M6,zk+\frac{1}{2}}-TT^n_{M6,zk-\frac{1}{2}}}{T^n_{M\varphi6}}-\frac{TT^n_{W1,zk+\frac{1}{2}}-TT^n_{W1,zk-\frac{1}{2}}+TT^n_{M1,zk+\frac{1}{2}}-TT^n_{M1,zk-\frac{1}{2}}}{T^n_{M\varphi1}-T^n_{W\varphi1}}$$

$$-\left[\frac{T^n_{O\varphi6}}{T^n_{O\varphi2}T^n_{M\varphi6}}+\frac{T^n_{W\varphi1}}{T^n_{O\varphi2}(T^n_{M\varphi1}-T^n_{W\varphi1})}\right](TT^n_{O2,zk+\frac{1}{2}}-TT^n_{O2,zk-\frac{1}{2}})-\frac{T^n_{Wc1}-T^n_{W\varphi1}}{T^n_{M\varphi1}-T^n_{W\varphi1}}S^n_{W,i,j,k}-\frac{T^n_{W\varphi1}}{T^n_{M\varphi1}-T^n_{W\varphi1}}$$

$$
\begin{aligned}
&+\frac{Q_{\mathrm{W}1,i,j,k}^{n}+Q_{\mathrm{M}1,i,j,k}^{n}}{T_{\mathrm{M}\varphi1}^{n}-T_{\mathrm{W}\varphi1}^{n}}+\left[\frac{T_{\mathrm{W}\varphi1}^{n}T_{0\beta2}^{n}}{T_{0\varphi2}^{n}(T_{\mathrm{M}\varphi1}^{n}-T_{\mathrm{W}\varphi1}^{n})}+\frac{T_{0\varphi6}^{n}}{T_{0\varphi2}^{n}T_{\mathrm{M}\varphi6}^{n}}\right]Q_{02,i,j,k}^{n}-\frac{1}{T_{\mathrm{M}\varphi6}^{n}}Q_{06,i,j,k}^{n}-\frac{1}{T_{\mathrm{M}\varphi6}^{n}}Q_{\mathrm{M}6,i,j,k}^{n}\\
&+\left(\frac{T_{\mathrm{Mc}6}^{n}-T_{\mathrm{M}\varphi6}^{n}}{T_{\mathrm{M}\varphi6}^{n}}-\frac{T_{\mathrm{Mc}1}^{n}-T_{\mathrm{M}\varphi1}^{n}}{T_{\mathrm{M}\varphi1}^{n}-T_{\mathrm{W}\varphi1}^{n}}\right)S_{\mathrm{M},i,j,k}^{n}-\left[\frac{(T_{0c2}^{n}-T_{0\varphi2}^{n})T_{\mathrm{W}\varphi1}^{n}}{T_{0\varphi2}^{n}(T_{\mathrm{M}\varphi1}^{n}-T_{\mathrm{W}\varphi1}^{n})}+\frac{(T_{0c2}^{n}-T_{0\varphi2}^{n})T_{0\varphi6}^{n}}{T_{0\varphi2}^{n}T_{\mathrm{M}\varphi6}^{n}}-\frac{T_{0c6}^{n}-T_{0\varphi6}^{n}}{T_{\mathrm{M}\varphi6}^{n}}\right]S_{0,i,j,k}^{n}
\end{aligned}
\tag{5.61}
$$

式（5.53）可化简为

$$
\begin{aligned}
&a_{i,j,k-1}p_{0,i,j,k-1}^{n+1}+b_{i,j-1,k}p_{0,i,j-1,k}^{n+1}+c_{i-1,j,k}p_{0,i-1,j,k}^{n+1}+d_{i,j,k}p_{0,i,j,k}^{n+1}\\
&+e_{i+1,j,k}p_{0,i+1,j,k}^{n+1}+f_{i,j+1,k}p_{0,i,j+1,k}^{n+1}+g_{i,j,k+1}p_{0,i,j,k+1}^{n+1}=h_{i,j,k}^{n}
\end{aligned}
\tag{5.62}
$$

按照网格顺序写成矩阵方程，应用迭代法求解，即可得到第 $n+1$ 时刻的网格压力。

5.3.2　饱和度差分方程

根据压力方程差分格式，已知油相、水相、微乳液相第 $n+1$ 时刻网格压力，然后建立饱和度差分方程。

根据式（5.45），给出第 $n+1$ 时刻含油饱和度：

$$
\begin{aligned}
S_{0,i,j,k}^{n+1}=&\left(1-\frac{T_{0c2}^{n}}{T_{0\varphi2}^{n}}\right)S_{0,i,j,k}^{n}-\frac{T_{0\beta2}^{n}}{T_{0\varphi2}^{n}}(p_{0,i,j,k}^{n+1}-p_{0,i,j,k}^{n})+\frac{1}{T_{0\varphi2}^{n}}Q_{02,i,j,k}^{n}-\frac{(TT_{02,zk+\frac{1}{2}}^{n}-TT_{02,zk-\frac{1}{2}}^{n})}{T_{0\varphi2}^{n}}\\
&+\frac{T_{02,xi+\frac{1}{2}}^{n}}{T_{0\varphi2}^{n}}(p_{0,i+1,j,k}^{n+1}-p_{0,i,j,k}^{n+1}\pm\Delta x_{i+\frac{1}{2}}D_{\mathrm{p},i+\frac{1}{2},j,k}^{n})-\frac{T_{02,xi-\frac{1}{2}}^{n}}{T_{0\varphi2}^{n}}(p_{0,i,j,k}^{n+1}-p_{0,i-1,j,k}^{n+1}\pm\Delta x_{i-\frac{1}{2}}D_{\mathrm{p},i-\frac{1}{2},j,k}^{n})\\
&+\frac{T_{02,yj+\frac{1}{2}}^{n}}{T_{0\varphi2}^{n}}(p_{0,i,j+1,k}^{n+1}-p_{0,i,j,k}^{n+1}\pm\Delta y_{j+\frac{1}{2}}D_{\mathrm{p},i,j+\frac{1}{2},k}^{n})-\frac{T_{02,yj-\frac{1}{2}}^{n}}{T_{0\varphi2}^{n}}(p_{0,i,j,k}^{n+1}-p_{0,i,j-1,k}^{n+1}\pm\Delta y_{j-\frac{1}{2}}D_{\mathrm{p},i,j-\frac{1}{2},k}^{n})\\
&+\frac{T_{02,zk+\frac{1}{2}}^{n}}{T_{0\varphi2}^{n}}(p_{0,i,j,k+1}^{n+1}-p_{0,i,j,k}^{n+1}\pm\Delta z_{k+\frac{1}{2}}D_{\mathrm{p},i,j,k+\frac{1}{2}}^{n})-\frac{T_{02,zk-\frac{1}{2}}^{n}}{T_{0\varphi2}^{n}}(p_{0,i,j,k}^{n+1}-p_{0,i,j,k-1}^{n+1}\pm\Delta z_{k-\frac{1}{2}}D_{\mathrm{p},i,j,k-\frac{1}{2}}^{n})
\end{aligned}
\tag{5.63}
$$

根据式（5.47），给出第 $n+1$ 时刻微乳液相饱和度：

$$
\begin{aligned}
S_{\mathrm{M},i,j,k}^{n+1}=&\left[\frac{T_{0\varphi6}^{n}(T_{0c2}^{n}-T_{0\varphi2}^{n})}{T_{0\varphi2}^{n}T_{\mathrm{M}\varphi6}^{n}}-\frac{T_{0c6}^{n}-T_{0\varphi6}^{n}}{T_{\mathrm{M}\varphi6}^{n}}\right]S_{0,i,j,k}^{n}-\frac{T_{\mathrm{Mc}6}^{n}-T_{\mathrm{M}\varphi6}^{n}}{T_{\mathrm{M}\varphi6}^{n}}S_{\mathrm{M},i,j,k}^{n}\\
&+\frac{1}{T_{\mathrm{M}\varphi6}^{n}}\left[\begin{array}{l}
\left(T_{06,xi+\frac{1}{2}}^{n}-\dfrac{T_{0\varphi6}^{n}}{T_{0\varphi2}^{n}}T_{02,xi+\frac{1}{2}}^{n}\right)(p_{0,i+1,j,k}^{n+1}-p_{0,i,j,k}^{n+1}\pm\Delta x_{i+\frac{1}{2}}D_{\mathrm{p},i+\frac{1}{2},j,k}^{n})\\
-\left(T_{06,xi-\frac{1}{2}}^{n}-\dfrac{T_{0\varphi6}^{n}}{T_{0\varphi2}^{n}}T_{02,xi-\frac{1}{2}}^{n}\right)(p_{0,i,j,k}^{n+1}-p_{0,i-1,j,k}^{n+1}\pm\Delta x_{i-\frac{1}{2}}D_{\mathrm{p},i-\frac{1}{2},j,k}^{n})\\
+\left(T_{06,yj+\frac{1}{2}}^{n}-\dfrac{T_{0\varphi6}^{n}}{T_{0\varphi2}^{n}}T_{02,yj+\frac{1}{2}}^{n}\right)(p_{0,i,j+1,k}^{n+1}-p_{0,i,j,k}^{n+1}\pm\Delta y_{j+\frac{1}{2}}D_{\mathrm{p},i,j+\frac{1}{2},k}^{n})\\
-\left(T_{06,yj-\frac{1}{2}}^{n}-\dfrac{T_{0\varphi6}^{n}}{T_{0\varphi2}^{n}}T_{02,yj-\frac{1}{2}}^{n}\right)(p_{0,i,j,k}^{n+1}-p_{0,i,j-1,k}^{n+1}\pm\Delta y_{j-\frac{1}{2}}D_{\mathrm{p},i,j-\frac{1}{2},k}^{n})\\
+\left(T_{06,zk+\frac{1}{2}}^{n}-\dfrac{T_{0\varphi6}^{n}}{T_{0\varphi2}^{n}}T_{02,zk+\frac{1}{2}}^{n}\right)(p_{0,i,j,k+1}^{n+1}-p_{0,i,j,k}^{n+1}\pm\Delta z_{k+\frac{1}{2}}D_{\mathrm{p},i,j,k+\frac{1}{2}}^{n})\\
-\left(T_{06,zk-\frac{1}{2}}^{n}-\dfrac{T_{0\varphi6}^{n}}{T_{0\varphi2}^{n}}T_{02,zk-\frac{1}{2}}^{n}\right)(p_{0,i,j,k}^{n+1}-p_{0,i,j,k-1}^{n+1}\pm\Delta z_{k-\frac{1}{2}}D_{\mathrm{p},i,j,k-\frac{1}{2}}^{n})
\end{array}\right]
\end{aligned}
$$

$$+\frac{1}{T_{\mathrm{M}\varphi6}^n}\begin{bmatrix}T_{\mathrm{M}6,xi+\frac{1}{2}}^n\left(p_{\mathrm{M},i+1,j,k}^{n+1}-p_{\mathrm{M},i,j,k}^{n+1}\pm\Delta x_{i+\frac{1}{2}}D_{\mathrm{p},i+\frac{1}{2},j,k}^n\right)-T_{\mathrm{M}6,xi-\frac{1}{2}}^n\left(p_{\mathrm{M},i,j,k}^{n+1}-p_{\mathrm{M},i-1,j,k}^{n+1}\pm\Delta x_{i-\frac{1}{2}}D_{\mathrm{p},i-\frac{1}{2},j,k}^n\right)\\[4pt]+T_{\mathrm{M}6,yj+\frac{1}{2}}^n\left(p_{\mathrm{M},i,j+1,k}^{n+1}-p_{\mathrm{M},i,j,k}^{n+1}\pm\Delta y_{j+\frac{1}{2}}D_{\mathrm{p},i,j+\frac{1}{2},k}^n\right)-T_{\mathrm{M}6,yj-\frac{1}{2}}^n\left(p_{\mathrm{M},i,j,k}^{n+1}-p_{\mathrm{M},i,j-1,k}^{n+1}\pm\Delta y_{j-\frac{1}{2}}D_{\mathrm{p},i,j-\frac{1}{2},k}^n\right)\\[4pt]+T_{\mathrm{M}6,zk+\frac{1}{2}}^n\left(p_{\mathrm{M},i,j,k+1}^{n+1}-p_{\mathrm{M},i,j,k}^{n+1}\pm\Delta z_{k+\frac{1}{2}}D_{\mathrm{p},i,j,k+\frac{1}{2}}^n\right)-T_{\mathrm{M}6,zk-\frac{1}{2}}^n\left(p_{\mathrm{M},i,j,k}^{n+1}-p_{\mathrm{M},i,j,k-1}^{n+1}\pm\Delta z_{k-\frac{1}{2}}D_{\mathrm{p},i,j,k-\frac{1}{2}}^n\right)\end{bmatrix}$$

$$-\left(\frac{T_{0\varphi6}^n}{T_{\mathrm{M}\varphi6}^n}-\frac{T_{0\varphi6}^n}{T_{0\varphi2}^n}\frac{T_{0\beta2}^n}{T_{\mathrm{M}\varphi6}^n}\right)\left(p_{0,i,j,k}^{n+1}-p_{0,i,j,k}^n\right)-\frac{T_{\mathrm{M}\beta6}^n}{T_{\mathrm{M}\varphi6}^n}\left(p_{\mathrm{M},i,j,k}^{n+1}-p_{\mathrm{M},i,j,k}^n\right)$$

$$-\frac{1}{T_{\mathrm{M}\varphi6}^n}\left(TT_{06,zk+\frac{1}{2}}^n-TT_{06,zk-\frac{1}{2}}^n+TT_{\mathrm{M}6,zk+\frac{1}{2}}^n-TT_{\mathrm{M}6,zk-\frac{1}{2}}^n\right)$$

$$+\frac{1}{T_{\mathrm{M}\varphi6}^n}\frac{T_{0\varphi6}^n}{T_{0\varphi2}^n}\left(TT_{02,zk+\frac{1}{2}}^n-TT_{02,zk-\frac{1}{2}}^n\right)+\left[\frac{Q_{06,i,j,k}^n+Q_{\mathrm{M}6,i,j,k}^n}{T_{\mathrm{M}\varphi6}^n}-\frac{T_{0\varphi6}^n}{T_{0\varphi2}^n}\frac{T_{\mathrm{M}\varphi6}^n}{T_{\mathrm{M}\varphi6}^n}Q_{02,i,j,k}^n\right] \tag{5.64}$$

根据式（5.27），给出第 $n+1$ 时刻含水饱和度：

$$S_{\mathrm{W},i,j,k}^{n+1}=1-S_{0,i,j,k}^{n+1}-S_{\mathrm{M},i,j,k}^{n+1} \tag{5.65}$$

5.3.3 浓度差分方程

以表面活性剂组分为例，将式（5.29）变形得

$$C_{\mathrm{M}3}=\frac{C_{\mathrm{W}3}}{k_{3\mathrm{w}}}=MC_{\mathrm{W}3} \tag{5.66}$$

将式（5.66）代入式（5.8），左端项展开为

$$\nabla\cdot\left[\varphi S_{\mathrm{W}}D_{\mathrm{W}3}\nabla(\rho_3 C_{\mathrm{W}3})+\varphi S_{\mathrm{M}}D_{\mathrm{M}3}\nabla(\rho_3 C_{\mathrm{M}3})\right]$$

$$=\nabla\cdot\left[\varphi S_{\mathrm{W}}D_{\mathrm{W}3}\nabla(\rho_3 C_{\mathrm{W}3})+\varphi S_{\mathrm{M}}D_{\mathrm{M}3}\nabla(\rho_3 MC_{\mathrm{W}3})\right]$$

$$=\frac{\varphi}{\Delta x_i}\begin{bmatrix}\left(D_{\mathrm{W}3}S_{\mathrm{W},i+\frac{1}{2},j,k}^n+MD_{\mathrm{M}3}S_{\mathrm{M},i+\frac{1}{2},j,k}^n\right)\cdot\dfrac{\rho_{3,i+1,j,k}^n\cdot C_{\mathrm{W}3,i+1,j,k}^n-\rho_{3,i,j,k}^n\cdot C_{\mathrm{W}3,i,j,k}^n}{(\Delta x_i+\Delta x_{i+1})/2}\\[10pt]+\left(D_{\mathrm{W}3}S_{\mathrm{W},i-\frac{1}{2},j,k}^n+MD_{\mathrm{M}3}S_{\mathrm{M},i-\frac{1}{2},j,k}^n\right)\cdot\dfrac{\rho_{3,i,j,k}^n\cdot C_{\mathrm{W}3,i,j,k}^n-\rho_{3,i-1,j,k}^n C_{\mathrm{W}3,i-1,j,k}^n}{(\Delta x_i+\Delta x_{i-1})/2}\end{bmatrix}$$

$$+\frac{\varphi}{\Delta y_j}\begin{bmatrix}\left(D_{\mathrm{W}3}S_{\mathrm{W},i,j+\frac{1}{2},k}^n+MD_{\mathrm{M}3}S_{\mathrm{M},i,j+\frac{1}{2},k}^n\right)\cdot\dfrac{\rho_{3,i,j+1,k}^n\cdot C_{\mathrm{W}3,i,j+1,k}^n-\rho_{3,i,j,k}^n\cdot C_{\mathrm{W}3,i,j,k}^n}{(\Delta y_j+\Delta y_{j+1})/2}\\[10pt]+\left(D_{\mathrm{W}3}S_{\mathrm{W},i,j-\frac{1}{2},k}^n+MD_{\mathrm{M}3}S_{\mathrm{M},i,j-\frac{1}{2},k}^n\right)\cdot\dfrac{\rho_{3,i,j,k}^n\cdot C_{\mathrm{W}3,i,j,k}^n-\rho_{3,i,j-1,k}^n\cdot C_{\mathrm{W}3,i,j-1,k}^n}{(\Delta y_j+\Delta y_{j-1})/2}\end{bmatrix} \tag{5.67}$$

$$+\frac{\varphi}{\Delta z_k}\begin{bmatrix}\left(D_{\mathrm{W}3}S_{\mathrm{W},i,j,k+\frac{1}{2}}^n+MD_{\mathrm{M}3}S_{\mathrm{M},i,j,k+\frac{1}{2}}^n\right)\cdot\dfrac{\rho_{3,i,j,k+1}^n\cdot C_{\mathrm{W}3,i,j,k+1}^n-\rho_{3,i,j,k}^n\cdot C_{\mathrm{W}3,i,j,k}^n}{(\Delta z_k+\Delta z_{k+1})/2}\\[10pt]+\left(D_{\mathrm{W}3}S_{\mathrm{W},i,j,k-\frac{1}{2}}^n+MD_{\mathrm{M}3}S_{\mathrm{M},i,j,k-\frac{1}{2}}^n\right)\cdot\dfrac{\rho_{3,i,j,k}^n\cdot C_{\mathrm{W}3,i,j,k}^n-\rho_{3,i,j,k-1}^n\cdot C_{\mathrm{W}3,i,j,k-1}^n}{(\Delta z_k+\Delta z_{k-1})/2}\end{bmatrix}$$

$$\nabla\left[\frac{KK_{\mathrm{rW}}}{\mu_{\mathrm{W}}}\cdot\rho_{\mathrm{W}}C_{\mathrm{W3}}(\nabla p_{\mathrm{W}}-\rho_{\mathrm{W}}g\ \nabla z\pm D_{\mathrm{p}})+\frac{KK_{\mathrm{rM}}}{\mu_{\mathrm{M}}}\cdot\rho_{\mathrm{M}}C_{\mathrm{M3}}(\nabla p_{\mathrm{M}}-\rho_{\mathrm{M}}g\ \nabla z\pm D_{\mathrm{p}})\right]$$

$$=\nabla\left[\frac{KK_{\mathrm{rW}}}{\mu_{\mathrm{W}}}\cdot\rho_{\mathrm{W}}C_{\mathrm{W3}}(\nabla p_{\mathrm{W}}-\rho_{\mathrm{W}}g\ \nabla z\pm D_{\mathrm{p}})+\frac{KK_{\mathrm{rM}}}{\mu_{\mathrm{M}}}\cdot\rho_{\mathrm{M}}MC_{\mathrm{W3}}(\nabla p_{\mathrm{M}}-\rho_{\mathrm{M}}g\ \nabla z\pm D_{\mathrm{p}})\right]$$

$$=\frac{1}{\Delta x_i}\left\{\begin{array}{l}\left\{\lambda^n_{\mathrm{W},i+\frac{1}{2},j,k}\left[\dfrac{p^{n+1}_{\mathrm{W},i+1,j,k}-p^{n+1}_{\mathrm{W},i,j,k}}{(\Delta x_i+\Delta x_{i+1})/2}\pm D^n_{\mathrm{p},i+\frac{1}{2},j,k}\right]\right.\\[4mm]\left.+M\lambda^n_{\mathrm{M},i+\frac{1}{2},j,k}\left[\dfrac{p^{n+1}_{\mathrm{M},i+1,j,k}-p^{n+1}_{\mathrm{M},i,j,k}}{(\Delta x_i+\Delta x_{i+1})/2}\pm D^n_{\mathrm{p},i+\frac{1}{2},j,k}\right]\right\}\cdot C^n_{\mathrm{W3},i+1,j,k}\\[6mm]+\left\{\lambda^n_{\mathrm{W},i-\frac{1}{2},j,k}\left[\dfrac{p^{n+1}_{\mathrm{W},i,j,k}-p^{n+1}_{\mathrm{W},i-1,j,k}}{(\Delta x_i+\Delta x_{i-1})/2}\pm D^n_{\mathrm{p},i-\frac{1}{2},j,k}\right]\right.\\[4mm]\left.+M\lambda^n_{\mathrm{M},i-\frac{1}{2},j,k}\left[\dfrac{p^{n+1}_{\mathrm{M},i,j,k}-p^{n+1}_{\mathrm{M},i-1,j,k}}{(\Delta x_i+\Delta x_{i-1})/2}\pm D^n_{\mathrm{p},i-\frac{1}{2},j,k}\right]\right\}\cdot C^n_{\mathrm{W3},i-1,j,k}\end{array}\right\}$$

$$+\frac{1}{\Delta y_j}\left\{\begin{array}{l}\left\{\lambda^n_{\mathrm{W},i,j+\frac{1}{2},k}\left[\dfrac{p^{n+1}_{\mathrm{W},i,j+1,k}-p^{n+1}_{\mathrm{W},i,j,k}}{(\Delta y_j+\Delta y_{j+1})/2}\pm D^n_{\mathrm{p},i,j+\frac{1}{2},k}\right]\right.\\[4mm]\left.+M\lambda^n_{\mathrm{M},i,j+\frac{1}{2},k}\left[\dfrac{p^{n+1}_{\mathrm{M},i,j+1,k}-p^{n+1}_{\mathrm{M},i,j,k}}{(\Delta y_j+\Delta y_{j+1})/2}\pm D^n_{\mathrm{p},i,j+\frac{1}{2},k}\right]\right\}\cdot C^m_{\mathrm{W3},i,j+1,k}\\[6mm]+\left\{\lambda^n_{\mathrm{W},i,j-\frac{1}{2},k}\left[\dfrac{p^{n+1}_{\mathrm{W},i,j,k}-p^{n+1}_{\mathrm{W},i,j-1,k}}{(\Delta y_j+\Delta y_{j-1})/2}\pm D^n_{\mathrm{p},i,j-\frac{1}{2},k}\right]\right.\\[4mm]\left.+M\lambda^n_{\mathrm{M},i,j-\frac{1}{2},k}\left[\dfrac{p^{n+1}_{\mathrm{M},i,j,k}-p^{n+1}_{\mathrm{M},i,j-1,k}}{(\Delta y_j+\Delta y_{j-1})/2}\pm D^n_{\mathrm{p},i,j-\frac{1}{2},k}\right]\right\}\cdot C^n_{\mathrm{W3},i,j-1,k}\end{array}\right\} \quad (5.68)$$

$$+\frac{1}{\Delta z_k}\left\{\begin{array}{l}\left\{\lambda^n_{\mathrm{W},i,j,k+\frac{1}{2}}\cdot\left[\dfrac{p^{n+1}_{\mathrm{W},i,j,k+1}-p^{n+1}_{\mathrm{W},i,j,k}}{(\Delta z_k+\Delta z_{k+1})/2}\pm D^n_{\mathrm{p},i,j,k+\frac{1}{2}}-\rho_{\mathrm{W},i,j,k+\frac{1}{2}}g\right]\right.\\[4mm]\left.+M\lambda^n_{\mathrm{M},i,j,k+\frac{1}{2}}\cdot\left[\dfrac{p^{n+1}_{\mathrm{M},i,j,k+1}-p^{n+1}_{\mathrm{M},i,j,k}}{(\Delta z_k+\Delta z_{k+1})/2}\pm D^n_{\mathrm{p},i,j,k+\frac{1}{2}}-\rho_{\mathrm{M},i,j,k+\frac{1}{2}}g\right]\right\}\cdot C^n_{\mathrm{W3},i,j,k+1}\\[6mm]+\left\{\lambda^n_{\mathrm{W},i,j,k-\frac{1}{2}}\cdot\left[\dfrac{p^{n+1}_{\mathrm{W},i,j,k}-p^{n+1}_{\mathrm{W},i,j,k-1}}{(\Delta z_k+\Delta z_{k-1})/2}\pm D^n_{\mathrm{p},i,j,k-\frac{1}{2}}-\rho_{\mathrm{W},i,j,k-\frac{1}{2}}g\right]\right.\\[4mm]\left.+M\lambda^n_{\mathrm{M},i,j,k-\frac{1}{2}}\cdot\left[\dfrac{p^{n+1}_{\mathrm{M},i,j,k}-p^{n+1}_{\mathrm{M},i,j,k-1}}{(\Delta z_k+\Delta z_{k-1})/2}\pm D^n_{\mathrm{p},i,j,k-\frac{1}{2}}-\rho_{\mathrm{M},i,j,k-\frac{1}{2}}g\right]\right\}\cdot C^n_{\mathrm{W3},i,j,k-1}\end{array}\right\}$$

式 (5.8) 右端项展开为

$$\frac{\partial}{\partial t}\rho_3(\varphi S_W C_{W3}+\varphi S_M C_{M3}+a_{W3}+a_{M3})-\rho_3(q_W C_{W3}+q_M C_{M3})$$

$$=\frac{\partial}{\partial t}\rho_3(\varphi S_W C_{W3}+\varphi S_M MC_{W3}+a_{W3}+a_{M3})-\rho_3(q_W C_{W3}+q_M MC_{W3})$$

$$=\beta_{3,i,j,k}^n C_{W3,i,j,k}^n\left(\frac{p_{W,i,j,k}^{n+1}-p_{W,i,j,k}^n}{\Delta t^n}+M\frac{p_{M,i,j,k}^{n+1}-p_{M,i,j,k}^n}{\Delta t^n}\right)$$

$$+a_{W3,i,j,k}^n\rho_{3,i,j,k}^n C_{fw,i,j,k}^n\frac{p_{W,i,j,k}^{n+1}-p_{W,i,j,k}^n}{\Delta t^n}+a_{M3,i,j,k}^n\rho_{3,i,j,k}^n C_{fm,i,j,k}^n\frac{p_{M,i,j,k}^{n+1}-p_{M,i,j,k}^n}{\Delta t^n}$$

$$+\varphi\rho_{3,i,j,k}^n C_{W3,i,j,k}^n\left(\frac{S_{W,i,j,k}^{n+1}-S_{W,i,j,k}^n}{\Delta t^n}+M\frac{S_{M,i,j,k}^{n+1}-S_{M,i,j,k}^n}{\Delta t^n}\right)$$

$$+\varphi\rho_{3,i,j,k}^n\frac{C_{W3,i,j,k}^n-C_{W3,i,j,k}^{n-1}}{\Delta t^n}(S_{W,i,j,k}^n+MS_{M,i,j,k}^n)-\rho_{3,i,j,k}^n C_{W3,i,j,k}^n(q_W+Mq_M)$$

（5.69）

将式（5.67）~式（5.69）代入式（5.8），得到：

$$A_{i,j,k-1}C_{W3,i,j,k-1}^{n+1}+B_{i,j-1,k}C_{W3,i,j-1,k}^{n+1}+C_{i-1,j,k}C_{W3,i-1,j,k}^{n+1}+D_{i,j,k}C_{W3,i,j,k}^{n+1}$$

$$+E_{i+1,j,k}C_{W3,i+1,j,k}^{n+1}+F_{i,j+1,k}C_{W3,i,j+1,k}^{n+1}+G_{i,j,k+1}C_{W3,i,j,k+1}^{n+1}=H_{i,j,k}^n$$

（5.70）

其中，

$$A_{i,j,k-1}=\frac{1}{\Delta z_k}\left[\begin{array}{l}\lambda_{W,i,j,k-\frac{1}{2}}^n\cdot\left(\dfrac{p_{W,i,j,k}^{n+1}-p_{W,i,j,k-1}^{n+1}}{(\Delta z_k+\Delta z_{k-1})/2}\pm D_{p,i,j,k-\frac{1}{2}}^n-\rho_{W,i,j,k-\frac{1}{2}}g\right)\\[3mm]+M\lambda_{M,i,j,k-\frac{1}{2}}^n\cdot\left(\dfrac{p_{M,i,j,k}^{n+1}-p_{M,i,j,k-1}^{n+1}}{(\Delta z_k+\Delta z_{k-1})/2}\pm D_{p,i,j,k-\frac{1}{2}}^n-\rho_{M,i,j,k-\frac{1}{2}}g\right)\\[3mm]-\dfrac{\varphi\rho_{3,i,j,k-1}^n}{(\Delta z_k+\Delta z_{k-1})/2}\cdot(D_{W3}S_{W,i,j,k-\frac{1}{2}}^n+MD_{M3}S_{M,i,j,k-\frac{1}{2}}^n)\end{array}\right]$$

（5.71）

$$B_{i,j-1,k}=\frac{1}{\Delta y_j}\left[\begin{array}{l}\lambda_{W,i,j-\frac{1}{2},k}^n\left(\dfrac{p_{W,i,j,k}^{n+1}-p_{W,i,j-1,k}^{n+1}}{(\Delta y_j+\Delta y_{j-1})/2}\pm D_{p,i,j-\frac{1}{2},k}^n\right)\\[3mm]+M\lambda_{M,i,j-\frac{1}{2},k}^n\left(\dfrac{p_{M,i,j,k}^{n+1}-p_{M,i,j-1,k}^{n+1}}{(\Delta y_j+\Delta y_{j-1})/2}\pm D_{p,i,j-\frac{1}{2},k}^n\right)\\[3mm]-\dfrac{\varphi\rho_{3,i,j-1,k}^n}{(\Delta y_j+\Delta y_{j-1})/2}\cdot(D_{W3}S_{W,i,j-\frac{1}{2},k}^n+MD_{M3}S_{M,i,j-\frac{1}{2},k}^n)\end{array}\right]$$

（5.72）

$$C_{i-1,j,k}=\frac{1}{\Delta x_i}\left[\begin{array}{l}\lambda_{W,i-\frac{1}{2},j,k}^n\left[\dfrac{p_{W,i,j,k}^{n+1}-p_{W,i-1,j,k}^{n+1}}{(\Delta x_i+\Delta x_{i-1})/2}\pm D_{p,i-\frac{1}{2},j,k}^n\right]\\[3mm]+M\lambda_{M,i-\frac{1}{2},j,k}^n\left[\dfrac{p_{M,i,j,k}^{n+1}-p_{M,i-1,j,k}^{n+1}}{(\Delta x_i+\Delta x_{i-1})/2}\pm D_{p,i-\frac{1}{2},j,k}^n\right]\\[3mm]-\dfrac{\varphi\rho_{3,i-1,j,k}^n}{(\Delta x_i+\Delta x_{i-1})/2}\cdot(D_{W3}S_{W,i-\frac{1}{2},j,k}^n+MD_{M3}S_{M,i-\frac{1}{2},j,k}^n)\end{array}\right]$$

（5.73）

$$D_{i,j,k} = \begin{bmatrix} -\dfrac{D_{W3}S^n_{W,i+\frac{1}{2},j,k}+MD_{M3}S^n_{M,i+\frac{1}{2},j,k}}{\Delta x_i(\Delta x_i+\Delta x_{i+1})/2}+\dfrac{D_{W3}S^n_{W,i-\frac{1}{2},j,k}+MD_{M3}S^n_{M,i-\frac{1}{2},j,k}}{\Delta x_i(\Delta x_i+\Delta x_{i-1})/2} \\[3mm] -\dfrac{D_{W3}S^n_{W,i,j+\frac{1}{2},k}+MD_{M3}S^n_{M,i,j+\frac{1}{2},k}}{\Delta y_j(\Delta y_j+\Delta y_{j+1})/2}+\dfrac{D_{W3}S^n_{W,i,j-\frac{1}{2},k}+MD_{M3}S^n_{M,i,j-\frac{1}{2},k}}{\Delta y_j(\Delta y_j+\Delta y_{j-1})/2} \\[3mm] -\dfrac{D_{W3}S^n_{W,i,j,k+\frac{1}{2}}+MD_{M3}S^n_{M,i,j,k+\frac{1}{2}}}{\Delta z_k(\Delta z_k+\Delta z_{k+1})/2}+\dfrac{D_{W3}S^n_{W,i,j,k-\frac{1}{2}}+MD_{M3}S^n_{M,i,j,k-\frac{1}{2}}}{\Delta z_k(\Delta z_k+\Delta z_{k-1})/2} \\[3mm] -\dfrac{S^{n+1}_{W,i,j,k}-S^n_{W,i,j,k}}{\Delta t^n}-M\dfrac{S^{n+1}_{M,i,j,k}-S^n_{M,i,j,k}}{\Delta t^n}-\dfrac{S^n_{W,i,j,k}+MS^n_{M,i,j,k}}{\Delta t^n} \end{bmatrix} \cdot \varphi\rho^n_{3,i,j,k}$$

$$-\beta^n_{3,i,j,k}\left(\frac{p^{n+1}_{W,i,j,k}-p^n_{W,i,j,k}}{\Delta t^n}+M\frac{p^{n+1}_{M,i,j,k}-p^n_{M,i,j,k}}{\Delta t^n}\right)+\rho^n_{3,i,j,k}(q_W+Mq_M) \tag{5.74}$$

$$E_{i+1,j,k}=\frac{1}{\Delta x_i}\begin{bmatrix} \lambda^n_{W,i+\frac{1}{2},j,k}\left(\dfrac{p^{n+1}_{W,i+1,j,k}-p^{n+1}_{W,i,j,k}}{(\Delta x_i+\Delta x_{i+1})/2}\pm D^n_{p,i+\frac{1}{2},j,k}\right) \\[3mm] +M\lambda^n_{M,i+\frac{1}{2},j,k}\left(\dfrac{p^{n+1}_{M,i+1,j,k}-p^{n+1}_{M,i,j,k}}{(\Delta x_i+\Delta x_{i+1})/2}\pm D^n_{p,i+\frac{1}{2},j,k}\right) \\[3mm] +\dfrac{\varphi\rho^n_{3,i+1,j,k}}{(\Delta x_i+\Delta x_{i+1})/2}\cdot(D_{W3}S^n_{W,i+\frac{1}{2},j,k}+MD_{M3}S^n_{M,i+\frac{1}{2},j,k}) \end{bmatrix} \tag{5.75}$$

$$F_{i,j+1,k}=\frac{1}{\Delta y_j}\begin{bmatrix} \lambda^n_{W,i,j+\frac{1}{2},k}\left(\dfrac{p^{n+1}_{W,i,j+1,k}-p^{n+1}_{W,i,j,k}}{(\Delta y_j+\Delta y_{j+1})/2}\pm D^n_{p,i,j+\frac{1}{2},k}\right) \\[3mm] +M\lambda^n_{M,i,j+\frac{1}{2},k}\left(\dfrac{p^{n+1}_{M,i,j+1,k}-p^{n+1}_{M,i,j,k}}{(\Delta y_j+\Delta y_{j+1})/2}\pm D^n_{p,i,j+\frac{1}{2},k}\right) \\[3mm] +\dfrac{\varphi\rho^n_{3,i,j+1,k}}{(\Delta y_j+\Delta y_{j+1})/2}\cdot(D_{W3}S^n_{W,i,j+\frac{1}{2},k}+MD_{M3}S^n_{M,i,j+\frac{1}{2},k}) \end{bmatrix} \tag{5.76}$$

$$G_{i,j,k+1}=\frac{1}{\Delta z_k}\begin{bmatrix} \lambda^n_{W,i,j,k+\frac{1}{2}}\cdot\left[\dfrac{p^{n+1}_{W,i,j,k+1}-p^{n+1}_{W,i,j,k}}{(\Delta z_k+\Delta z_{k+1})/2}\pm D^n_{p,i,j,k+\frac{1}{2}}-\rho_{W,i,j,k+\frac{1}{2}}g\right] \\[3mm] +M\lambda^n_{M,i,j,k+\frac{1}{2}}\cdot\left[\dfrac{p^{n+1}_{M,i,j,k+1}-p^{n+1}_{M,i,j,k}}{(\Delta z_k+\Delta z_{k+1})/2}\pm D^n_{p,i,j,k+\frac{1}{2}}-\rho_{M,i,j,k+\frac{1}{2}}g\right] \\[3mm] +\dfrac{\varphi\rho^n_{3,i,j,k+1}}{(\Delta z_k+\Delta z_{k+1})/2}\cdot(D_{W3}S^n_{W,i,j,k+\frac{1}{2}}+MD_{M3}S^n_{M,i,j,k+\frac{1}{2}}) \end{bmatrix} \tag{5.77}$$

$$H_{i,j,k}=-\frac{\varphi\rho^n_{3,i,j,k}}{\Delta t^n}(S^n_{W,i,j,k}+MS^n_{M,i,j,k})C^{n-1}_{W3,i,j,k}$$

$$+a^n_{W3,i,j,k}\rho^n_{3,i,j,k}C_{fW,i,j,k}\frac{p^{n+1}_{W,i,j,k}-p^n_{W,i,j,k}}{\Delta t^n}+a^n_{M3,i,j,k}\rho^n_{3,i,j,k}C_{fM,i,j,k}\frac{p^{n+1}_{M,i,j,k}-p^n_{M,i,j,k}}{\Delta t^n} \tag{5.78}$$

同理，对式（5.70）进行求解，即可得到第 $n+1$ 时刻的表面活性剂组分在各相中的浓度。

5.4 方程组的解法

线性方程组的求解方法基本上可以分为直接解法和迭代解法，直接解法是对原方程组经过运算处理，消去部分变量，得到与原方程等价的且便于求解的方程组，逐步接触各个变量的值，具有准确性强、可靠性大的优点；而迭代解法是先估计一组变量值作为迭代初值，经过某种迭代过程，逐次修改迭代初值使求解结果能够无限逼近原方程组真实解的方法，是一种近似解法，具有计算所需存储量小、模拟油藏规模大的优点。本书求解线性方程组采用预处理共轭梯度法，运用了直接解法中 LU 分解和迭代求解的原理，既避免了因计算机存储容量限制引起的计算困难，又避免了难以实现大规模油藏数值模拟的问题。

5.4.1 带状矩阵 LU 分解法

LU 分解法用矩阵运算的形式来表示高斯消元法的过程，基本思路就是把原方程的系数矩阵 A 分解成一个下三角矩阵 L 和一个上三角矩阵 U 的乘积，即 $A=LU$，则 $LUX=B$，令 $UX=Y$，则 $LY=B$。因此，LU 分解法可分为 3 步进行，具体步骤为：①将 A 分解为 LU 的乘积；②用 $LY=B$ 前推求中间矩阵 Y；③将 $UX=Y$ 回代求 X（李淑霞，2008）。

1. 满阵的 LY 分解法

对于矩阵方程 $AX=B$，系数矩阵 A 为

$$A = \begin{pmatrix} a_{11} & a_{12} & \cdots & a_{1n} \\ a_{21} & a_{22} & \cdots & a_{2n} \\ \vdots & \vdots & & \vdots \\ a_{n1} & a_{n2} & \cdots & a_{nn} \end{pmatrix} \tag{5.79}$$

将 A 进行分解，所得的矩阵 L 和 U 可写为（U 为单位上三角矩阵，对角线元素全为 1）

$$L = \begin{pmatrix} l_{11} & & & \\ l_{21} & l_{22} & & \\ \vdots & \vdots & \ddots & \\ l_{n1} & l_{n2} & \cdots & l_{nn} \end{pmatrix} \tag{5.80}$$

$$U = \begin{pmatrix} 1 & u_{12} & \cdots & u_{1n} \\ & 1 & \cdots & u_{2n} \\ & & \ddots & \vdots \\ & & & 1 \end{pmatrix} \tag{5.81}$$

按照矩阵相乘法则，可以推导 L 和 U 中各元素计算公式：

$$\begin{aligned} a_{ij} &= \sum_{k=1}^{n} l_{ik} u_{kj} = \sum_{k=1}^{j-1} l_{ik} u_{kj} + l_{ij} u_{jj} + \sum_{k=j+1}^{n} l_{ik} u_{kj} \\ &= \sum_{k=1}^{i-1} l_{ik} u_{kj} + l_{ii} u_{ij} + \sum_{k=i+1}^{n} l_{ik} u_{kj} \end{aligned} \tag{5.82}$$

已知 U 为单位上三角矩阵，$u_{jj}=1$，$u_{kj}=0$（$k>j$ 时），式（5.82）可化简为

$$a_{ij} = \sum_{k=1}^{j-1} l_{ik}u_{kj} + l_{ij} \qquad (5.83)$$

那么 L 中各元素计算公式如下：

$$l_{ij} = a_{ij} - \sum_{k=1}^{j-1} l_{ik}u_{kj} \quad (i=1,2,\cdots,n;j=1,2,\cdots,i) \qquad (5.84)$$

已知 L 为下三角矩阵，$l_{ik}=0$（$i<k$ 时），式（5.82）可化简为

$$a_{ij} = \sum_{k=1}^{i-1} l_{ik}u_{kj} + l_{ii}u_{ij} \qquad (5.85)$$

那么 U 中各元素计算公式如下：

$$u_{ij} = \frac{a_{ij} - \sum\limits_{k=1}^{i-1} l_{ik}u_{kj}}{l_{ii}} \quad (i=1,2,\cdots,n-1;j=i+1,i+2,\cdots,n) \qquad (5.86)$$

即对于 $i=1,2,\cdots,n$，L 和 U 各元素计算通式为

$$\begin{cases} l_{ij} = a_{ij} - \sum\limits_{k=1}^{j-1} l_{ik}u_{kj} \quad (j=1,2\cdots,i) \\ u_{ij} = \dfrac{a_{ij} \quad \sum\limits_{k=1}^{i-1} l_{ik}u_{kj}}{l_{ii}} \quad (j=i+1,i+2,\cdots,n) \end{cases} \qquad (5.87)$$

求出 L 和 U 后应用公式 $LY=B$ 前推，Y 计算公式为

$$\begin{cases} y_1 = \dfrac{b_1}{l_{11}} \\ y_i = \dfrac{b_i - \sum\limits_{k=1}^{i-1} l_{ik}y_k}{l_{ii}} \quad (i=2,3,\cdots,n) \end{cases} \qquad (5.88)$$

又已知 $UX=Y$，那么 X 计算公式为

$$\begin{cases} x_n = y_n \\ x_i = y_i - \sum\limits_{k=i+1}^{n} u_{ik}x_k \quad (i=n-1,\cdots,2,1) \end{cases} \qquad (5.89)$$

2. 带状稀疏矩阵的 LU 分解法

根据微乳液驱油数学模型可知，形成的线性方程组为七条带矩阵，带状稀疏矩阵的 LU 分解与满阵的 LU 分解是类似的，分解出的下三角矩阵 L 和上三角矩阵 U 也是带状矩阵。对于半带宽为 W 的系数矩阵 A，矩阵结构如图 5.1 所示。

系数矩阵 A 为带状矩阵，当 $|j-i|>W$ 时，$a_{ij}=0$；对于下三角矩阵 L，当 $j>i$ 或 $j<i-W$ 时，$l_{ij}=0$；对于单位上三角矩阵 U，当 $j<i$ 或 $j>i-W$ 时，$u_{ij}=0$。与满阵相比，带状矩阵 LU 分解法计算只在带宽范围内进行。即对于 $i=1,2,\cdots,n$，L 和 U 各元素计算通式为

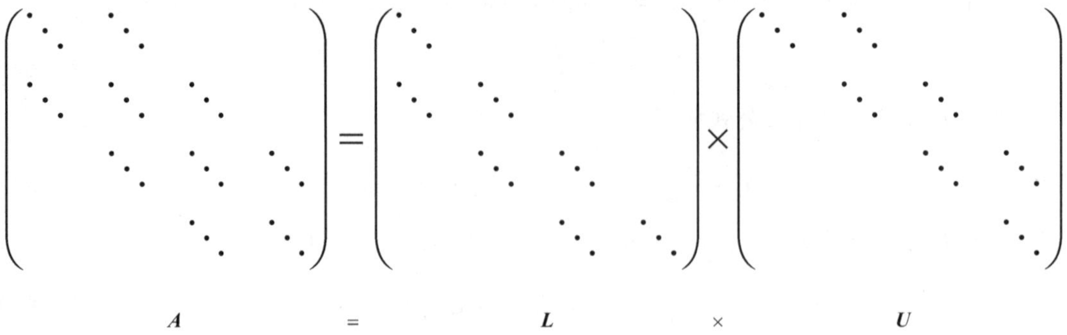

$$A \qquad = \qquad L \qquad \times \qquad U$$

图 5.1　带状矩阵的 LU 分解

$$\begin{cases} l_{ij} = a_{ij} - \displaystyle\sum_{k=\max(i-W,1)}^{j-1} l_{ik}u_{kj} \quad [\,j = \max(i-W,1),\cdots,i-1,i\,] \\[4mm] u_{ij} = \dfrac{a_{ij} - \displaystyle\sum_{k=\max(j-W,1)}^{i-1} l_{ik}u_{kj}}{l_{ii}} \quad [\,j = i+1,i+2,\cdots,\min(i+W,n)\,] \end{cases} \tag{5.90}$$

Y 计算公式为

$$\begin{cases} y_1 = \dfrac{b_1}{l_{11}} \\[4mm] y_i = \dfrac{b_i - \displaystyle\sum_{k=\max(i-W,1)}^{i-1} l_{ik}y_k}{l_{ii}} \quad (i = 2,3,\cdots,n) \end{cases} \tag{5.91}$$

X 计算公式为

$$\begin{cases} x_n = y_n \\[4mm] x_i = y_i - \displaystyle\sum_{k=i+1}^{\min(i+W,n)} u_{ik}x_k \quad (i = n-1,\cdots,2,1) \end{cases} \tag{5.92}$$

5.4.2　预处理共轭梯度法

对于矩阵方程 $AX=B$，设 M 为非奇异矩阵，则可以构造迭代公式：

$$M\Delta X^{(k+1)} = B - AX^{(k)} \tag{5.93}$$

式中，k 为迭代次数，$\Delta X^{(k+1)} = X^{(k+1)} - X^{(k)}$ 表示两次迭代之间的增量，若迭代结果收敛（迭代次数 k 足够多时），$X^{(k+1)} \approx X^{(k)}$，$\Delta X^{(k+1)} \approx 0$，稳定性越好。在直接解法中，矩阵 M 等同于矩阵 A，迭代次数为 1，在迭代解法中，矩阵 M 越接近于 A，达到收敛标准所需的迭代次数越少，求解方程所需的时间步长越大。

1. 矩阵的不完全 LU 分解

在油藏数值模拟中求解的大多是含有大量零元素的带状稀疏矩阵，在进行 LU 分解时所需要的计算工作量大，一方面消去了部分非零元素，另一方面把部分位置上的零元素变成了非零元素，为了节约内存、减少计算工作量，一般通过不完全 LU 分解获得较简单近似矩阵。不完全 LU 分解过程中，保留充填级次较低的非零元素，去掉充填级次较高的非零元素，一般来说，新充填的非零元素值要显著地小于原有的非零元素值，后充填的（充填级次较高的）非零元素值则小于先充填的（充填级次较低的）非零元素值。研究表明，保留的充填级次一般不宜大于 2。

2. ORTHOMIN 加速法

对于对称系数矩阵，共轭梯度法能够加速迭代过程法的收敛速度；对于非对称矩阵，共轭梯度法难以适用，需要采用基于共轭梯度法的 ORTHOMIN 加速法。

令 $\boldsymbol{M}=\boldsymbol{LU}$，$\boldsymbol{LU}=\boldsymbol{A}+\boldsymbol{E}$，$\boldsymbol{R}^{(k)}=\boldsymbol{B}-\boldsymbol{AX}^{(k)}$，$\boldsymbol{E}$ 为误差矩阵，$\boldsymbol{R}^{(k)}$ 为定义的矩阵，迭代公式 ［式（5.93）］ 可写成：

$$\boldsymbol{LU}\Delta\boldsymbol{X}^{(k+1)}=\boldsymbol{R}^{(k)} \tag{5.94}$$

求解公式变为

$$\begin{cases} \boldsymbol{Y}=\boldsymbol{L}^{-1}\boldsymbol{R}^{(k)} \\ \Delta\boldsymbol{X}^{(k+1)}=\boldsymbol{U}^{-1}\boldsymbol{Y} \\ \boldsymbol{X}^{(k+1)}=\boldsymbol{X}^{(k)}+\Delta\boldsymbol{X}^{(k+1)} \end{cases} \tag{5.95}$$

ORTHOMIN 加速法采用的加速措施为正交化和极小化，实践表明，并不需要使 $\boldsymbol{M}q^{(k+1)}$ 与以前所有迭代的 $\boldsymbol{M}q^{(i)}$ 都正交。只要使 $\boldsymbol{M}q^{(k+1)}$ 与其前面的有限 NORTH 个 $\boldsymbol{M}q^{(i)}$ 正交即可，具体迭代过程如下：

（1）计算 $\boldsymbol{R}^{(0)}=\boldsymbol{B}-\boldsymbol{AX}^{(0)}$

（2）正交化过程

$$\begin{cases} \Delta\boldsymbol{X}^{(k+1)}=\boldsymbol{M}^{(-1)}\boldsymbol{R}^{(k)} \\ q^{(k+1)}=\Delta\boldsymbol{X}^{(k+1)}-\displaystyle\sum_{i=k-\text{NORTH}}^{k} a_i^{(k+1)}q^{(i)} \end{cases} \tag{5.96}$$

（3）计算正交化系数，满足 $\left[\boldsymbol{M}q^{(k)},\boldsymbol{M}q^{(i)}\right]=0$

$$a_i^{(k+1)}=\frac{\left[\boldsymbol{M}q^{(i)},\boldsymbol{M}\Delta\boldsymbol{X}^{(k+1)}\right]}{\left[\boldsymbol{M}q^{(i)},\boldsymbol{M}q^{(i)}\right]} \tag{5.97}$$

（4）极小化过程

$$\begin{cases} \boldsymbol{X}^{(k+1)}=\boldsymbol{X}^{(k)}+\omega^{(k+1)}q^{(k+1)} \\ \boldsymbol{R}^{(k+1)}=\boldsymbol{R}^{(k)}-\omega^{(k+1)}\boldsymbol{A}q^{(k+1)} \end{cases} \tag{5.98}$$

（5）计算极小化系数（$\omega^{(k+1)}$ 为极小化因子），满足 $\left\|\boldsymbol{R}^{(k+1)}\right\|_2=\left\|\boldsymbol{R}^{(k)}-\omega^{(k+1)}\boldsymbol{M}q^{(k+1)}\right\|_2$

$$\omega^{(k+1)}=\frac{\left[\boldsymbol{R}^{(k)},\boldsymbol{M}q^{(k+1)}\right]}{\left[\boldsymbol{M}q^{(k+1)},\boldsymbol{M}q^{(k+1)}\right]} \tag{5.99}$$

不完全 LU 分解法与 ORTHOMIN 加速法相结合的预处理共轭梯度法可用于求解常规迭代法难以求解的各种复杂的系数矩阵方程，甚至是病态的系数矩阵方程等，具有适应性强、计算速度快、收敛速度快等优点，是目前油藏数值模拟中求解大型线性方程组的最有效的方法。

5.5　软件编制和应用指南

5.5.1　软件编制流程

应用有限元差分方法对模型进行求解，数值模拟流程如图 5.2 所示。

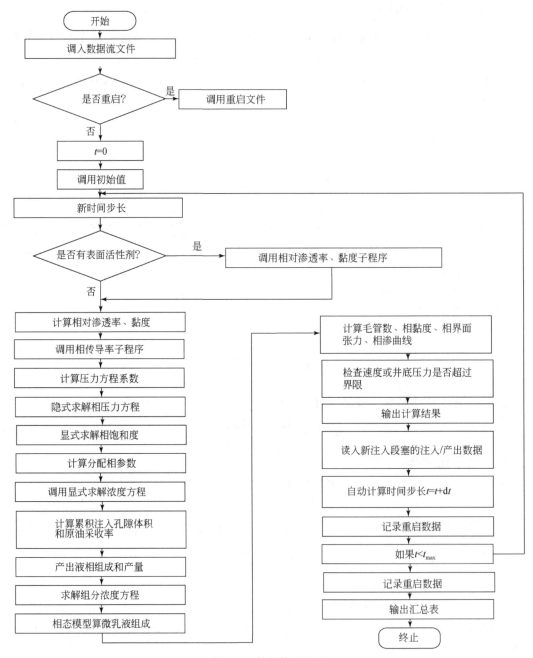

图 5.2　数值模拟流程

（1）考虑油相（重烃、轻烃）、水相和微乳液相三相，联立方程求得 $n+1$ 时刻压力项：p_O、p_W、p_M；

（2）将压力项 p_O、p_W、p_M 带回至质量守恒方程，求解 $n+1$ 时刻饱和度项 S_O、S_W、S_M；

（3）联立方程可以得到含有变量 C_{W3} 的微分方程，将已求解的变量 p_O 及 S_W 代入即可求得 C_{W3}；

（4）应用新建立的相态模型计算得到微乳液相态及微乳液性质等。

5.5.2　软件应用指南

1. 微乳液相态数据

C2PLC——在 Ⅱ 型区域内褶点处的油浓度。

C2PRC——在 Ⅰ 型区域内褶点处的油浓度。

EPSME——形成胶束的最小表面活性剂浓度（临界胶束浓度 CMC）。

IMASS——标识是否选择水中存在溶解油的标识符。

取值：0 代表在表面活性剂存在下水中无溶解油。

1 代表在表面活性剂存在下水中有溶解油或水中存在油相等非平衡传质。

IHAND——确定是否考虑改进后的 HAND 准则。

取值：0 代表对相态采用原始的 HAND 准则进行考虑。

1 代表对相态采用改进的 HAND 准则进行考虑。

注意：只有对油/微乳液相，Ⅰ 型相环境，且 IMASS＝1 时，IHAND＝1 才有效。

2. 微乳液黏度数据

ALPHAV（I）——I＝1 到 5 合成相黏度系数，5 个参数必须为正值。

GAMMAC——下述剪切速率方程的参数（IUNIT＝1）。

POWN——计算与黏度有关的剪切速率的指数。

3. 微乳液驱渗流数据

THPRES——门限压力，用来设置相邻平衡区间流动的门限压力。相邻平衡区的每个界面都有一个门限压力（如果 QTHPRS＝T），当 QREVTH＝F，每个界面有两个门限压力，一个方向一个压力值。如果 THPRES 关键字有给出门限压力，则取 0 值。如果 QREVTH＝F，需各个方向单独定义门限压力，否则没有定义方向的门限压力模型采用 0 值。

EQLNUM——平衡区号数，关键字后面为每个网格输入一个整数来指定网格所属的平衡区，区号数不能小于 1 或大于 NTEQUL。

注意：设置门限压力时需要几个数据记录，平衡区域起点号（I）必须不超过 NTEQUL、平衡区域起终点号（J）必须超过 NTEQUL 从区 I 到区 J 流动所需的门限压力值。

5.6　计算稳定性及时间步长选择

在油藏数值模拟计算过程中，需要保证求解方法的收敛性，所采用的时间步长是在一定范围内自动选择处理的，其大小主要取决于空间离散网格内动态参数变化和稳定性的要求，当出现计算结果不收敛的情况时，需要适当缩小时间步长、增加迭代次数。具体方法如下所示。

（1）给定计算过程中任一时间步所允许的最大压力变化值 DP_{max} 和最大饱和度变化值 DS_{max}，在该时间步长计算完成后，给出该时间步长内所有网格压力、饱和度的实际最大变化值 DPMC 和 DSMC。

$$DPMC = \max(p_{i,j,k}^{n+1} - p_{i,j,k}^{n}) \tag{5.100}$$

$$DSMC = \max(S_{O,i,j,k}^{n+1} - S_{O,i,j,k}^{n}, S_{W,i,j,k}^{n+1} - S_{W,i,j,k}^{n}, S_{M,i,j,k}^{n+1} - S_{M,i,j,k}^{n}) \tag{5.101}$$

（2）判断实际压力（饱和度）的最大变化值与最大允许压力（饱和度）变化值之间的大小关系。

当 $DPMC < DP_{max}$ 且 $DSMC < DS_{max}$ 时，时间步长增加形式为

$$\Delta t^{new} = \Delta t^{old} \times FACT1 \quad FACT1 \geqslant 1 \tag{5.102}$$

当 $DPMC > DP_{max}$ 或 $DSMC > DS_{max}$ 时，时间步长减小形式为

$$\Delta t^{new} = \Delta t^{old} \times FACT2 \quad FACT2 < 1 \tag{5.103}$$

（3）给定时间步长变化范围，时间步长应该在 $\Delta t_{min} \sim \Delta t_{max}$ 之间变化，超过这个区间时，分别取最小时间步长值、最大时间步长值。

5.7　模　型　验　证

根据本章提出的低渗透油藏微乳液驱油数学模型建立及求解方法，编制相应的数值模拟软件，分别应用 UTCHEM 软件和岩心实验结果对模型进行验证，能够模拟低渗透油藏微乳液驱油过程中启动压力梯度变化，增加了微乳液驱油方案数值模拟的可靠性。

5.7.1　UTCHEM 软件验证

以大庆油田某一低渗透油藏五点法面积井网（1注4采）为研究对象，X 方向和 Y 方向均划分为 35 个网格，网格步长为 10m，模型中储层埋深约 1100m，注采井距为 300m，平均孔隙度为 15.0%，平均渗透率为 $9.5 \times 10^{-3} \mu m^2$，平均油层厚度为 1.5m，原油黏度约为 8.5mPa·s。分别应用 UTCHEM 软件和新建立的微乳液驱油数学模型开展区块数值模拟研究，考虑真实启动压力梯度对水驱或微乳液驱渗流特征的影响，建立低渗透油藏水驱油和微乳液驱油模型，给出水驱/微乳液驱开发至 0.6PV[①] 时含油饱和度变化，如图 5.3 所示。

---

① PV 为注入倍数，即累计注入量与孔隙体积的比值。

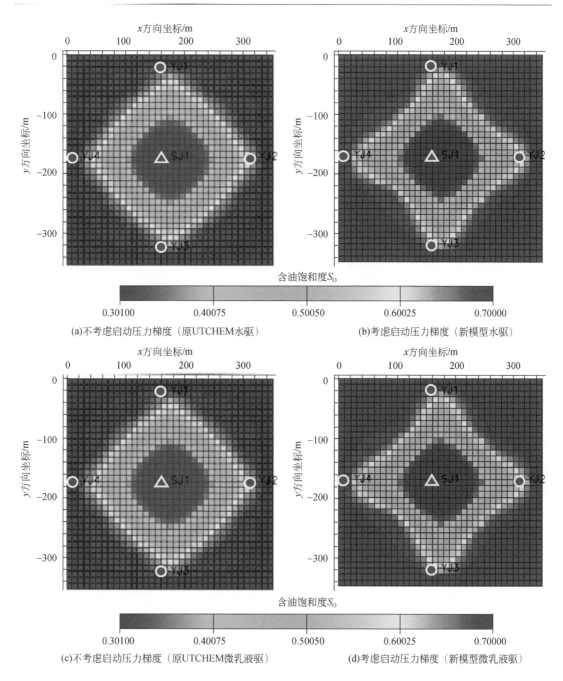

(a)不考虑启动压力梯度（原UTCHEM水驱）　　　　(b)考虑启动压力梯度（新模型水驱）

(c)不考虑启动压力梯度（原UTCHEM微乳液驱）　　　(d)考虑启动压力梯度（新模型微乳液驱）

图 5.3　新模型与原 UTCHEM 软件含油饱和度对比

不同驱替方式和渗流特征影响低渗透油藏有效驱动系数，其中，不考虑启动压力梯度微乳液驱模型有效驱动系数最大，其次是考虑启动压力梯度微乳液驱模型、不考虑启动压力梯度水驱模型，考虑启动压力梯度水驱模型有效驱动系数最小。在相同驱替方式下，开发至相同时间时，与不考虑启动压力梯度的模型对比，考虑启动压力梯度的模型在主流线方向上的含油饱和度略有差异，而非流线方向上的含油饱和度明显较高，驱动范围较小，说明由于启动压力梯度的存在，相同驱替压差克服压力梯度流动使驱动范围降低，主流线方向与非主流线方向受效范围差异较大，非线性渗流特征明显，此时考虑启动压力梯度水驱模型有效驱动系数仅为 0.682；在相同渗流特征下，开发至相同时间时，与考虑启动压力梯度水驱模型相比，微乳液驱模型非主流线方向上的含油饱和度明显偏低，驱动范围偏大，说明表面活性剂的存在降低了低渗透油藏非线性渗流特征，相同驱替压差克服压力梯度的影响较小，使驱动范围增大，此时，考虑启动压力梯度微乳液驱模型有效驱动系数为 0.794。

以其中一口生产井为例，新模型与原 UTCHEM 软件预测含水率和累积产油量结果对比如图 5.4 所示，验证结果见表 5.3。

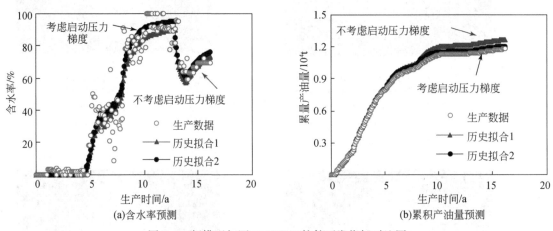

(a)含水率预测　　　　　　　　　　　　(b)累积产油量预测

图 5.4　新模型与原 UTCHEM 软件开发指标对比图

表 5.3　新模型与原 UTCHEM 软件验证结果

序号	拟合参数		原 UTCHEM (不考虑启动压力梯度模型)	新模型 (考虑启动压力梯度模型)
1	含水率最低值	实际值/%	58.82	
		数值模拟/%	56.73	59.79
		误差/%	3.56	1.64
2	水驱累积产油量	实际值/(10^4t)	1.12	
		数值模拟/(10^4t)	1.20	1.15
		误差/%	6.63	2.46
3	合计累积产油量	实际值/(10^4t)	1.18	
		数值模拟/(10^4t)	1.26	1.21
		误差/%	7.23	2.23

与原 UTCHEM 软件（不考虑启动压力梯度）相比，新模型（考虑启动压力梯度）预测含水率和累积产油量结果与实际数据拟合较好，拟合结果符合精度要求。以低渗透油藏五点法井网为例，开发至目前，实际累积产油量为 1.18×10^4t，当储层中不存在启动压力

梯度时，UTCHEM 软件预测累积产油量为 $1.26×10^4$ t，误差为 7.23%；当储层中存在真实启动压力梯度时，该井网有效驱动系数降低，在不改变油水井工作制度的情况下，主流线上油井容易见效，采出液中含水率提高，累积产油量降低，且随着真实启动压力梯度的增大，含水率增加幅度变大，累积产油量降低幅度变大，新模型预测累积产油量为 $1.21×10^4$ t，误差为 2.23%，提高了拟合精度。

5.7.2　岩心实验结果验证

应用长条岩心分别开展水驱和微乳液驱油实验，实验温度为 45℃，微乳液驱实验方案为水驱至岩心出口端含水为 80% 后，注入 0.3PV 微乳液，后续水驱至含水 98% 为止，实验岩心拟合结果如图 5.5 所示，数据见表 5.4。

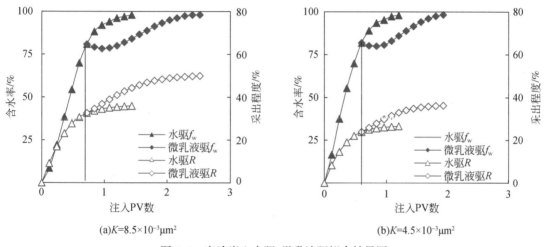

(a)K=8.5×10⁻³μm²　　　　　　　(b)K=4.5×10⁻³μm²

图 5.5　实验岩心水驱/微乳液驱拟合结果图

表 5.4　实验岩心水驱/微乳液驱拟合结果表

序号	拟合参数		K=8.5×10⁻³ μm²	K=4.5×10⁻³ μm²
1	水驱油效率	实际值/%	35.97	26.52
		数值模拟/%	35.66	26.58
		误差/%	0.84	0.22
2	微乳液驱油效率	实际值/%	13.93	9.74
		数值模拟/%	14.16	9.77
		误差/%	1.68	0.31
3	总采收率	实际值/%	49.89	36.26
		数值模拟/%	49.80	36.35
		误差/%	0.19	0.24

　　新模型预测含水率和水驱油、微乳液驱油效率结果与岩心实验结果较为接近，以渗透率为 $8.5 \times 10^{-3} \mu m^2$ 的岩心为例，实际水驱油效率为 35.97%，新模型计算为 35.66%，误差仅为 0.84%；实际微乳液驱油效率为 13.93%，新模型计算为 14.16%，误差为 1.68%。渗透率为 $8.5 \times 10^{-3} \mu m^2$、$4.5 \times 10^{-3} \mu m^2$ 的岩心总采收率分别达到 49.89% 和 36.26%，新模型计算误差均在 3% 以内，符合低渗透油藏微乳液驱油数值模拟精度要求。

第6章 微乳液驱油方案数值模拟应用实例

在建立低渗透油藏微乳液驱油数学模型的基础上，结合实验数据和矿场数据，对低渗透区块开展水驱油和微乳液驱油数值模拟研究，分别预测水驱和微乳液驱开发效果，通过经济评价优选合理的微乳液驱开发方案，实现低渗透油藏化学驱提高剩余储量动用程度的目的。

6.1 地质模型建立

应用 Petrel 软件分别建立低渗透油藏三维构造模型和孔隙度、渗透率、含油饱和度和厚度等属性模型。

6.1.1 储层特征

1. 砂体及油层发育特征

研究区块是在松辽盆地由断陷向拗陷发展的过渡时期，即大规模沉降前期形成的一套以河流相为主的沉积，沉积环境受西南部沉积体系控制，主要发育三角洲分流平原亚相，砂体呈条带状、透镜状展布。扶余油层主要发育 3 个油层组、47 个沉积单元。

统计全区所有井储层发育特征，平均单井钻遇砂岩厚度为 13.5m，油层厚度为 10.1m。通过储层分类评价，$FI6_3$、$FII1_1$、$FII1_2$ 层为 II 类储层，$FI2_3$、$FI3_3$、$FI4$、$FI5_2$、$FI7_3$、$F2_3$ 层为 III 类储层，其余为 IV 类储层（表 6.1）。

表 6.1 区块储层评价分类

项目	II 类			III 类						IV 类平均 38 个层	小计
	$FI6_3$	$FII1_1$	$FII1_2$	$FI2_3$	$FI3_3$	$FI4$	$FI5_2$	$FI7_3$	$F2_3$		
钻遇井数/口	75	52	42	30	26	30	47	28	24	19	127
钻遇率/%	58.7	41.2	32.8	23.8	20.5	23.6	37.1	22.3	19.2	8.5	
平均砂岩厚度/m	2.4	3.0	3.0	2.3	1.7	2.5	2.5	2.5	2.8	1.8	13.5
平均有效厚度/m	2.0	2.5	2.4	1.9	1.3	1.8	2.0	1.9	2.2	1.2	10.1
碾平有效厚度/m	1.2	1.0	0.8	0.5	0.3	0.4	0.7	0.4	0.4	0.1	
储量/（10^4t）	85.7	75.1	57.9	34.0	19.7	31.5	54.1	30.6	30.9	310.7	730.2
砂体发育形态	片状			条带状						透镜状	

注：空白表示不适用。

Ⅱ类储层储量为218.70×10⁴t，占总地质储量的29.96%，钻遇率为32.8%～49.7%。砂体呈片状分布，属大中型低弯曲分流河道沉积，主河道砂大面积分布，点坝发育，分流间伴随着一些多变的决口河道砂体及分流间小型河道砂体，并发育少量决口扇及溢岸砂体。单一河道砂体宽度一般为400～800m，复合曲流带砂体宽度一般为1000～2000m，砂岩厚度为2.4～3.0m，有效厚度为2.0～2.5m，宽厚比一般大于200；电测曲线以钟形为主，箱形为辅，显示出以点坝侧向加积沉积为主，垂向充填沉积为辅的特征，曲流段点坝侧向加积，正韵律，砂体边部及顶部物性较差，下部物性较好，而河道顺直段垂向加积，均质块状韵律，连通较好，是该区块的主力产层。

Ⅲ类储层储量为200.70×10⁴t，占总地质储量的27.49%，钻遇率为19.2%～37.1%。砂体呈条带状分布，属小型低弯曲分流河道沉积，平面上砂体边界圆滑曲折，凹凸相间，两岸协调对应，砂体形态多样，分流间伴随着一些多变的决口河道砂体及分流间小型河道砂体，并发育少量决口扇及溢岸砂体；单一河道砂体宽度一般为300～400m，复合曲流带砂体宽度一般为500～1000m，砂岩厚度为1.7～2.8m，有效厚度为1.3～2.2m，宽厚比为100～200，电测曲线以钟形为主，以侧向加积沉积为主，只在较厚的主体段显示块状均匀层特征。

Ⅳ类储层储量为310.60×10⁴t，占总地质储量的42.55%，钻遇率为1.8%～19.2%。砂体多呈窄条带或透镜状零星分布，属顺直分流河道沉积和湖沼相沉积。顺直分流河道沉积，砂体呈窄条带状，组合形态繁多，边界圆滑流畅，方向性更强，不能明显区别正常与废弃河道沉积，平面形态为顺直–微弯的鞋带状，或断续的豆荚状，剖面上呈顶平下凸的透镜状；砂体宽度一般小于300m，砂岩厚度平均为1.8m，有效厚度平均为1.2m，只是在局部合并处宽度可达到500m以上，宽厚比小于100；以垂向充填为主，只在较厚的主体段显示块状均匀层特征，其余段渗透率垂向演变以正渐变为主。湖沼相沉积，砂体零散分布，砂体分布以小于1m薄层为主。

2. 岩性和物性特征

扶余油层以不等粒混杂型碎屑砂岩为主，粒度中值为0.097～0.118μm，碎屑中石英占30%，长石占34%，岩屑占25%。砂岩以泥质胶结为主，平均泥质含量为12.9%～16.3%。区块储层有效孔隙度为16.0%，渗透率为10.0×10⁻³μm²，含油饱和度为52.0%（表6.2）。

表6.2　区块储层分类

储层分类	储量/(10⁴t)	占全区储量比例/%	孔隙度/%	渗透率/(10⁻³μm²)	含油饱和度/%
Ⅱ类储层	218.7	29.96	15.78	11.99	0.54
Ⅲ类储层	200.8	27.49	16.41	8.57	0.52
Ⅳ类储层	310.7	42.55	15.63	7.91	0.50
试验区合计	730.2	100.00	16.01	10.0	0.52

3. 流体性质

统计本区 25 口井原油物性分析资料，地面原油黏度为 28.7mPa·s，地面原油密度为 0.8638t/m³，凝固点为 30.8℃，含蜡量为 23.1%，含胶量为 13.3%。根据探井高压物性分析结果，油层饱和压力为 6.44MPa，地层原油密度为 0.814t/m³，地层原油黏度为 9.5mPa·s，体积系数为 1.083。

6.1.2　地质模型

平面上采用不等距的角点网格，X 方向划分 118 个网格，Y 方向划分 133 个网格，网格步长为 30m，纵向划分 46 个模拟层，目前模拟区内油水井数共 127 口。

1. 建立三维构造模型

区块建模面积为 18.8km²，研究中为满足精细油藏研究需要，根据加密井网密度确定平面网格间距为 30m，纵向按沉积单元划分 46 个模拟层，区块三维构造模型如图 6.1 所示。

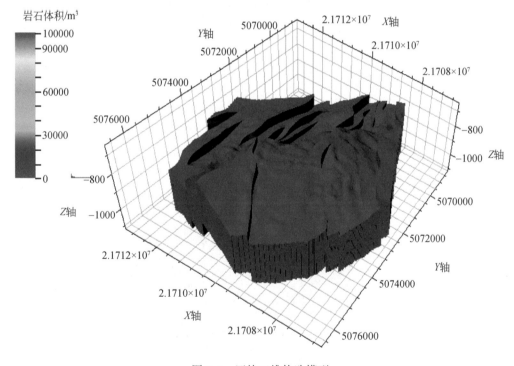

图 6.1　区块三维构造模型

2. 建立三维相控属性模型

在三维构造模型基础上，以精细地质研究成果——沉积相带图数字化边界为约束条件，建立沉积相的三维分布模型。通过采用变差函数进行数据分析，结合砂体的垂向概率分布曲线，以沉积微相二维趋势面为约束，加载地震体进行协同模拟，利用序贯指示模拟算法建立了区块三维砂体分布模型，将相控岩性模型作为约束条件，加载地震体进行协同模拟，采用序贯高斯随机模拟方法，并调用数据分析结果，建立储层孔隙度、渗透率、含油饱和度、净毛比属性模型，如图6.2所示。

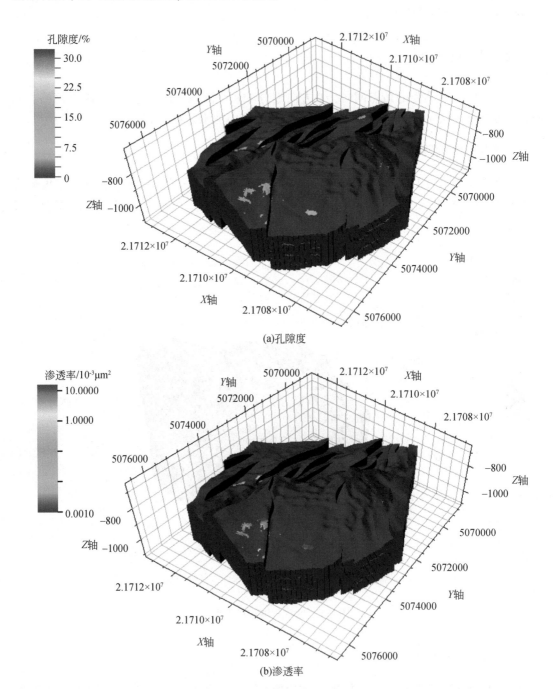

(a)孔隙度

(b)渗透率

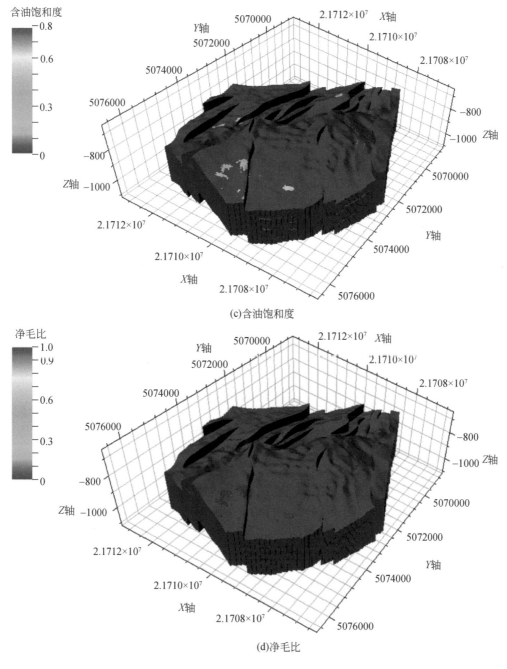

(c)含油饱和度

(d)净毛比

图 6.2　区块属性模型

6.2　水驱数值模拟

对区块开展水驱数值模拟研究，分别对区块地质储量、产液量、含水率等开发指标进行水驱历史拟合，并预测水驱开发效果。

6.2.1 历史拟合

在产液量拟合过程中，通过注采比和压力变化，监测产液量的拟合结果，对于产液产不出来的井，通过查看井周围注采情况、连通情况等综合分析，确定调整方法，通过拟合，可知产液量拟合程度较高，并对含水率、累积产油量、采出程度进行历史拟合，如图6.3所示，拟合结果见表6.3。

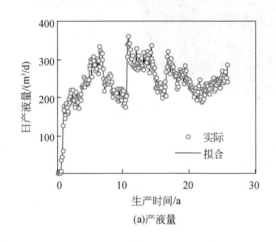

(a)产液量

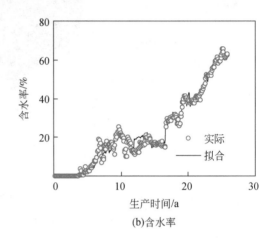

(b)含水率

图6.3　区块水驱历史拟合图

表6.3　区块水驱历史拟合结果表

油层类型	原始地质储量 /(10^4t)	拟合至2018年12月底		
		综合含水率/%	累积产油量/(10^4t)	采出程度/%
实际	730.00	63.13	171.83	23.54
数模	741.50	64.35	173.24	23.36

通过计算，原始地质储量绝对误差为11.50%，拟合至2018年12月底，综合含水率绝对误差为1.22%；累积产油量绝对误差为1.41%；采出程度为23.54%，绝对误差为0.18%，各项水驱开发指标拟合结果均符合精度要求。

6.2.2 开发指标预测

在不改变油水井工作制度的情况下，水驱开发至含水率达到90%，区块阶段采出程度为2.93%，水驱采收率为26.29%。水驱产液量及含水率变化曲线如图6.4所示，水驱结束时各类储层动用状况见表6.4。

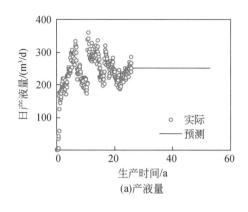
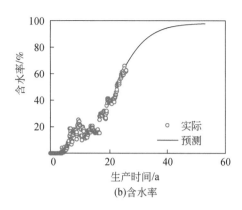

图 6.4　水驱产液量及含水率变化曲线图

表 6.4　各类储层动用状况表

油层类型	原始地质储量		储层动用情况			剩余储量	
	储量 /(10^4t)	所占比例 /%	累积产油量 /(10^4t)	所占比例 /%	采出程度 /%	剩余储量 /(10^4t)	所占比例 /%
Ⅱ类	218.70	29.96	75.43	39.30	34.49	143.27	26.63
Ⅲ类	200.70	27.49	54.78	28.55	27.29	145.92	27.12
Ⅳ类	310.60	42.55	61.71	32.15	19.87	248.89	46.25
合计	730.00	100.00	191.92	100.00	26.29	538.08	100.00

区块Ⅱ、Ⅲ、Ⅳ类油层物性依次变差，Ⅱ类油层采收率最高，其次为Ⅲ类油层，Ⅳ类油层采收率最低。从储量上看，Ⅱ、Ⅲ类油层原始地质储量分别为 $218.70×10^4$t、$200.70×10^4$t，占总地质储量的 29.96%、27.49%，油层动用状况高于 27%，是调整挖潜的目的层；Ⅳ类油层原始地质储量为 $310.60×10^4$t，占总地质储量的 42.55%，油层物性更差，分布更零散，剩余油动用困难，预测采收率仅为 19.87%，仍具有较大的剩余油挖潜潜力。

6.3　微乳液驱油方案数值模拟

水驱开发至含水率 80% 时水驱采出程度为 24.60%，预测至含水率 90%，水驱阶段采出程度为 1.69%。在水驱开发效果预测的基础上，应用低渗透油藏微乳液驱油数值模拟方法研究不同微乳液驱油方案（水油比、表面活性剂浓度、助剂浓度、含盐量、微乳液用量和注入速度）下的驱油效果，并进行微乳液驱油方案优选。

6.3.1　水油比

在其他参数不变的情况下，改变微乳液水油比分别为 4∶1、7∶3、3∶2、1∶1，应用数值模拟方法预测不同微乳液水油比下微乳液驱油效果，实验结果如图 6.5 所示，数据见

表6.5。

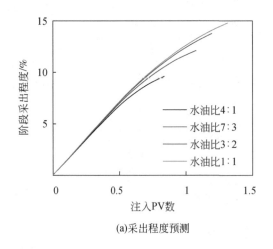

(a)采出程度预测

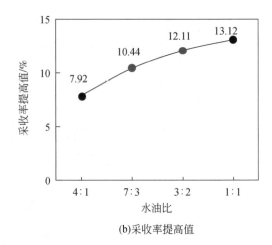

(b)采收率提高值

图6.5　不同水油比驱油效果实验结果图

表6.5　不同水油比驱油效果表

序号	微乳液类型	水油比	含水率/%		阶段采出程度/%	
			最低值	降低值	微乳液驱	提高值
1	上相	4∶1	79.11	0.89	9.61	7.92
2	中相	7∶3	78.51	1.49	12.13	10.44
3	中相	3∶2	78.21	1.79	13.80	12.11
4	中相	1∶1	78.05	1.95	14.81	13.12

　　随着水油比的降低，含水率最低值降低，微乳液驱阶段采出程度逐渐增加，采收率提高值增大，当水油比由4∶1降低到1∶1时，含水率最低值由79.11%降低至78.05%，采收率提高值由7.92个百分点增加至13.12个百分点，共提高了5.20个百分点。当水油比由4∶1降低至7∶3时，采收率提高了2.52个百分点，增幅最大；继续降低水油比至3∶2时，采收率提高了1.67个百分点，增幅减缓；继续降低水油比至1∶1时，微乳液驱阶段采收率达到最大，为13.12%，采收率提高了1.01个百分点，增幅最小。此时，该微乳液体系（水油比1∶1）驱油效果虽然最好，但驱油体系制备过程中需要更多的油相，无形中增加了驱替成本，考虑到低渗透油藏注入损失、经济成本、驱油效果等多方面影响，需要合理增大微乳液驱油体系中的水油比。

6.3.2　表面活性剂浓度

　　在其他参数不变的情况下，改变表面活性剂浓度分别为1.5%、2.0%、2.5%、3.0%、3.5%，应用数值模拟方法预测不同表面活性剂浓度微乳液驱油效果，实验结果如图6.6所示，数据见表6.6。

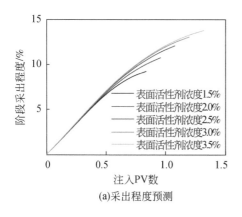
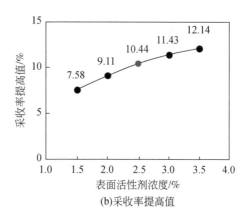

(a)采出程度预测　(b)采收率提高值

图 6.6　不同表面活性剂浓度驱油效果实验结果图

表 6.6　不同表面活性剂浓度驱油效果表

序号	微乳液类型	表面活性剂浓度/%	含水率/%		阶段采出程度/%	
			最低值	降低值	微乳液驱	提高值
1	中相	1.5	79.18	0.82	9.27	7.58
2	中相	2.0	78.90	1.10	10.80	9.11
3	中相	2.5	78.51	1.49	12.13	10.44
4	中相	3.0	78.32	1.68	13.12	11.43
5	中相	3.5	78.23	1.77	13.83	12.14

随着表面活性剂浓度的增大，含水率最低值降低，微乳液驱阶段采出程度逐渐增加，采收率提高值增大，当表面活性剂浓度由 1.5% 增加到 3.5% 时，含水率最低值由 79.18%降低至 78.23%，采收率提高值由 7.58 个百分点增加至 12.14 个百分点，共提高了 4.56个百分点。当表面活性剂浓度低于 2.5% 时，表面活性剂浓度增加 0.5%，采收率平均提高 1.43 个百分点，说明表面活性剂浓度较低时受表面活性剂吸附量影响较大；当浓度超过 2.5% 时，表面活性剂浓度增加 0.5%，采收率平均仅提高了 0.85 个百分点，提高幅度减缓，此时表面活性剂浓度较高吸附已达到动态平衡，多余的表面活性剂分子形成胶束对油相无限增溶导致采收率仍有小幅提高，研究确定最佳表面活性剂浓度为2.0% ~ 3.0%。

6.3.3　助剂浓度

在其他参数不变的情况下，改变助剂浓度分别为 1.0%、1.5%、2.0%、2.5%、3.0%，应用数值模拟方法预测不同助剂浓度微乳液驱油效果，实验结果如图 6.7 所示，数据见表 6.7。

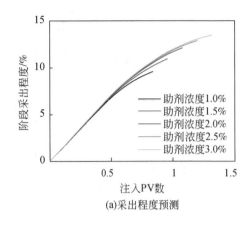
(a)采出程度预测

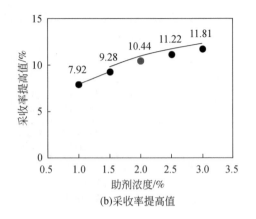
(b)采收率提高值

图 6.7　不同助剂浓度驱油效果实验结果图

表 6.7　不同助剂浓度驱油效果表

序号	微乳液类型	助剂浓度/%	含水率/%		阶段采出程度/%	
			最低值	降低值	微乳液驱	提高值
1	中相	1.0	78.99	1.01	9.61	7.92
2	中相	1.5	78.73	1.27	10.97	9.28
3	中相	2.0	78.51	1.49	12.13	10.44
4	中相	2.5	78.39	1.61	12.91	11.22
5	中相	3.0	78.30	1.70	13.50	11.81

随着助剂浓度的增大，含水率最低值降低，微乳液驱阶段采出程度逐渐增加，采收率提高值增大，当助剂浓度由 1.0% 增加到 3.0% 时，含水率最低值由 78.99% 降低至 78.30%，采收率提高值由 7.92 个百分点增加至 11.81 个百分点，共提高了 3.89 个百分点。当助剂浓度低于 2.0% 时，助剂浓度增加 0.5%，采收率平均提高 1.26 个百分点；当浓度超过 2.0% 时，助剂浓度增加 0.5%，采收率平均仅提高了 0.685 个百分点，提高幅度减缓，研究确定最佳助剂浓度为 4.5%～7.5%。

6.3.4　含盐量

在其他参数不变的情况下，改变体系含盐量分别为 0.8%、1.4%、2.0%、2.6%、3.2%，应用数值模拟方法预测不同含盐量微乳液驱油效果，实验结果如图 6.8 所示，数据见表 6.8。

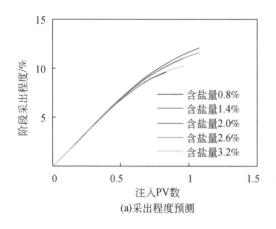
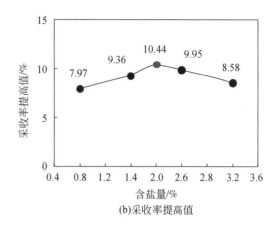

图 6.8　不同含盐量驱油效果实验结果图

表 6.8　不同含盐量驱油效果表

序号	微乳液类型	含盐量/%	含水率/%		阶段采出程度/%	
			最低值	降低值	微乳液驱	提高值
1	下相	0.8	78.98	1.02	9.66	7.97
2	中相	1.4	78.76	1.24	11.05	9.36
3	中相	2.0	78.51	1.49	12.13	10.44
4	中相	2.6	78.69	1.31	11.64	9.95
5	上相	3.2	78.92	1.08	10.27	8.58

　　随着含盐量的增大，含水率最低值先下降后上升，微乳液驱阶段采出程度和采收率提高值也呈先上升后下降的趋势，当含盐量由 0.8% 增加到 3.2% 时，含水率降低值为 1.02 ~ 1.49 个百分点，采收率提高值为 7.97 ~ 10.44 个百分点。当含盐量低于 2.0% 时，含盐量增加 0.6%，采收率平均提高 1.235 个百分点，这是由于驱替液由下相微乳液向中相微乳液转变时，油水界面张力逐渐降低，最佳中相微乳液时达到超低界面张力，采收率最大；当含盐量超过 2.0% 时，含盐量增加 0.6%，采收率平均降低了 0.93 个百分点，与下相微乳液体系相比，上相微乳液体系亲油性更强，采收率提高值略有提高，研究确定最佳含盐量为 1.4% ~ 2.6%。

6.3.5　微乳液用量

　　在其他参数不变的情况下，改变微乳液用量分别为 0.1PV、0.2PV、0.3PV、0.4PV、0.5PV，应用数值模拟方法预测不同微乳液用量驱油效果，实验结果如图 6.9 所示，数据见表 6.9。

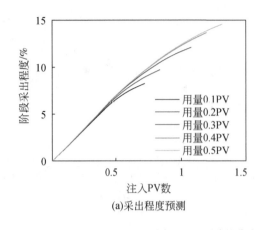
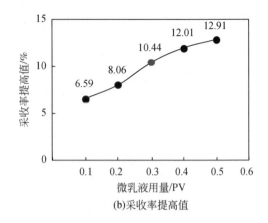

图 6.9　不同微乳液用量驱油效果实验结果图

表 6.9　不同微乳液用量驱油效果表

序号	微乳液类型	微乳液用量/PV	含水率/%		阶段采出程度/%	
			最低值	降低值	微乳液驱	提高值
1	中相	0.1	79.32	0.68	8.28	6.59
2	中相	0.2	78.90	1.10	9.75	8.06
3	中相	0.3	78.51	1.49	12.13	10.44
4	中相	0.4	78.51	1.49	13.70	12.01
5	中相	0.5	78.51	1.49	14.60	12.91

随着微乳液用量的增大，含水率最低值逐渐降低并趋于稳定，微乳液驱阶段采出程度逐渐增大，采收率提高值增大，当微乳液用量从 0.1PV 增加到 0.5PV 时，含水率最低值由 79.32% 降低至 78.51%，采收率提高值由 6.59 个百分点增加到 12.91 个百分点，共提高了 6.32 个百分点。当微乳液用量低于 0.3PV 时，用量增加 0.1PV，采收率平均提高1.925 个百分点；当微乳液用量超过 0.3PV 时，含水率最低值不再变化，用量增加 0.1PV，采收率平均提高了 1.235 个百分点，研究确定最佳微乳液用量为 0.2～0.4PV。

6.3.6　注入速度

在其他参数不变的情况下，改变微乳液注入速度分别为 0.06PV/a、0.08PV/a、0.10PV/a、0.12PV/a、0.14PV/a，应用数值模拟方法预测不同注入速度微乳液驱油效果，实验结果如图 6.10 所示，数据见表 6.10。

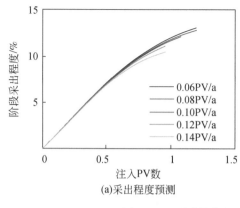 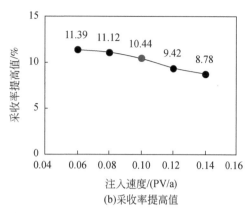

图 6.10　不同微乳液注入速度驱油效果实验结果图

表 6.10　不同微乳液注入速度驱油效果表

序号	微乳液类型	注入速度/(PV/a)	含水率/%		阶段采出程度/%	
			最低值	降低值	微乳液驱	提高值
1	中相	0.06	78.25	1.75	13.08	11.39
2	中相	0.08	78.37	1.63	12.81	11.12
3	中相	0.10	78.51	1.49	12.13	10.44
4	中相	0.12	78.61	1.39	11.11	9.42
5	中相	0.14	78.76	1.24	10.47	8.78

随着注入速度的增大，含水率最低值逐渐增大，微乳液驱阶段采出程度逐渐降低，采收率提高值降低，当注入速度由 0.06PV/a 增加到 0.14PV/a 时，含水率最低值由 78.25%增加至 78.76%，采收率提高值由 11.39 个百分点降低至 8.78 个百分点，共降低了 2.61个百分点。当注入速度低于 0.10PV/a 时，注入速度增加 0.02PV/a，采收率平均降低0.475 个百分点；当注入速度超过 0.10PV/a 时，注入速度增加 0.02PV/a，采收率平均降低 0.83 个百分点，研究确定最佳注入速度为 0.08~0.12PV/a。

综上所述，随着表面活性剂浓度、助剂浓度、微乳液用量的增大和水油比、注入速度的降低，微乳液驱阶段采出程度逐渐增大，随着含盐量的增大，微乳液驱阶段采出程度呈先升后降的趋势。其中微乳液用量影响开发效果显著，其次是水油比、表面活性剂浓度、助剂浓度、注入速度，含盐量对开发效果的影响最小。

6.3.7　驱油方案优选

通过预测以上 29 个方案的开发效果，优选出该低渗透区块微乳液驱油方案，即水油比为 7∶3、表面活性剂浓度为 2.5%、助剂浓度为 2.0%、含盐量为 2.0%、微乳液用量为0.3PV、注入速度为 0.10PV/a。

微乳液驱油数值模拟研究结果表明，微乳液用量对微乳液驱油效果影响显著，对不同驱油方案（微乳液用量）进行经济评价，对比不同驱油方案开发效果，经济评价主要参数见表 6.11，经济评价结果见表 6.12。

表 6.11　经济评价主要参数表

序号	项目	价格
1	原油价格	70 美元/桶
2	表面活性剂	20000 元/t
3	助剂	2500 元/t
4	盐	1800 元/t
5	油商品率	0.95
6	水费	3 元/t
7	段塞注入人工费	2 万元/段塞
8	利率	8%

表 6.12　微乳液用量经济评价结果表

序号	项目名称	微乳液用量		
		0.2PV	0.3PV	0.4PV
1	总投入/万元	100489	150734	200978
2	总利润/万元	116656.50	116656.50	116656.50
3	净利润/万元	99158.02	99158.02	99158.02
4	净收益/万元	−11331	−51576	−101820
5	内部收益率/%	−1.58	−3.91	−7.68
6	投入产出比	0.93	0.66	0.49

根据经济评价结果可知，在目前市场价格及技术经济条件下，各微乳液驱油方案总投入均大于净收益，投入产出比均小于 1，不具备经济效益，由于微乳液驱油成本过高，难以进行实际应用。根据现行财务税收政策并结合行业规定，以微乳液驱油方案（0.3PV）为例，油价按照 50 美元/桶、70 美元/桶、100 美元/桶、130 美元/桶计算，分别折合人民币 2377.4 元/t、3327.8 元/t、4754.8 元/t、6181.1 元/t，表面活性剂费用按照 5000 元/t、10000 元/t、15000 元/t、20000 元/t 计算，研究微乳液驱油方案经济评价结果，见表 6.13。

表 6.13　微乳液驱油方案经济评价结果表

油价	项目名称	表面活性剂价格/（万元/t）			
		0.5	1	1.5	2
	总投入/万元	70533	97266	124000	150734
50 美元/桶	总利润/万元	75417	75417	75417	75417
	净利润/万元	64105	64105	64105	64105
	净收益/万元	−6428	−33162	−59896	−86629
	内部收益率/%	1.13	−3.88	−7.10	−9.41
	投入产出比	0.91	0.66	0.52	0.43

续表

油价	项目名称	表面活性剂价格/(万元/t)			
		0.5	1	1.5	2
70 美元/桶	总利润/万元	116656	116656	116656	116656
	净利润/万元	99158	99158	99158	99158
	净收益/万元	28625	1892	−24842	−51576
	内部收益率/%	9.87	3.18	−0.99	−3.91
	投入产出比	1.41	1.02	0.80	0.66
100 美元/桶	总利润/万元	169052	169052	169052	169052
	净利润/万元	143694	143694	143694	143694
	净收益/万元	73161	46428	19694	−7040
	内部收益率/%	19.91	11.05	5.67	1.96
	投入产出比	2.04	1.48	1.16	0.95
130 美元/桶	总利润	240466	240466	240466	240466
	净利润	204396	204396	204396	204396
	净收益	133863	107130	80396	53662
	内部收益率/%	32.72	20.89	13.82	9.04
	投入产出比	2.90	2.10	1.65	1.36

　　从经济评价结果可以看出，微乳液驱虽然可以在很大程度上提高驱油效率，但其成本过高，限制了其在油田的推广应用，因此，下一步攻关方向是降低微乳液制备成本（降低浓度、降低表面活性剂成本），若研究成功，则会对低渗透油藏化学驱发展起到有力的推动作用。

参 考 文 献

白金美, 2009. 稠油组分及乳化剂对油水界面性质影响的研究 [D]. 青岛: 中国石油大学 (华东).

陈果, 郭昊, 王青标, 等, 2012. 聚乙二醇与十二烷基羟丙基磺基甜菜碱相互作用的介观动力学模拟 [J]. 日用化学工业, 42 (4): 237-241.

陈挺, 2014. 稠油聚/表复合驱波及系数和驱油效率影响因素及调控方法研究 [D]. 北京: 中国石油大学 (北京).

陈志云, 2006. 水/AOT/油微乳液中的化学反应 [D]. 兰州: 兰州大学.

程珊, 2009. 驱油用两性表面活性剂的合成与应用 [D]. 无锡: 江南大学.

丛宇琪, 2016. 室内油水乳状液配制条件的研究 [D]. 北京: 中国石油大学 (北京).

崔正刚, 殷福珊, 1999. 微乳化技术及应用 [M]. 北京: 中国轻工业出版社.

郭华, 2016. 微乳液驱油技术强化石油采收率的研究进展 [J]. 山东化工, 45 (9): 63-65.

郭英, 2015. 二元驱 (SP) 乳状液形成及渗流规律研究 [D]. 廊坊: 中国科学院渗流流体力学研究所.

韩冬, 沈平平, 2001. 表面活性剂驱油原理及应用 [M]. 北京: 石油工业出版社: 94-156.

何桅, 沈伟国, 2010. 水/AOT/异辛烷微乳液体系的密度和临界微乳液浓度 [J]. 兰州大学学报 (自然科学版), 46 (5): 126-128.

黄延章, 1998. 低渗透油层渗流机理 [M]. 北京: 石油工业出版社: 58-138.

黄延章, 周娟, 田根林, 等, 1986. 胶束-微乳液驱油机理的实验研究 [J]. 油田化学, (4): 234-243.

姜庆利, 辛寅昌, 王彦玲, 2000. 微乳液驱原油乳状液的相状态和稳定性 [J]. 吉林化工学院学报, (2): 32-36.

姜瑞忠, 李林凯, 徐建春, 等, 2012. 低渗透油藏非线性渗流新模型及试井分析 [J]. 石油学报, 33 (2): 264-268.

蒋平, 2017. 一种表面活性剂胶束驱油剂 [P]. CN106566511A. 2017-04-19.

蒋平, 2009. 稠油油藏表面活性剂驱油机理研究 [D]. 北京: 中国石油大学 (北京).

康万利, 李金环, 赵学花, 2005a. 界面张力和乳滴大小对微乳液稳定性的影响 [J]. 油气田地面工程, 24 (1): 11-12.

康万利, 孟令伟, 高慧梅, 2005b. 二元复合驱表面活性剂界面张力研究 [J]. 胶体与聚合物, 23 (4): 23-25.

康万利, 刘述忍, 孟令伟, 等. 2009. 自发乳化微观驱油机理研究 [J]. 江汉石油学院学报, 31 (3): 99-102.

黎锡瑜, 刘艳华, 安俊睿, 等, 2017. 原位微乳液驱微观驱油实验研究 [J]. 油田化学, 34 (1): 137-142.

李道品, 1997. 低渗透砂岩油田开发 [M]. 北京: 石油工业出版社.

李干佐, 1995. 微乳液理论及其应用 [M]. 北京: 石油工业出版社.

李干佐, 陈庆平, 刘木辛, 等, 1990. 寻找最佳中相微乳液配方的方法研究——正交试验设计和方程系数法 [J]. 油田化学, (1): 68-76.

李干佐, 宋淑娥, 王秀文, 等, 1991. 中相微乳液的形成和特性 (Ⅰ) 醇和表面活性剂的影响 [J]. 化学物理学报, (4): 296-301.

李继山, 2006. 表面活性剂体系对渗吸过程的影响 [D]. 北京: 中国科学院研究生院.

李鹏, 安学勤, 沈伟国, 2001. AOT/H_2O/油微乳液体系的浊度、密度和微观结构 [J]. 物理化学学报, 17 (2): 144-149.

李世军, 杨振宇, 宋考平, 等, 2003. 三元复合驱中乳化作用对提高采收率的影响 [J]. 石油学报, 24 (5): 71-73.

李淑霞, 谷建伟, 2008. 油藏数值模拟基础 [M]. 山东: 中国石油大学出版社.

李伟, 2008. 三采用表面活性剂和聚合物的动态界面张力研究 [D]. 北京: 北京交通大学.

李永太, 2016. 一种应用于低渗透油田的均相微乳液驱油剂及其制备方法 [P]. CN105331384A. 2016-02-17.

廖作才, 2015. 非线性渗流方程解析方法研究及应用 [D]. 廊坊: 中国科学院渗流流体力学研究所.

刘陈伟, 2014. 考虑水合物相变的油包水乳状液多相流动研究 [D]. 青岛: 中国石油大学 (华东).

刘婧, 2009. 两性表面活性剂 DSB 形成微乳液的相行为及增溶性能 [D]. 济南: 山东师范大学.

刘向军, 2015. 均相微乳液驱室内研究 [D]. 西安: 西安石油大学.

刘雪芬, 2015. 超低渗透砂岩油藏注水特性及提高采收率研究 [D]. 成都: 西南石油大学.

潘金, 2018. 非离子表面活性剂/长链脂肪酸酯构筑的绿色微乳液体系的相行为和物化性能 [D]. 济南: 山东师范大学.

彭克宗, 叶仲斌, 1992. WINSOR—Ⅲ型微乳液体系三相渗流相对渗透率曲线经验方程的建立 [J]. 西南石油学院学报, (2): 48-53.

宋淑娥, 李干佐, 于秀文, 等, 1992. 中相微乳液的形成和特性Ⅱ油相成分的影响 [J]. 化学物理学报, (2): 148-154.

王德民, 王刚, 夏惠芬, 等, 2011. 天然岩芯化学驱采收率机理的一些认识 [J]. 西南石油大学学报 (自然科学版), 33 (2): 1-11.

王国锋, 2005. 低渗透油层活性水驱油数值模拟研究 [D]. 大庆: 大庆石油学院.

王健, 2008. 化学驱物理化学渗流理论与应用 [M]. 北京: 石油工业出版社.

王军, 杨许召, 2011. 微乳液的制备及其应用 [M]. 北京: 中国纺织出版社.

王万彬, 2010. 低渗透油藏表面活性剂驱数值模拟研究 [D]. 成都: 西南石油大学.

王岩楼, 2010. 低丰度低渗透低产油田增效开采技术 [M]. 北京: 石油工业出版社.

徐志成, 2009. 新型阳离子和两性离子表面活性剂的合成及理化性质的研究 [D]. 北京: 中国科学院理化技术研究所.

杨承志, 2007. 化学驱提高石油采收率 [M]. 北京: 石油工业出版社.

杨明庆, 2018. 弱碱三元复合驱表面活性剂的研制及碱的动态作用机理研究 [D]. 吉林: 吉林大学.

杨仁锋, 姜瑞忠, 刘世华, 等, 2011a. 低渗透油藏非线性渗流数值模拟 [J]. 石油学报, 32 (2): 299-306.

杨仁锋, 姜瑞忠, 刘世华, 2011b. 低渗透油藏考虑非线性渗流的必要性论证 [J]. 断块油气田, 18 (4): 493-497.

杨仁锋, 姜瑞忠, 孙君书, 等, 2011c. 低渗透油藏非线性微观渗流机理 [J]. 油气地质与采收率, 18 (2): 90-93, 97.

殷代印, 项俊辉, 房雨佳, 2017. 低渗透油藏微乳液驱微观剩余油驱替机理研究 [J]. 特种油气藏, 24 (5): 136-140.

岳湘安, 王尤富, 王克亮, 2007. 提高采收率基础 [M]. 北京: 石油工业出版社.

赵琳, 2013. 低渗油藏表面活性剂驱提高采收率机理研究 [D]. 北京: 中国石油大学 (北京).

Agee D, Yudho A, Schafer L, et al., 2010. Post-Fracturing fluid-recovery enhancement with microemulsion [J].

SPE128098.

Bahar M, Liu K, 2012. A rashid stimulation of stable micro-emulsion at oil-water interface using co-surfactants as an alternative method for enhanced oil recovery [J]. SPE158801.

Basilio E, Mu B, Jin L, et al., 2017. A predictive equation-of-state for modeling microemulsion phase behavior with phase partitioning of co-solvent [C]. SPE184591.

Bera A, Mandal A, Belhaj H, et al., 2017. Enhanced oil recovery by nonionic surfactants considering micellization, surface, and foaming properties [J]. Petroleum Science, 14 (2): 362-371.

Chang L, Jang S H, Tagavifa M, et al., 2018. Pope structure-property model for microemulsion phase behavior [C]. SPE190153.

Clark D E, Twynam A, 2007. NAF filtercake removal using microemulsion technology [J]. SPE107499.

Crafton J W, Penny G S, Borowski D M, 2009. Micro-Emulsion effectiveness for twenty four wells, eastern Green River, Wyoming [J]. SPE123280.

Davidson A, Nizamidin N, Alexis D, et al., 2016. Three phase steady state flow experiments to estimate microemulsion viscosity [C]. SPE179697.

Ghosh S, Johns R T, 2014. A new HLD-NAC based EOS approach to predict surfactant-oil-brine phase behavior for live oil at reservoir pressure and temperature [C]. SPE170927.

Ghosh S, Johns R T, 2016. An equation-of-state model to predict surfactant/oil/ brine-phase behavior [J]. SPE Journal, (3): 1106-1125.

Ghosh S, Johns R T, 2016. Dimensionless equation of state to predict microemulsion phase behavior [J]. Langmuir, (32): 8969-8979.

Izadi M, Kazemi H, Manrique E J, et al., 2014. Microemulsion flow in porous media: potential impact on productivity loss [C]. SPE169726.

Jang S H, Liyanage P J, Lu J, et al., 2014. Microemulsion Phase behavior measurements using live oils at high temperature and pressure [C]. SPE169169.

Jeirani Z, Jan B M, Ali B S, et al., 2012. A novel effective triglyceride microemulsion for chemical flooding [J]. SPE158301.

Khodaparast P, Johns R T, 2018. A continuous and predictive viscosity model coupled to a microemulsion equation-of-state [C]. SPE190278.

Khorsandi S, Johns R I, 2016. Robust flash calculation algorithm for microemulsion phase behavior [J]. J Surfact Deterg, (19): 1273-1287.

Khorsandi S, Li L, Johns R T, 2017. Equation of state for relative permeability, including hysteresis and wettability alteration [J]. SPE Journal, (4): 1915-1928.

Lashgari H R, PopeG A, Tagavifar M, et al., 2017. A new three-phase microemulsion relative permeability model for chemical flooding reservoir simulators [C]. SPE187369.

Moreira L A, 2011. Molecular thermodynamic modeling of micellar and microemulsion solutions [J]. SPE152366.

Patacchini L, de Loubens R, Moncorge A, 2012. Four-fluid-phase, fully implicit simulation of surfactant flooding [C]. SPE161630.

Paterniti M L, 2009. ME surfactant increases production in the codell formation of the DJ basin [J]. SPE116237.

Pietrangeli G, Quintero L, 2013. Enhanced oil solubilization using microemulsions with linkers [C]. SPE164131.

Pietrangeli G, Quintero L, Jones T A, et al., 2014. Treatment of water in heavy crude oil emulsions with innovative microemulsion fluids [C]. SPE171140.

Quintero L, Jones T A, Pietrangeli G, 2011. Phase boundaries of microemulsion systems help to increase productivity [J]. SPE144209.

Quintero L, Pietrangeli G, Salager J, et al., 2013. A optimization of microemulsion formulations with linker molecules [C]. SPE165207.

Rai K, Johns R T, Lake L W, et al., 2013. Oil-recovery predictions for surfactant polymer flooding [J]. Journal of Petroleum Science and Engineering, (112): 341-350.

Roshanfekr M, Johns R T, 2011. Prediction of optimum salinity and solubilization ratio for microemulsion phase behavior with live crude at reservoir pressure [J]. Fluid Phase Equilibria, (304): 52-60.

Suniga P T, Fortenberry R, Delshad M, 2016. Observations of microemulsion viscosity for surfactant EOR processes [C]. SPE179669.

Tagavifar M, Herath S, Weerasooriya U P, et al., 2016. Measurement of microemulsion viscosity and its implications for chemical EOR [C]. SPE179672.

Trouillaud A, Patacchini L, Loubens R D, et al., 2014. Simulation of surfactant flooding in the presence of dissolved and free gas accounting for the dynamic effect of pressure and oil composition on microemulsion phase behavior [C]. SPE169148.

Unsal E, Broens M, Buijse M, et al., 2015. Visualization of microemulsion phase [C]. SPE174651.

Walker D L, Britton C, Kim D H, et al., 2012. The impact of microemulsion viscosity on oil recovery [J]. SPE154275.

Yang Y, Dismuke K I, Penny G S, 2009. Lab and field study of new microemulsion-based crude oil demulsifier for well completions [J]. SPE121762.

常用符号表

第 1 章

K	渗透率

第 2 章

D	某一转速下油滴的短轴长
L	某一转速下油滴的长轴长

第 3 章

C_W	水组分浓度
C_O	油组分浓度
C_S	表面活性剂浓度（含助剂）
P_L	左褶点
P_R	右褶点
1φ	存在相的个数为 1
2φ	存在相的个数为 2
3φ	存在相的个数为 3
V_O	油相的体积
V_M	微乳液相的体积
V_W	水相的体积
C_{1l}	各相中水浓度
C_{2l}	各相中油浓度
C_{3l}	各相中表面活性剂浓度
C_{3max}	双节点曲线高度
A	经验参数
B	经验参数
D	经验参数
l	相态，$l = W$、O、M 分别代表水相、油相和微乳液相
E	经验参数
P	褶点
C_{2P}	褶点 P 处的油浓度
a	简化参数
b	简化参数
ω_M	微乳液相质量分数
ω_O	油相质量分数
ω_W	水相质量分数
C_{SE}	体系含盐量
C_{SEL}	有效含盐量下限
C_{SEU}	有效含盐量上限
C_{SEOP}	最佳含盐量
$H_{BNC,m}$	输入参数
$H_{BNT,m}$	输入参数
V_1	微元中过量水相的体积
V_2	微元中过量油相的体积
V_3	微元中过量中相微乳液的体积
C_{km}	微乳液相组分 k 的质量分数
ρ_k	组分 k 的密度
μ_M	微乳液相黏度
μ_W	水相黏度
μ_O	油相黏度
a_1	输入参数
a_2	输入参数
a_3	输入参数
a_4	输入参数
a_5	输入参数
$\overline{C_k}$	当 $k = 3$，4 时被吸附表面活性剂、助剂的体积浓度
S_l	l 相饱和度
a_3	吸附表面活性剂的最大水平
b_3	等温吸附曲线曲率，实验参数
a_{31}	实验参数
a_{32}	实验参数
σ_{MO}	微乳液相/油相界面张力
σ_{MW}	微乳液相/水相界面张力
F_σ	校正因子

第 4 章

μ	流体黏度
q	总流量
r	毛细管半径
∇p	驱替压力梯度
δ	边界层厚度
τ_0	流体屈服应力
N	与流动方向垂直的单位横截面上毛细管数
r	毛细管半径
A	毛细血管的横截面积
Φ	孔隙度
c_1	边界层对压力梯度的影响
c_2	流体屈服应力对压力梯度的影响
v	渗流速度
ξ_1	拟合系数
ξ_2	拟合系数
ξ_3	拟合系数
v_0	油相渗流速度
K_{rO}	油相相对渗透率
ξ_{01}	油相拟合系数
ξ_{02}	油相拟合系数
∇p_o	油相驱替压力梯度
v_W	水相渗流速度
K_{rW}	水相相对渗透率
ξ_{W1}	水相拟合系数
ξ_{W2}	水相拟合系数
∇p_W	水相驱替压力梯度
F_1	注入水的驱替压力
p_1	采油端压力
p_2	注水端压力
L	注水端到采油端的距离
F_2	束缚水的剥蚀力
Θ	三相接触角
σ	油水界面张力
r	曲率半径

r_1	毛细管半径
r_2	垂直方向主曲率半径
F_3	界面收缩力
F_4	因贾敏效应产生的阻力
B	孔喉比
$K_O(S_{Wi})$	原始含水饱和度状态下的油相的有效渗透率
q_0	单位时间油的流量
μ_o	油相黏度
p_1	进口段压力传感器读数
p_2	出口段压力传感器读数
S'_W	上一计量点的含水饱和度
ΔV_i	第 i 种油水比与第 $i-1$ 种注水比下计量管内油的差值
V'	第 i 种油水比开始注入至稳定时注入的油量
q_W	单位时间水的流量
K_W	水相有效渗透率
K_{rW}	水相相对渗透率
K_O	油相有效渗透率
K_{rO}	油相相对渗透率
D_p	真实启动压力梯度
S_{l_r}	相 l 的残余饱和度
$S_{l_r}^{high}$	高毛管数下的相 l 残余饱和度
$S_{l_r}^{low}$	低毛管数下的相 l 残余饱和度
∇D	重力分离引起的压力梯度
T_l	可调参数
N_{Tl}	毛管数
k	渗透率张量
$\nabla P_{l'}$	驱替相 l' 压力梯度
$\sigma_{ll'}$	驱替相 l' 与被驱替相 l 之间的界面张力
K_{rl}	l 相的相对渗透率
$K_{l_r}^O$	l 相相对渗透率曲线的端点值
S_{nl}	l 相标准化相饱和度
n_l	相指数

第 5 章

v	渗流速度

K	渗透率	p_i	原始地层压力
μ	黏度	S_{0i}	原始含油饱和度
∇P	压力梯度	P_{Wf}	油井井底流压
$D_p(k, C_s)$	真实启动压力梯度	P_0	网格块压力
A	经验参数	q	产量
B	经验参数	K_x	网格块 x 方向的渗透率
C_s	表面活性剂浓度	K_y	网格块 y 方向的渗透率
v_{lx}	l 相在 x 方向的渗流速度	r_W	井半径
v_{ly}	l 相在 y 方向的渗流速度	r_0	井块的等效半径
v_{lz}	l 相在 z 方向的渗流速度	Δz	z 方向井点网格大小
k_x	x 方向绝对渗透率	PID	采油指数
k_y	y 方向绝对渗透率	K	单层绝对渗透率
k_z	z 方向绝对渗透率	h	单层厚度
k_{rl}	l 相的相对渗透率	Δx	x 方向井点网格大小
p_l	l 相的相压力	Δy	y 方向井点网格大小
ρ_l	l 相的密度	s	表皮系数
D	高度	Q_{VT}	单井总产液量
D_{px}	x 方向真实启动压力梯度	N	生产层数
D_{py}	y 方向真实启动压力梯度	λ_{Tk}	总流度
D_{pz}	z 方向真实启动压力梯度	λ_{lk}	单相流度，l = O、W、M 分别
ρ_k	组分 k 的密度		代表油相、水相和微乳液相
φ	孔隙度	B_l	相 l 的体积系数
S_l	l 相饱和度	$Q_O(k)$	第 k 小层单井产油量
D_{lk}	l 相中 k 组分的扩散系数	$Q_W(k)$	第 k 小层单井产水量
C_{lk}	l 相中 k 组分的质量分数	$Q_M(k)$	第 k 小层单井产微乳液相量
V_l	l 相的渗流速度	K_{rO}	油相相对渗透率
t	时间单位	K_{rW}	水相相对渗透率
μ_l	l 相的黏度	K_{rM}	表面活性剂相对渗透率
K	绝对渗透率	μ_O	油相黏度
K_{rl}	l 相的相对渗透率	μ_W	水相黏度
a_{lk}	单位多孔介质体积中 l 相 k 组分被吸附的体积	μ_M	表面活性剂相黏度
		B_O	油相体积系数
∇p_1	l 相的压力梯度相	B_W	水相体积系数
∇z	重力引起的压力梯度项	B_M	微乳液相体积系数
q_l	单位多孔介质体积中注入或采出的孔隙体积	S_W	水相饱和度
		S_O	油相饱和度
p	地层压力	S_M	微乳液饱和度
S_O	含油饱和度	i	组分，i = 1，2，3，4，5 分别

代表水、油（重烃）、表面活性剂、助剂、盐、油（轻烃）

C_{iW} 水相中各组分的浓度

C_{iO} 油相中各组分的浓度

C_{iM} 微乳液相中各组分的浓度

k_{iW} 组分 i 在水相和微乳液相中的平衡常数

k_{iO} 组分 i 在油相和微乳液相中的平衡常数

p_{cOM} 油相和微乳液相之间的毛管力

p_{cOW} 油相和水相之间的毛管力

p_{O} 油相压力

p_{M} 微乳液相压力

p_{W} 水相压力

C_{f} 压缩系数

C_{fl} l 相的压缩系数